리튬이차전지

LITHIUM

Lithium Secondary Batteries

정순기 역

Zempachi Ogumi 편저

Ohmsha

도서출판 아진

A-JIN

リチウム二次電池

小久見善八

"내가 가는 길을 그가 아시나니 그가 나를 단련하신 후에는
내가 순금 같이 되어 나오리라 (욥23 : 10)"

Original Japanese edition
Lithium Niji Denchi
Edited by Zenpachi Ogumi
Written by Zenpachi Ogumi, Takeshi Abe, Minoru Inaba and Yoshiharu Uchimoto

Published by Ohmsha, Ltd.
This Korean Language edition co-published by Ohmsha, Ltd. and A-jin

서 문

이차전지는 1990년에 니켈수소 축전지의 실용화가, 1991년에는 리튬이온전지의 실용화가 성공한 이후에 큰 폭의 성장을 이루었다. 그 결과 이러한 고성능 이차전지는 휴대용 정보단말기와 무선 전자기기의 전원으로써 현대 사회에 없어서는 안 되는 디바이스가 되어있으며, 최근에는 그러한 용도와 더불어 전동공구용 및 건강 모니터와 휠체어와 같은 의료・복지용으로도 우수한 전지의 개발이 요망되고 있다. 이처럼 우리들의 생활과 직접 관계되어 편리성을 향상시키는 것과 함께, 또 다른 한편으로는 지구환경의 보전을 위해서도 축전지가 큰 주목을 받고 있다. 수송용 기구의 에너지 효율 향상을 목표로 한 하이브리드 자동차, 플러그인 하이브리드 자동차 및 전기자동차의 구동원으로써 고출력, 고에너지 특성을 가진 이차전지의 개발이 활발히 진행되고 있는 것이 그 예이다. 또한, 전력의 생산과 공급 분야에서도 재생 가능한 에너지의 도입과 부하평준이라는 측면에서 축전 시스템으로써 대형 이차전지의 개발이 요망되고 있다.

고성능 이차전지 중에서 리튬이온전지는 양극, 음극, 전해질 재료가 매우 다양하며 새로운 가능성을 찾아 연구개발이 활발하게 진행되고 있다. 이러한 리튬이온전지에 관한 총설 및 서적은 다수 출판되어 있지만, 이것들은 전지재료 및 전지의 성능과 용도에 관한 것이 대부분이다.

휴대 전자기기용 전원으로서 발전해 온 리튬이온전지를 새로운 용도에 이용하기 위해서는 지금까지와는 다른 성능(전지의 입출력과 수명)이 요구된다. 재료의 면에서 이러한 성능을 만족시키는 연구개발을 하는 것도 중요하지만, 전지반응의 이해를 통해 리튬이온전지가 재료에 요구하는 특성을 이해하여, 이것을 재료의 개발 및 신규 리튬이온전지의 개발에 활용하는 것도 연구방향인 동시에 연구방법이다. 또한, 반응의 이해는 전지의 안전성 및 신뢰성 향상을 목표로 하는 연구에 있어서도 효과적이라고 믿는다

본서에서는 지금까지 그다지 주목되어오지 않았던, 리튬이온전지의 반응 및 각종 재료의 반응에 초점을 맞추어 저자들의 그룹이 진행해왔던 연구를 중심으로, 그 연구를 직접 리드해온 저자 각자에게 있어서 가장 가까운 분야를 정리하였다. 물론 집필하는데 있어서 많은 분들의 저서, 논문, 총설 등을 참고로 하였으며, 이 분들에게도 깊이 감사를 드리는 바이다. 본서가 향후 점점 더 중요성이 커지게 될 고성능 이차전지의 연구개발에 일조할 수 있다면 다행이라 생각한다.

끝으로 본서를 출판하는데 있어서 시종일관 격려해주고 많은 신세를 진 Ohm 출판사의 출판부 여러 분들께 깊은 감사를 드린다.

2008년 2월
저자를 대표하여
小久見 善八(Ogumi, Zempachi)

역자 서문

우리나라는 자타가 공인하는 리튬 이차전지의 강국이 되었다. 역자가 대학원 석사과정을 마치고 회사에 들어가 조그만 파일로트 라인에서 리튬 이차전지를 조립하던 1996년의 상황과 지금을 비교해보면 정말 말로 표현하기 어려운 너무나도 큰 성장이 리튬 이차전지의 분야에 있었다는 것을 피부로 직감하게 된다. 이 모든 것은 리튬 이차전지의 분야에 종사하는 많은 기술자들과 연구자들의 노력과 이들이 흘린 땀의 결과라 할 수 있을 것이다. 참으로 가슴 벅참을 느끼지 않을 수 없다.

역자가 번역본인 본서를 출판하고자 마음먹은 이유는 단 한 가지이다. 대학에서 학생들을 가르치며 느끼는 것이지만, 학생들이 리튬 이차전지에 관한 지식을 얻기 위해 활용할 수 있는 서적이 너무나도 한정되어 있다고 생각했기 때문이다. 영어나 일어로 기술되어 있는 서적은 다수 있지만 학생들이 보다 쉽게 접근할 수 있는 한글로 된 서적이 필요하다고 생각했기에 본서를 번역하여 출판하는데 이르렀다.

리튬 이차전지에 관한 외서는 다수 출판되어 있는데, 그 중에서도 본서를 선택하여 번역본을 출판하게 된 배경에는 다음과 같은 3가지 이유에서이다. 첫째는, 최근의 진보된 학술적 이론 및 기술정보에 관해 다른 어떤 서적보다도 상세히 기술되어 있다고 판단했기 때문이다. 둘째는, 원저자가 서문에서 밝히고 있는 집필 의도와 같이 대다수의 리튬 이차전지 관련 서적에서 상세하게 기술하고 있지 않은 전지 구성 재료의 물리화학적 반응에 관해 심화된 설명을 하고 있다고 판단했기 때문이다. 셋째는, 매우 주관적인 이유인데, 본서의 집필진인 원저자 네 분 중의 세 분이 역자의 박사논문 연구를 지도해주었던 교관인데, 역자는 이 분들과 오랜 기간동안 학술적 토의 및 고찰에 관한 서로의 의견과 생각들을 나누어왔다. 그러한 배경에서 원저자가 본서를 통해 무엇을 전달하고 무엇을 말하고 싶은지를 역자가 잘 이해할 수 있을 것이라 생각했기 때문이다. 역자는 본서에 기술된 많은 내용에 대해, 그러한 결론이 어떻게 얻어졌는지, 왜 그렇게 생각하는지, 그 고뇌의 과정을 잘 알고 있기에, 번역하는데 있어서도 그런 점을 충분히 고려하여 작업하였다.

과거를 되돌아보면, 역자가 리튬 이차전지에 관해 보다 수준 높은 공부를 해보고 싶다는 일념으로 일본으로 유학을 떠났던 1997년경만 해도 우리나라의 리튬 이차전지 산업은 이제 막 걸음마를 시작하려는 어린 아기와 같았다는 생각이 든다. 그런데 지금은 어떠한가라고 생각해보면, 여전히 아기와 같은 미숙함이 조금은 남아 있지만, 지금은 걸음마 단계를 훨씬 지나 높은 목표를 가슴에 담고 열정과 패기를 무기삼아 좌충우돌하며 달려가는 청년과 같다는 생각이 든다. 역자 또한 이렇게 달려가는 청년의 일인임을 자각하며, 아무쪼록 본서가 리튬 이차전지의 미래에 대한 멋있는 꿈을 꾸며 달려가는 독자에게 있어서, 리튬 이차전지를 보다 깊게 이해하는데 있어서 조금이라도 도움이 되기를 간절히 바라는 바이다.

끝으로, 본서를 출판하는데 있어서 소중한 조언 및 격려를 해주신, 본서의 편저자이자 역자의 은사이신 京都大學(Kyoto University)의 小久見善八(Ogumi, Zempachi) 교수님과 출판과 관련하여 많은 노고를 해주신 도서출판 아진의 김근배 사장님께 이 지면을 빌어 감사의 말을 전한다.

2010년 8월
정순기

차 례

제 1 장

이차전지 개론

1.1 이차전지와 그 역할

전지는 화학물질이 가지고 있는 에너지를 전기에너지의 형태로 빼내는 도구이다. 전기를 생산하는 발전 시스템은 열에너지 또는 포텐셜에너지를 기계에너지로 바꾸어 발전기를 돌려 전력을 얻지만, 전지는 가동 부분이 없으며 화학에너지를 직접 전기에너지로 변환시킨다.

전력을 얻는 전지의 내부에서는 화학반응의 일종인 전기화학반응이 진행한다. 전지라는 디바이스는 내부에 전기를 만들어내는 재료를 가지고 있는데 이것이 전부 반응해버리면 전기를 꺼낼 수 없게 된다. 바꾸어 말하면 전지를 더 이상 사용할 수가 없게 되는 것이다. 전기를 만들어내는 재료를 기전물질(起電物質, electromotive material) 또는 전지의 활물질(活物質, active material)이라고 부른다.

전지를 더 이상 사용할 수 없게 되면 새로운 전지를 구입하여야만 한다. 이처럼 한번 사용하고 버리는 전지를 일차전지(一次電池, primary battery)라고 한다. 이와 비교하여 사용이 끝난 전지의 내부에 있는 반응 생성물의 역반응을 이용하여 본래의 상태로 되돌리는 것에 의해 활물질을 재생시킬 수 있는 경우도 있는데, 이러한 조작을 통해 몇 번이고 반복하여 사용할 수 있는 전지를 이차전지(二次電池, secondary battery)라 한다. 역반응을 진행시키기 위해서 광화학반응 또는 열반응 등을 이용할 수도 있지만, 일반적으로는 전지의 내부에 전기에너지를 투입하여 전기분해에 의해 기전반응을 역방향으로 진행시킨다. 이와 같이 이차전지는 전기에너지를 화학에너지로 변환하여 저장해두는 디바이스이다.

위에서 서술한 바와 같이 전지는 자신의 내부에 기전물질을 가지고 있는 것이 보편적이지만, 외부에서 기전물질을 공급하여 전기를 얻는 형태의 전지도 있다. 이와 같은 전지의 대표적인 것이 전지 시스템의 내부에 연료와 공기를 공급하여 전지반응을 일으켜 전기를 얻는 연료전지(燃料電池, fuel cell)이다. 기전물질을 저장소로부터 전지 시스템의 내부에 공급하여 발전하는 레독스플루(redox flow) 전지와 아연-비소 전지 등은 연료전지와 유사하지만 이차전지로 분류된다.

전지는 1800년에 이탈리아의 과학자인 볼타(Volta)에 의해 발명되었으며 이것은 전자의 개념이 출현하기 이전의 일이다. 전지를 직렬로 연결한 볼타의 전퇴(電堆, voltaic pile)가 영국왕립협회(The Royal Society)에 투고되었을 때 진위를 확인하기 위하여 확인 실험이 실시됨과 동시에, 그 즉시 전지를 이용한 전기분해가 행해졌다. 전지는 19세기 중반 독일의 전기공학자인 지멘스(Siemens)에 의해 기계적 에너지를 전기적 에너지로 변환시키는 발전기인 다이너모(dynamo)가 발명되기까지 유일한 전원이었다. 또한, 다이너모가 발명된 후에도 안정된 직류전원으로써 한동안은 물리학을 비롯한 과학 실험에 있어서 없어서는 안되는 것이었다. 예를 들면, 1938년 우라늄의 핵분열을 최초로 보고한 오토 한(Otto Hahn)이 실험했었던 실험대의 실물이 뮌헨의 독일박물관에 전시되어 있는데, 이 전시물로부터도 대량의 납축전지가 직류전원으로 사용되었던 것을 알 수가 있다.

전지는 한 때 전기자동차의 구동용 전원으로써 사용된 적이 있지만, 얼마 안 되어 전지로 구동하는 전기자동차가 가솔린을 이용하는 자동차로 바뀌게 되면서, 그 이후에 전지의 용도는 그다지 확대되지 않고 회중전등과 완구와 같은 용도로 한정되어 소규모적인 존재가 되어 왔다.

그렇지만 최근 이삽십년 동안 이차전지의 용도는 크게 증가하였고, 고성능 이차전지의 개발에 대한 요구 또한 매우 강해졌다. 이와 같은 상황을 반영하여 일본에서의 전지 생산량도 그림 1.1에 나타낸 것과 같이 증가하여 왔다.

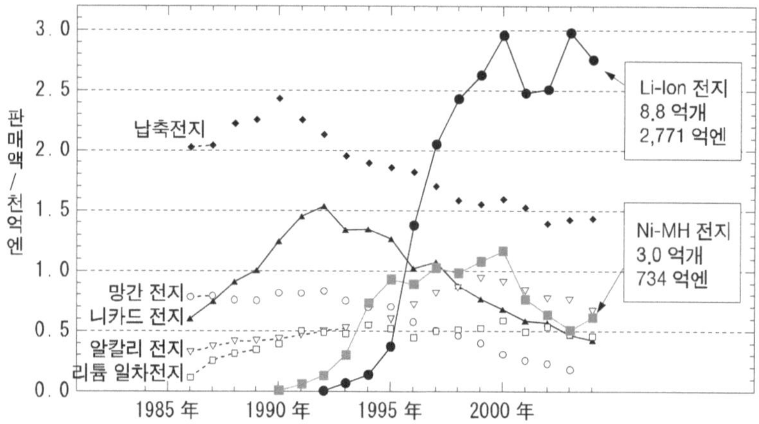

그림 1.1 일본의 전지 생산액 추이

(출전 : 전지공업회, 해외 이전 부분은 포함되지 않음)

반도체의 진보에 힘입어 전자기기는 놀랄 만큼 진보되어 왔으며, 특히 이동용 소형기기의 급속한 발달과 확대, 아울러 이들 전자기기의 소비전력 상승이 전지의 진보에 큰 구동력이 되고 있다. 나아가 에너지 소비의 증가에 따라 수반되는 환경부하 증대에 대한 대처, 에너지의 효율적 이용을 목표로 하는 전기자동차의 전원, 전력을 저장하여 전력부하 평준화를 도모하기 위한 고성능 대형 이차전지에 큰 기대가 모아지고 있다. 이와 같은 사회적 요청에 부응하기 위하여, 미국, 유럽, 일본에서는 고성능 이차전지의 개발을 목표로 하여 대규모의 연구과제를 도출하여 진행하고 있으며, 각 나라의 산업계에서도 연구개발에 정진하고 있다.

일본의 전지 생산은 지금까지 계속하여 세계를 이끌어 왔다. 니카드전지의 고성능화, 건전지와 알칼리 건전지의 비수은화, 납축전지의 고성능화 등에서도 일본의 전지산업계가 기여한 공적은 크다. 또한, 최근 각광을 받고 있는 니켈-금속수소화물 전지(니켈수소전지, Ni-MH전지 등으로 불린다)와 리튬 이차전지 등의 하이테크 이차전지가 일본에서 최초로 실용화되어 일본이 한 발 앞서 있는 것이 현황이다. 이러한 전지의 성능향상이 어떻게 전행되어 왔는지 체적 에너지밀도의 추이를 그림 1.2에 나타내었다.

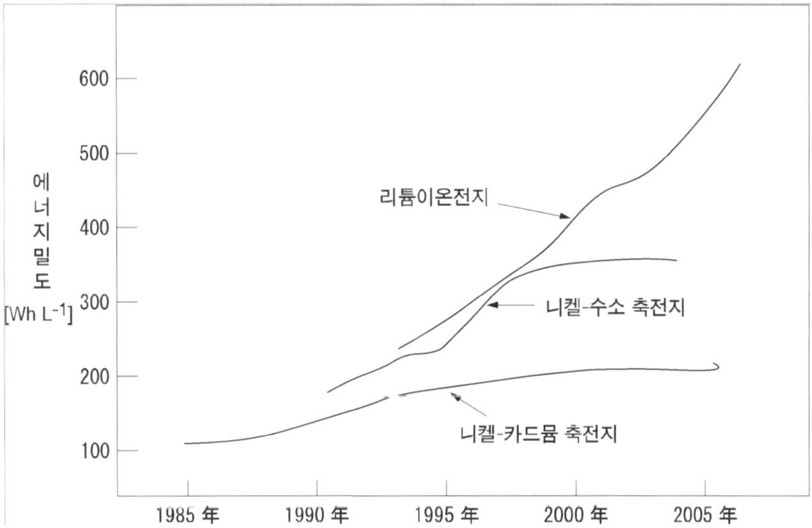

그림 1.2 소형 이차전지의 체적 에너지밀도 추이

최근 하이테크 이차전지의 연구개발 경과를 살펴보면 과거의 전지와는 그 양상이 다소 다르다. 그 하나는, 전지 개발을 위한 신기술 중에서 재료 개발이 차지하는 비중이 매우 커져있다는 것이다. 아울러, 리튬이온전지에서와 같이 박막도포와 밀봉 등의 새로운 기술도입이 매우 중요해졌다. 그 중에서도 활물질, 전해질을 비롯한 전지 재료의 개발은 전지 전체의 성능에 결정적인 영향을 준다. 하이테크 전지의 재료는 과거의 전지와 비교하여 다양성이 풍부하며 신규 물질의 개발 가능성도 높다. 신재료의 개발은 전지 성능의 불연속적인 향상을 가져오게 된다.

전지는 전기화학 반응기이다. 전기화학 반응기를 대형화하는 경우에는 일반적으로 반응용기의 「상사성(相似性)」이 성립하지 않는다. 전지의 경우에도 마찬가지이다. 전지의 대형화에는 막대한 노력을 필요로 한다. 전지는 지금까지 안전성이 충분히 배려되어 개발되어 왔다. 「에너지 통조림」으로 불리는 전지에서, 고성능화·대형화는 막대한 에너지를 그 안에 보유하고 있다는 것을 의미하기 때문에 안전에 대해 보다 큰 배려가 요구된다.

니켈-금속수소화물 전지(Ni-MH 전지)와 리튬이온전지의 개발은 전지 성능의 비약적 발전을 가져온 동시에, 이차전지에 대한 사회의 기대 또한 비약적으로 증대시켰다.

1.2 고성능 이차전지란?

이차전지에는 표 1.1에 나타낸 것과 같이 여러 가지의 성질이 요구된다. 고성능 이차전지가 되기 위해서는 다음에서 설명하는 ①~⑥과 같은 특성이 요구된다.

① 가볍고 작은 전지로 많은 에너지를 꺼낼 수 있다

이것은 에너지밀도가 높은 전지로 어떤 용도에도 바람직한 특성이다.

② 큰 파워(power)가 얻어진다

전동공구, 무선조종 완구, 하이브리드 자동차 등에서는 전지가 작더라도 큰

표 1.1 이차전지의 성능인자

- 에너지밀도
- 파워(출력/입력)
- 수명(보존 수명, 사이클 수명)
- 안전성·신뢰성
- 작동환경
- 환경부하
- 가격
- 취급의 용이성

파워가 요구된다. 전지의 전압이 높으면 큰 출력을 얻기 쉽다. 표현을 바꾸어 말하면 전지의 전압이 높으면 반도체의 구동이 1개의 전지로도 가능하게 된다는 것이다.

충전하는 것을 고려하면, 단시간에 충전 가능한 것이 실용적인 면에서 바람직하다. 이것은 입력이 크다는 것, 즉, 충전 능력이 우수하다는 것을 의미한다.

③ 수명이 길다

몇 번이고 충전이 가능하여 장시간 사용 가능한(사이클수명이 긴) 이차전지는 어떤 용도에도 바람직하다. 수명이 다하기까지의 발전량이 커져서 결과적으로 비용절감의 효과가 있다. 또한, 충전심도가 깊은 상태에서 열화가 진행되는 이차전지가 많은데, 충전상태에서 장시간 보존할 때의 보존수명도 중요하다.

④ 신뢰성이 높고 안전하다

전지는 에너지의 통조림이다. 에너지밀도가 큰 고출력 전지는 큰 에너지를 작은 장소에 저장한 후 이것을 한꺼번에 방출할 수 있다는 것을 의미한다. 한편, 이와 같은 전지가 그 어떤 원인에 의해 이상반응을 일으키기 시작하면, 폭주하여 급격한 발열이 일어나게 되고, 심한 경우에는 발화에 이르기도 한다. 전지가 대형화되면 안전성의 확보는 더욱 중요해진다.

전지는 그다지 크지 않기 때문에 어디에 폐기될지 알 수가 없다. 그런 의미에서 전지를 구성하는 물질 모두에 독성이 없고 환경에 대해 문제를 일으키지 않는 것이 바람직하다.

정보기기와 경비 관계에 사용되는 전지가 작동되지 않으면 뜻하지 않은 손해를 입을 수가 있다. 또한, 의료용 등에서는 생명과 관련된 일도 일어날 수 있다. 이처럼 전지의 신뢰성은 매우 중요하다.

⑤ 사용 온도범위가 넓다

전지는 이동용 기기에 사용된다. 이러한 역할을 하고 있음에도 소중히 취급되지 않고 혹사되는 경우가 많다. 예를 들면, 자동차의 대쉬보드 위에 방치되거나, 빙하가 있는 한냉지 또는 사막의 땡볕 아래와 같은 혹독한 환경에서도 사용된다. 따라서 되도록 사용 온도범위가 넓은 것이 바람직하다.

리튬이차전지

⑥ **가격이 싸다**

모든 소비재에는 저렴한 가격이 요구된다. 아무리 고가의 반도체 회로도 전지 없이는 돌덩어리에 불과함에도 전지는 가격이 비싼 것이 허락되지 않는다. 전지의 가격은 재료비에 관련된 자원의 양과 그것의 재생, 재료의 제조 공정에 의존하며 전지 제조장치 등의 가공비가 차지하는 비율도 높다. 또한, 전지의 폐기를 위한 비용, 수명이 끝날 때까지의 발전량 등 폭넓은 관점에서 논의되어야 하지만, 소비재인 소형 민생전지에는 일반적으로 그러한 시점은 적용되어 있지 않다.

현재 18650형(직경 18mm, 높이 65mm)으로 불리는 원통형 리튬이온전지는 전지 회사 한 곳에서 연간 1억 개 정도의 규모로 생산되고 있다. 대량생산의 전형적인 것으로 이것에 의해 대폭의 비용 절감이 도모되고 있다. 이렇게 대량생산을 하면서 앞서 언급한 안전성이 확보되고 있다는 것은 경탄할 만한 제조기술이다.

위와 같은 요구를 모두 만족하는 이상적인 이차전지를 실현하는 것은 곤란하다. 따라서 전지의 용도에 맞추어 그 특성을 강조한 이차전지의 개발을 목표로 하고 있다.

1.3 시판되는 주요 이차전지

최근 20년 동안 이차전지의 진보는 눈부시다고 할 수 있다. 니카드 전지의 성능 향상과 더불어 1990년에는 니켈-금속수소화물 축전지가, 1991년에는 리튬이온전지가 일본에서 개발되어 그림 1.1과 그림 1.2에 나타낸 것과 같은 진보를 이루어왔다. 시판되는 이차전지의 성능을 표 1.2에 비교하여 나타내었고, 이 표로부터 알 수 있듯이 하이테크 전지로 불리는 니켈수소 축전지와 리튬이온전지는 역사가 길지 않음에도 불구하고, 이론적 한계에 대한 달성도가 다른 이차전지와 비교하여 높은 편이다. 이것으로부터 이들 전지의 기술 수준이 매우 높다는 것을 알 수 있다.

표 1.2 시판되는 주요 이차전지의 에너지밀도

전지	상품화	에너지밀도			
		현재 [Wh/kg]	이론값 [Wh/kg]	현재 [Wh/L]	이론값 [Wh/L]
납축전지 Pb/PbO_2*	1859년	30~50	161	50~100	720
니카드 Cd/NiCOOH	1899년	65 (31%)	209	210 (28%)	751
니켈수소 $LnNi_5H_6/NiOOH$	1990년	90 (33%)	275	340 (30%)	1134
리튬이온 $LiC_6/LiCoO_2$**	1991년	170 (47%)	360	460 (34%)	1365

원통형 (17~18mm^D×60mm^{H}의 값, 2001년 1월)
*: 대형 각형 **: $Li_{0.5}CoO_2$까지 충전
이론 에너지밀도는 양극·음극 활물질의 양만으로 계산한 값

하이테크 전지의 기술 수준은 높은 단계에 도달되어 있는데, 특히 리튬이온전지의 경우에는 활물질 재료에 있어서 다양한 선택이 가능하며 전해질 용기 또한 다양한 것을 사용할 수 있다는 특징이 있어서 향후 보다 고성능인 전지의 개발이 기대되고 있다. 하이테크 전지에 있어서의 에너지밀도의 한계는 그림 1.3과 같이 예측되고 있다.

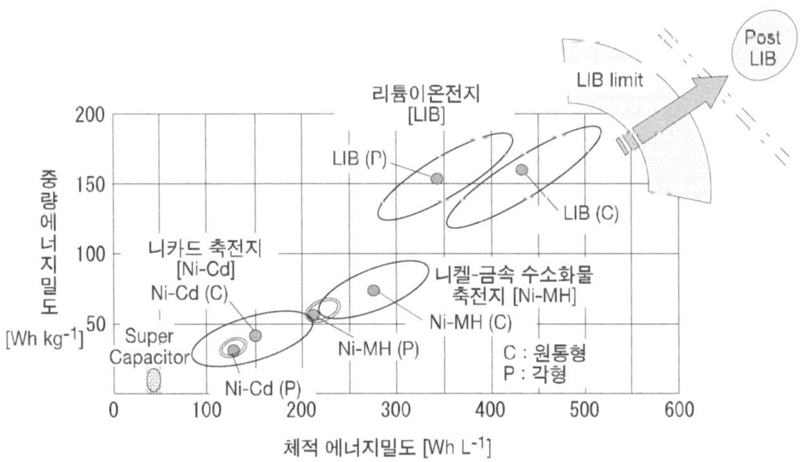

그림 1.3 소형 이차전지의 에너지밀도 현황과 미래

제 2 장

전극전위와 기전력

전지로부터 꺼낼 수 있는 에너지를 결정하는 중요한 인자의 하나는 전지의 전압이다. 전지의 이론적인 전압인 기전력은 양극과 음극의 산화・환원전위에 의해 결정되지만, 실제로 전지를 방전하면 방전상태에 따라 기전력이 변하게 되며 동시에 개회로 전압도 변한다. 또한, 전지의 방전전압은 내부저항 때문에 방전전류 값에 의존하게 된다. 한편, 전지의 용량은 패러데이의 법칙에 의해 결정된다. 전지의 방전전압과 전기량의 곱이 전지로부터 꺼낼 수 있는 에너지가 된다.

2.1 전지의 구성

전지에서는 환원제의 산화반응과 산화제의 환원반응이 조합을 이루게 되며 그러한 반응들이 전자와 이온을 매개로 하여 진행된다. 2개의 반응이 진행하여 외부에 방출하는 에너지, 즉 산화・환원반응의 에너지가 전기에너지(전력)로 변환되어 얻어지게 된다. 산화력이 강한 산화제와 환원력이 강한 환원제를 조합하면 큰 전지 전압이 얻어진다.

전지반응에 직접 관여하여 전력을 발생시키는 기전물질을 전지의 활물질이라고 한다. 산화제는 전지의 방전반응에서 상대를 산화시키고 자신은 환원되기 때문에 양극이 되고 양극 활물질이라고 한다. 한편, 환원제는 상대를 환원시키고 자신은 산화되기 때문에 음극이 되고 음극 활물질이라 부른다.

그림 2.1에 나타냈듯이 전지를 구성하기 위해서는 양극과 음극 사이에서 이온을 운반하는 이온 전도체와 양극과 음극이 직접 접촉하는 것을 방지하기 위한 격막(분리막)이 필요하다.

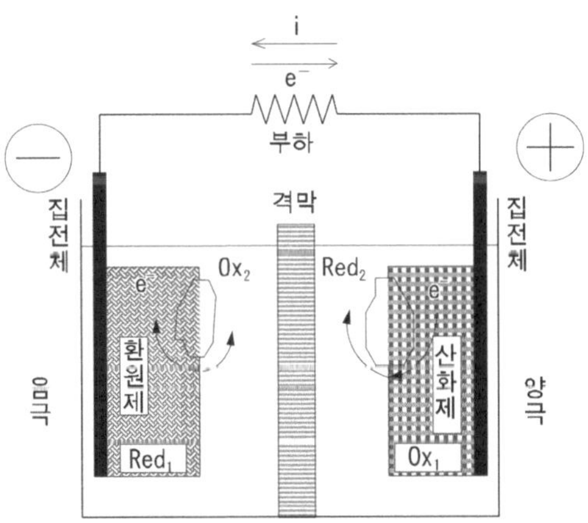

그림 2.1 전지의 구성

양극 활물질과 음극 활물질이 반응하여 생성되는 물질도 일반적으로는 전지 내부에 남아있게 된다. 이것이 용액 중에 용출되는 경우도 있지만 생성물로써 활물질 근처에 석출되는 경우가 많다.

2.2 전극전위

산화제의 산화력과 환원제의 환원력은 그 강도를 각각의 화학종이 가지는 산화·환원전위로 나타낸다. 임의의 화학종을 전극으로 이용한 경우, 산화·환원전위는 이 전극의 전극전위를 말한다. 또는, 전지의 경우에 양극과 음극이 한 쌍이 되어 사용되기 때문에 전극전위를 단극전위라 부르는 경우도 많다. 표 2.1에 표준상태에서의 전극전위(표준 전극전위)를 나타낸다.

표 2.1 표준 전극전위와 전기화학 당량의 몇 가지 예
(특별히 표시가 없는 경우에는 산성 용액 중에서의 값)

전극반응	표준 전극 전위 (V)	전기 화학 당량 (mg)	전극반응	표준 전극 전위 (V)	전기 화학 당량 (mg)
Li^+/Li	−3.045	0.0719	$MnO_2/MnOOH(a_{OH}=1)$	0.15	1.325
Na^+/Na	−2.714	0.238	Cu^{2+}/Cu	0.337	0.329
Mg^{2+}/Mg	−2.363	0.126	$Ag_2O/Ag(a_{OH}=1)$	0.345	2.401
Al^{3+}/Al	−1.662	0.0932	$O_2/OH^-(a_{OH}=1)$	0.401	0.0829
$ZnO_2^{2-}/Zn(a_{OH}=1)$	−1.215	0.678	$NiOOH/(NiOH)_2(a_{OH}=1)$	0.49	0.950
$H_2/OH^-(a_{OH}=1)$	−0.828	0.0104	Fe^{3+}/Fe^{2+}	0.771	0.589
$Cd(OH)_2/Cd(a_{OH}=1)$	−0.825	0.582	Ag^+/Ag	0.7991	1.118
Zn^{2+}/Zn	−0.763	0.678	Br_2/Br	1.087	0.828
Fe^{2+}/Fe	−0.44	0.289	$O_2/H_2O(a_{OH}=1)$	1.229	0.0829
Cr^{3+}/Cr^{2+}	−0.408	0.539	Cl_2/Cl^-	1.3595	0.367
Cd^{2+}/Cd	−0.403	0.582	Ce^{4+}/Ce^{3+}	1.61	1.477
$PbSO_4/Pb$	−0.3588	1.074	$PbO_2/PbSO_4$	1.685	1.239
Ni^{2+}/Ni	−0.25	0.304	F_2/F^-	2.87	0.1969

표준상태에서의 수소전극 전위를 0(zero)으로 하여, 단극의 전위를 그와 같은 표준수소전극의 전위를 기준으로 하여 나타낸다. 수소보다 산화력이 강한 재료의 전위에 +(plus) 부호를 붙이고, 수소보다 환원력이 강한 재료의 전위에 −(minus) 부호를 붙인다. 따라서 전위가 높은 재료는 산화력이 강하고, 전위가 낮은 재료는 환원력이 강하게 된다. 전위가 같은 전극은 거의 없기 때문에, 2개의 전극을 조합하면 원리적으로는 전지를 구성할 수 있다. 이 때 전위가 높은 쪽의 전극을 양극(positive electrode), 낮은 쪽의 전극을 음극(negative electrode)이라고 부른다. 전지를 방전할 때에는 양극에서 캐소드 반응(cathodic reaction: 환원반응)이, 음극에서는 애노드 반응(anodic reaction: 산화반응)이 진행한다. 그러나 전지를 충전할 때에는 방전과는 반대로 양극에서는 산화반응이 음극에서는 환원반응이 진행한다. 따라서 전지의 양극과 음극을 각각 캐소드(cathode)와 애노드(anode)라고 부르는 것은 잘못된 것이다.

표준상태로부터 벗어나는 조건에서의 전위는 네른스트(Nernst)의 식으로 나타낸다.

$$l\mathrm{Ox} + ne^{-} = m\mathrm{Red}$$

위와 같이 전극반응을 나타내면, Nernst 식은 다음과 같이 된다.

$$E = E^{0} + \frac{\mathrm{RT}}{n\mathrm{F}} \ln \frac{a_{\mathrm{Ox}}^{\ l}}{a_{\mathrm{Red}}^{\ m}}$$

전위 E는 기체상수 R과 패러데이 상수 F를 이용하여, 표준전극전위 E^{0}, 산화체 $\mathrm{O_X}$와 환원체 Red의 활동도(activity), 반응에 관여하는 전자수 n, 온도 T에 의해 나타낸다. 모든 온도에서 표준수소전극의 전위를 0으로 정의하고 있다.

2.3 전지의 기전력

양극재료의 전극전위와 음극재료의 전극전위와의 차이가 기전력(electromotive force)이 된다.

기전력 = 양극의 전위 - 음극의 전위

전지반응을 다음과 같이 쓴다.

$$\text{양극의 반응}\ \mathrm{Ox_1} + ne^- \rightarrow \mathrm{Red_2} \tag{2.1}$$

$$\text{음극의 반응}\ \mathrm{Red_1} \rightarrow \mathrm{Ox_2} + ne^- \tag{2.2}$$

전체 반응은 다음과 같이 나타낸다.

$$\mathrm{Ox_1} + \mathrm{Red_1} \rightarrow \mathrm{Red_2} + \mathrm{Ox_2} \tag{2.3}$$

이 전지반응의 기전력 E는 Nernst 식을 이용하여 다음과 같이 나타낸다.

$$E = ({}_1E^0 - {}_2E^0) + \frac{\mathrm{RT}}{n\mathrm{F}} \ln \frac{a_{\mathrm{Ox_1}} a_{\mathrm{Red_1}}}{a_{\mathrm{Ox_2}} a_{\mathrm{Red_2}}} \tag{2.4}$$

식 (2.3)의 반응이 우측으로 진행할 때 변화하는 Gibbs 자유에너지를 ΔG라고 하면 ΔG와 전지의 기전력 ΔE의 사이에는 다음 관계가 성립한다.

$$-\Delta G = n\mathrm{F}E \tag{2.5}$$

Gibbs 자유에너지 G가 감소하는 경우(ΔG의 값이 음이 되는 경우)에는 반응이 자발적으로 우측방향으로 진행하게 되어 E가 양의 값이 된다. 즉, 기전력이 얻어져 전지로서 작동하게 된다. E가 음이 되는 경우에는 외부로부터 전력을 공급하여 E 이상의 전압을 인가하면 반응이 우측방향으로 진행하게 된다. 이것은 전기분해가 일어나는 것을 의미한다.

실제로 이차전지를 충전하는 반응은 식 (2.3)의 역방향으로 아래와 같이 되어 반응이 우측으로 진행되어 전기분해를 진행시키는 것이 된다.

$$\mathrm{Red_2} + \mathrm{Ox_2} \rightarrow \mathrm{Ox_1} + \mathrm{Red_1} \tag{2.6}$$

2.4 전지의 용량과 전기화학 당량

양극과 음극 활물질로부터 얼마나 전하를 꺼낼 수 있는가는, 패러데이 법칙에 근거하여 양극 및 음극의 반응에 관여하는 전자수와 활물질의 분자량 또는 원자량에 의해 결정된다. 1 쿨롱(coulomb)의 전기량을 꺼내는데 필요한 화학 물질의 양을 전기화학 당량이라고 한다.

이차전지에 이용되는 산화제 및 환원제의 전기화학 당량을 표 2.1에 나타냈다. 주요 기전물질에 대해 전기화학 당량을 나타내었는데, 정확하게는 관여하는 화학종 모두를 고려해야만 한다. 예를 들면, 잘 알려진 납축전지에서는 음극반응이 다음과 같이 된다.

$$Pb + SO_4^{2-} \rightarrow PbSO_4 + 2e^- \tag{2.7}$$

양극반응은 다음과 같다.

$$PbO_2 + H_2SO_4 + 2H^+ + 2e^- \rightarrow PbSO_4 + 2H_2O \tag{2.8}$$

상기의 반응식으로부터 알 수 있듯이, 음극에서는 Pb와 SO_4^{2-}가 활물질로 이용되고, 양극에서는 PbO_2와 H_2SO_4와 $2H^+$가 이용된다. 따라서 전체 전지반응은 Pb와 PbO_2외에 전해액 중의 H_2SO_4가 기전물질로서 반응에 직접 관여한다.

실제 전지의 용량은 일정 조건에서 충전된 전지를 일정 조건으로 방전하여 방전 종지전압에 도달할 때까지 꺼낼 수 있는 전기량을 나타낸다. 때문에 충전의 방법 및 방전의 방법에 의해 영향을 받는다. 0.1C 이하의 작은 전류로 특정 전압(방전 종지전압)까지 충전한 후, 그 전압에서 충전을 계속하여 일정 전류치 이하가 된 시점에서 충전이 종료된 것으로 간주한다. 이와 같은 정전류-정전압 충전(Constant Current-Constant Voltage Charge, CCCV 충전)이라고 불리는 방법이 리튬이온전지에는 이용된다. 방전은 일정 전류로 방전하여 특정의 전지전압(방전 종지전압)에 도달한 시점에서 방전이 종료된 것으로 간주한다. 그림 2.2에 나타냈듯이 방전 전류가 크면 전지의 내부저항 때문에 전지의 전압이 낮아지며 방전 종지전압에 빨리 도달하게 되어 용량이 작아진다.

C rate 방전 : 충방전의 전류치를 나타낼 때에 C rate가 종종 이용된다. 이것은, 전지의 용량(생산자가 나타내는 정격용량을 기준으로 한다)을 1시간에 방전하도록 하는 전류치를 말한다. 전지가 커지면 1C 방전이라 하더라도 전류치는 커진다. C rate 대신에 It 방전으로 나타내는 경우도 증가하고 있는데 의미는 동일하다.

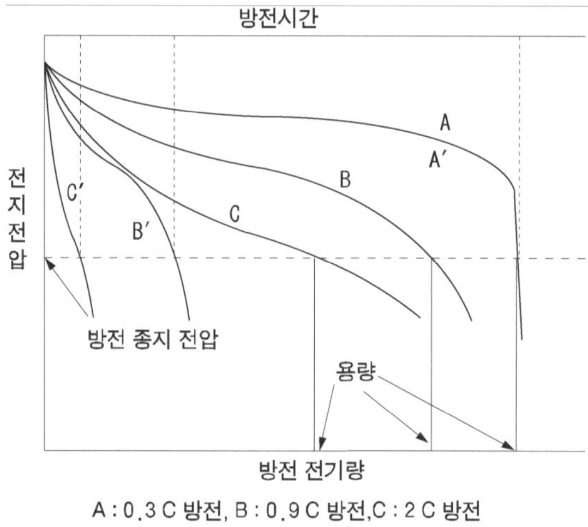

그림 2.2 방전속도에 따른 방전용량의 의존성

2.5 전지의 에너지밀도

전지로부터 꺼낼 수 있는 에너지 U는 전지로부터 꺼낼 수 있는 전기량 Q와 전지전압 V의 곱이다.

$$U = Q \times V \tag{2.9}$$

전지의 기전력은 충전상태(State of Charge : SOC)와 반응에 관여하는 물질의 활동도에 영향을 받고, 방전과정 전체에 걸쳐 일정하지 않은 경우가 많다. 또한, 방전할 수 있는 전기량도 조건에 따라 다르다.

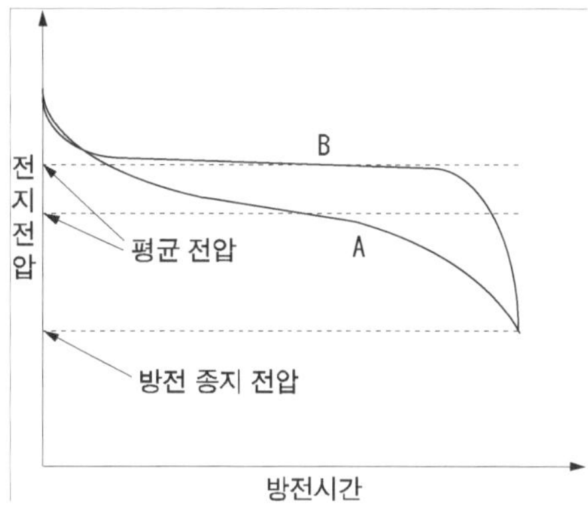

그림 2.3 전지의 방전 곡선 (정전류 방전인 경우)

실제의 전지를 일정 전류로 방전(정전류 방전)했을 때의 방전 곡선을 그림 2.3에 나타낸다. 크게 나누어 2가지의 패턴이 있다. A에서는 방전이 진행함에 따라 전지의 방전 전압이 서서히 저하되고, B에서는 방전이 진행되어도 방전 전압이 거의 낮아지지 않는 영역이 있는 경우이다. 전자는 활물질의 반응이 고용체를 경유하는 경우이고, 후자는 활물질이 방전하여 제 2의 상이 나타나 2개의 상이 공존하는 경우이다. 전지의 전압이 미리 정해진 전압(종지전압)까지 저하되었을 때 그 시점까지 방전 가능한 전기량(전류의 적분 값으로 정전류 방전의 경우에는 방전 시간과 방전 전류치로부터 용이하게 계산된다)을 전지의 용량이라고 한다. 용량은 충전 종지전압과 방전 종지전압에 의해 영향을 받는다. 일반적으로 충전 종지전압을 높게 하고 방전 종지전압을 낮게 하면 용량은 커지지만, 전지의 수명이 짧아지는 경우가 많다.

한편, 전지의 에너지는 (전압×전기량)으로 나타낼 수 있기 때문에, (전지전압×용량)이 에너지가 된다. 전지의 전압이 변하는 경우에는 엄밀하게는 전류치와 전압을 적분해야 하지만, 간단하게 평균전압을 취하여 전지의 전압으로 간주하는 경우(공칭전압을 이용하는 경우도 있다)가 많다.

전지의 전압은 방전 전류치에 의존한다. 이것은 다음의 3장에서 설명하는 전지의 내부저항 때문에 전류의 증대와 함께 전압이 저하되기 때문이다.

전류를 흘리면서 측정한 전압을 폐회로 전압, 방전의 임의 시점에서 회로를 열어 전압의 회복을 기다려 측정한 전지의 전압을 개회로 전압(Open Circuit Voltage, OCV)이라 한다. 전지의 에너지 계산에는 개회로 전압을 이용하는 경우가 많다. 방전 종지전압은 실제로 전지를 사용할 때에 의미 있는 전압으로 이것도 내부저항의 영향을 받는다. 따라서 엄밀하게 전지의 용량을 구하기 위해서는 방전 전류치를 결정하는 것이 필요하다.

전지에는 활물질 이외에 2.1절에서 서술한 구성 요소가 필요하다. 이것들은 전지의 제조방법에 따라 크게 변하기 때문에 용량 계산을 하는데 적용하기가 어렵다. 따라서 양극과 음극의 활물질만을 거론하여 에너지밀도를 계산하여 이론적인 에너지밀도로 간주한다. 이론 에너지밀도에는 체적당 에너지밀도와 중량당 에너지밀도가 있다. 몇 종류의 이차전지에 대해, 이론 에너지밀도와 실제로 달성된 에너지밀도를 표 2.2에 나타낸다.

표에 나타냈듯이 대부분의 전지가 이론 에너지밀도의 1/3 정도에 도달해 있는데, 이론치의 1/2~1/3 정도가 한계인 것으로 생각된다. 그러나 리튬이온전지는 제조방법, 용기 등에 대한 고안을 통해 이론 에너지밀도의 50%를 넘는 전지도 시판되고 있다.

표 2.2 각종 이차전지의 에너지밀도 비교

전지의 종류	에너지밀도			
	실제값 [Wh/kg]	이론값 [Wh/kg]	실제값 [Wh/dm^3]	이론값 [Wh/dm^3]
Pb/PbO_2	30~40	161	50~100	720
Cd/NiCOOH	35~45	209	70~120	751
$LnNi_5H_6/NiOOH$	50~60	275	150~2000	1134
Li/TiS_2	100~130	403	260~280	649
$LiMoS_2$	50~60	212	120~140	471
LiV_2O_5	100~120	396	240~260	783
$C_6/LiCoO_2$	100~120	360	250~300	1357
$C_6/LiNiO_2$	100~130	444	250~320	1533
$C_6/LiMn_2O_4$	90~100	403	100~130	1371

주 : 동일한 종류의 전지라 하더라도 형상, 크기, 목적에 따라서 실제 값은 서로 다르지만 여기서는 평균적인 값을 나타내었다.

제 3 장

전지의 구성과 요소 재료

전지는 양극 활물질, 음극 활물질, 전해질, 격막으로 구성된다. 또한, 리튬이온전지와 같이 강력한 환원 분위기에서 작동되는 전지에서는 용기와 봉구(封口)도 중요하다.

양극/음극 재료는 기전물질로 가장 중요한 재료이며, 실제의 전지에서는 두 전극 모두가 합제전극으로 제조된다. 합제전극의 두께는 전해질의 전도율에 크게 의존하며 전도율이 낮아지면 합제전극의 두께는 얇아진다.

전해질로는 수용액, 비수용액, 고분자, 결정성 무기물, 비결정성 무기물, 이온액체 등이 있으며 높은 이온전도성을 가지는 동시에 양극과 음극에서의 산화・환원 안정성이 필수이다.

3.1 구성재료의 개요

전지는 전기화학적 산화・환원반응을 이용하는 에너지 변환 디바이스이다. 따라서 그림 2.1에 나타냈듯이 산화반응이 진행하는 음극, 환원반응이 진행하는 양극, 이러한 두 개의 반응을 이어주는 이온 전도체, 음극과 양극을 서로 떼어놓는 격막(separator)과 이와 같은 재료들이 들어가는 용기에 의해 구성된다. 이러한 각각의 요소 재료에 요구되는 바람직한 특성을 표 3.1에 나타내었다.

이들 요소 재료 외에도 전지의 안전성과 신뢰성을 높이기 위한 목적으로 여러 가지 재료 및 부품이 이용되고 있다.

표 3.1 전지의 구성재료

요 소	바람직한 특성
양극	고전위, 작은 전기화학 당량, 고안전성, 격납(格納)성
음극	저전위, 작은 전기화학 당량, 고안전성, 격납(格納)성
전해질	높은 이온 전도율, 고안정성
격막	높은 이온 전도율, 고안정성, 높은 기계적 강도
용기	고안정성, 높은 기계적 강도, 고기밀성

3.2 전해질

전극에서의 반응이 연속적으로 진행하기 위해서는 산화제와 환원제의 반응을 서로 연결해주는 이온 전도성의 상(相)이 필수인데, 이것은 원리적으로 이온이 지나가는 길을 제공하는 것뿐이다. 이온 전도체인 전해질로는 산, 염기, 염을 물에 용해시킨 수용액, 염을 유기용액에 용해시킨 유기 전해액, 이온 전도성 무기물(결정성 및 비결정성), 이온 전도성 고분자, 용융염 등이 있다.

전해질은 전극에 접촉하는 이온 전도체로 매우 중요한 역할을 감당한다. 전지 반응은 전극 반응이며, 전극 반응의 본질은 전도되는 물질이 전자전도와 이온전도 사이에서 서로 변환하며 일어나는 반응이라 할 수도 있다. 이것은 비록 좁은 관점에서의 설명으로 반응이 일어나는 결과로써의 표현이기도 하지만, 이렇게 이해하는 것도 가능하다. 이온 전도체는 전지 반응에 불가결하며 전해질의 양(量)은 일반적으로 중요하지 않다. 전해질 중을 이온이 이동하여 산화반응과 환원반응의 매개가

되어주면 되는 것인데, 이온의 이동이 느리고 이동하는 거리가 길면, 즉 이온 전도에 대한 전해질의 저항이 크면, 반응과정 전체에서 큰 손실이 생긴다. 따라서 전해질은 되도록 저항이 작은 것이 바람직하며 얇은 막의 형태로 제조되는 경우가 많다.

한편, 납축전지에서와 같이 전해질 성분이 전지 반응에 직접 관련되는 경우도 있는데, 이 경우에는 전해질이 활물질의 일부가 되기 때문에 「양(量)」이 중요하게 된다. 또한, 전지 반응의 생성물이 전해질에 남게 되는 경우에도, 그 장소를 제공하기 위해 전해질의 「양(量)」이 중요해진다.

3.2.1 수용액

산, 알칼리 및 염을 용해시킨 수용액은 전도율이 1S/cm 보다 커서 높은 이온 전도성을 나타낸다. 납축전지에 이용되는 묽은 황산은 0.1S/cm 정도의 이온 전도율을 나타낸다.

한편, 물의 이론 분해전압은 1.23V이며, 물을 분해하는 물질을 전지의 활물질로 이용하는 것은 열역학적으로 불가능하다. 그러나 납축전지에서는 수용액을 이용하면서 2V의 기전력을 얻고 있다. 이것은 납축전지의 음극으로 사용되는 납이 매우 높은 수소 과전압을 가지고, 양극인 이산화납도 높은 산소 과전압을 가지기 때문에 음극인 납에서의 수소발생 반응과 양극인 이산화납에서의 산소발생 반응의 속도가 매우 느려 시간이 너무 길지 않은 범위에서는 실질적으로 물의 분해 반응이 진행하지 않기 때문이다. 즉, 수용액을 이용하면서 수소발생을 일으키지 않고 식 (2.7)의 음극 반응과 식 (2.8)의 양극 반응이 진행할 수 있기 때문이다. 납축전지를 충전 상태에서 장시간 보존하면 자기방전(自己放電, self discharge)을 하여 용량이 얻어지지 않게 된다. 이것은 식 (3.1)과 (3.2)에 나타낸 음극에서의 수소발생 반응과 양극에서의 산소발생 반응이 서서히 진행하여 활물질이 소실되기 때문이다.

$$Pb + H_2SO_4 \rightarrow PbSO_4 + H_2 \tag{3.1}$$

$$PbO_2 + H_2SO_4 \rightarrow PbSO_4 + \frac{1}{2}O_2 + H_2O \tag{3.2}$$

이 예에서는 용매인 물의 안정성을 나타냈지만 지지전해질의 안정성도 마찬가지로 중요하다. 이처럼 장시간의 안정성을 생각하면 전해액의 전기화학적 산화・환원 안정성[전위창(電位窓), potential window로 불린다]은 전지의 수명에 큰 영향을 끼치는 인자가 된다.

3.2.2 유기 전해액

산화 또는 환원에 의해 물을 분해시키는 활물질을 이용하는 경우에는 안정한 유기 용매를 전해액으로 사용한다. 이 경우에는 유기 전해액에 용해되기 쉬운 전해질이 이용되는데, 알킬암모늄염으로 대표되는 큰 양이온(cation) 및 MA_n^-(M : Al, B, S, X 등, A : O, X 등)로 나타내는 큰 음이온(anion)의 염 등이 높은 용해도와 해리도를 나타낸다. 또한, 용매에는 디메틸설폭사이드(dimethyl sulfoxide, DMSO), 탄산에스테르, 에테르 등의 비양성자성 용매가 이용되는 경우가 많다. 높은 전도성을 얻기 위해서는 염의 용해도가 높으며 점도가 낮은 것이 바람직하다. 그러나 유기 전해액의 이온 전도율은 10^{-2}S/cm 이하로 수용액에 비해 10배 이상 낮다.

유기 용매는 일반적으로 가연성 물질이며 이것을 이용하는 경우에는 항상 발화를 고려하여 대책을 마련할 필요가 있다. 특히 산화력이 강한 양극을 이용하면 어떤 요인에 의해 전지의 온도가 상승한 경우에 양극과 유기 용매와의 반응이 급격히 진행할 위험이 있기 때문에 유의할 필요가 있다. 또한, 산화에 대해 매우 안정하고 공기 중에서도 용이하게 분해 반응이 진행하지 않는 용매는 전지를 폐기한 경우에 자연계에 확산되어 오랫동안 체류하게 되므로, 이것이 큰 문제를 일으키지 않도록 배려하는 것이 요구된다.

(1) 전위창

전지에 이용되는 전해질의 안정성을 조사할 때에 전위주사법에 의해 분극곡선을 조사하는 경우가 많다.

참조전극을 이용한 3전극식 셀을 이용하여 100mV/s 이하의 느린 속도로 주사하여 그림 3.1과 같은 곡선을 얻는다. 그러나 이와 같은 분극 곡선으로부터 전위창을 판단하는 경우, 몇 가지 유의하여야 할 점이 있다.

① 잔여전류

전해액은 아무리 정제해도 불순물 등을 완전히 제거할 수가 없으며, 그림 3.1에서와 같이 귀속하기 어려운 미소 전류가 넓은 전위범위에서 관측되는데 이것을 잔여전류라 한다. 이 전류는 전극 재료 등에는 의존하지 않고 그 전류값도 수 $\mu A/cm^2$ 이하이다. 통상적으로 불순물에 의한 전류와는 구별된다.

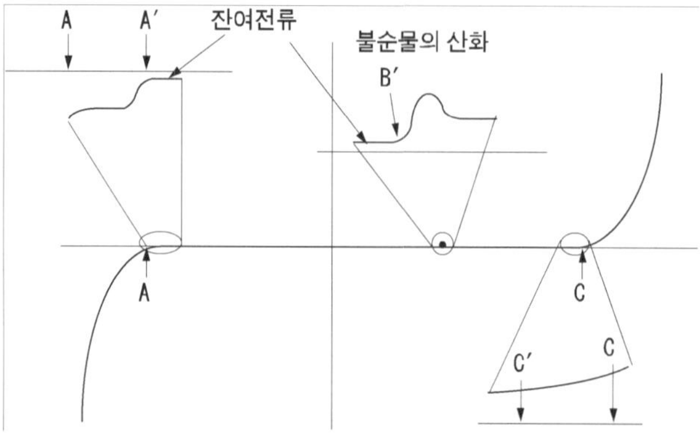

그림 3.1 느린 전위주사법으로 측정한 전해액의 유사 정상 분극 곡선

② 불순물

수용액과 비교하여 유기 전해액 등에서는 용매와 염이 생성되기 어렵고 미량인 불순물을 제거하기 위해서는 엄청난 노력이 필요하다. 이것이 산화 또는 환원되어 그림 3.1의 B에 나타낸 것과 같이 확산이 속도를 결정하는 전류로서 관측된다. 불순물의 반응은 전해질의 전위창과는 다르지만 불순물의 제거가 어려운 경우에는 실질적으로 전위창을 제한하게 된다. 그러나 불순물이 분해되어 반응하지 않는 물질로 변환되는 경우에는 불순물이 반응한 양에 해당하는 용량 손실만을 고려하면 된다.

③ 허용전류

열역학적으로 안정하며 넓은 전위창을 가지는 전해질이 바람직하지만, 열역학적으로 안정한 범위를 넘어서서 이용할 수 있는 경우도 있다. 또한, 전해질의 안정성이 계에 의존하는 경우도 있다. 예를 들면, 메탄올은 수용액 중에서는 백금 전극 등에서 용이하게 산화되지만, 물을 전혀 함유하지 않는 계에서는 매우 산화되기 어려운 용매이다. 열역학적으로는 안정하지 않은 전해질이라 하더라도 전지의 용도에 따라, 또는 전지설계에 따라 전위창이 넓어지는 경우도 있다. 예를 들면, 납축전지의 물은 양극에서도 음극에서도 열역학적으로 불안정하여 산화·환원되지만 그 반응속도가 느리기 때문에 실용화되어 있다. 그러나 납축전지에서는 물의 분해 반응이 서서히 진행하여 자기방전이 진행된다.

전해질의 반응에 대해 허용되는 전류밀도는 전지의 설계에 따라 다르다. 리튬이온전지에서 보이는 것처럼 미세한 입자를 활물질로 이용하여 비표면적을 크게 하면, 단위표면적당은 미세한 전류이더라도 미세 입자인 활물질의 용량이 작기 때문에 곧바로 자기방전이 일어나 용량이 소실되어 버린다. 예를 들면, 전극 합제의 겉보기 기하면적 $1cm^2$에 해당하는 용량이 100mAh이고 그러한 단위 기하면적당의 진표면적(眞表面積)이 $200cm^2/cm^2$이며 평판전극에서 측정하여 전류-전위곡선의 $100\mu A/cm^2$을 허용 전류밀도로써 전위창을 설정한 경우에는, 만충전(滿充電)한 전지를 5시간 방치하면 용량이 0(zero)이 된다. 이것으로는 전지의 전해액으로써 불충분하다. 전지의 요구수명을 5천 시간이라 한다면 비가역 반응을 대상으로 한 전위창 평가의 전류를 $0.1\mu A/cm^2$ 이하로 해야만 하는 것이다. 그림 3.1의 A와 C가 아니라 A'과 C'의 전위를 안정한 전위로 하는 것이 타당하다.

④ 전극 재료의 영향

전위창을 측정하기 위해서는 전극을 이용해야만 한다. 통상적으로 백금 전극과 무정형의 탄소 전극이 시험극으로 이용된다. 그러나 전지 활물질이 전기화학적으로 촉매작용을 나타내어 전해질을 쉽게 분해시키는 경우도 있다. 예를 들면, Co, Ni, Mn 등의 산화물이 리튬이온전지의 양극 활물질로서 이용되는데, 이것들은 유기물의 산화에 대해 촉매작용을 나타내는 경우가 많다. 전위창의 결정에는 활물질의 촉매작용을 고려해야만 한다.

리튬이온전지는 필수적으로 밀폐를 해야 하기 때문에 전해액의 안정성은 전지의 수명과 안전성에 큰 영향을 준다. 납축전지에서는 물이 분해되어 생성되는 산소와 수소를 촉매로 반응시켜 물로 되돌리는 것에 의해 밀폐화가 달성되었고, 니카드 전지에서는 충전 말기에 양극에서 생성되는 산소를 음극에 흡수시키는 것에 의해 밀폐화가 이루어지고 있다. 유기 전해액을 이용하는 리튬이온전지에서는 용매의 분해 반응이 복잡하며, 생성물을 전지 내부에서 원래대로 되돌리거나 전지에 무해한 물질로 변환시키는 것은 어렵다. 따라서 전해액의 안정성은 리튬이온전지의 수명, 안전성, 신뢰성 등의 측면에서 매우 중요하다.

3.2.3 고분자 전해질

루이스 염기성이 강한 산소와 같은 원소를 함유하는 고분자는 금속 이온에 배위되어 염을 해리시킬 수 있다. 해리되어 생성된 이온은 고분자의 세그멘트 움직임에 의해 고분자 내부에서 이동할 수 있다. 예를 들면, 크기가 작고 루이스 산성이 강한 알칼리 양이온과 크기가 크며 염기성이 약한 음이온 염 중에는 격자에너지가 작은 것이 있는데, 이것들을 폴리에틸렌옥사이드(Polyethylene Oxide, PEO)와 같은 고분자와 복합하면 알칼리 염이 해리되며 이온 전도성이 발현된다.

이와 같은 고분자 전해질 중의 이온 이동은 세그멘트의 운동에 의해 정해지기 때문에 이온의 이동도는 이온의 종류에 거의 의존하지 않는다. 따라서 크기가 그다지 다르지 않은 염의 경우에는 고분자 전해질의 전도율이 염의 해리도에만 의존하게 된다. 물론 염이 고분자의 세그멘트 운동을 변화시키는 경우에는 전도율이 이온의 종류에 큰 영향을 받는다. 이와 같은 경우를 제외하면 그림 3.2에 나타낸 것과 같이 유입되는 전해질의 종류에 그다지 의존하지 않는다. 그 영향은 해리도에 대해서 뿐이고 이동도에는 영향을 주지 않는다.

세그멘트의 운동을 억제하기 위한 고분자 사슬의 가교와 결정화 등은 전도율을 현저하게 저하시킨다. 한편, 유리전이온도가 낮은 고분자는 세그멘트의 운동이 활발하고 전도율이 높아진다.

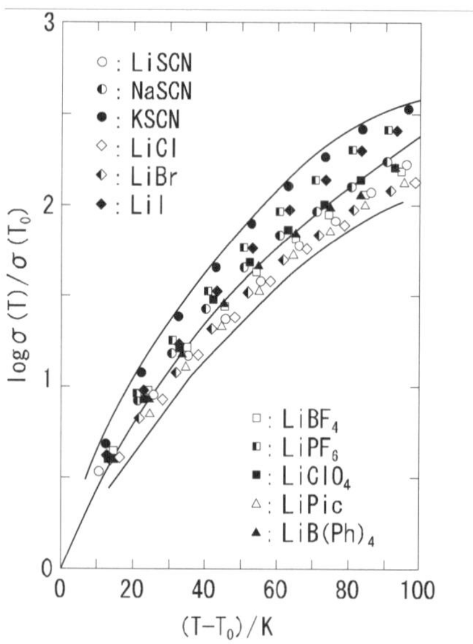

PEO에 여러가지 알칼리 금속염을 첨가한 전해질

그림 3.2 고분자 전해질의 전도율

(출전 : 導電性高分子, P. 136, 緖方直哉, 講談社, 東京, 1990.2.20)

고분자도 유기물이기 때문에 산화·환원에 대한 안정성은 일반적인 유기물과 그다지 큰 차이는 없다. 그러나 고분자는 증기압이 낮고, 또한, 물질이동이 매우 느리기 때문에, 만약의 경우에 착화(着火)가 일어나더라도 격렬하게 연소하기 어려워 안전성의 측면에서 유리하다.

고분자에 의해 용액을 굳게 하여 외견상 고체와 같이 만든 겔-폴리머 전해질은 물리화학적으로는 전해액에 가까운 성질을 나타내지만, 고분자가 존재하기 때문에 장거리 물질수송이 억제된다. 때문에 만약 발화가 되더라도 연소 반응의 전파가 현저하게 억제되어 안전성 측면에서 매우 유리하다.

3.2.4 고체 전해질

알칼리 금속과 같은 1가 양이온을 함유하는 산화물과 할로겐화물 등 산소산염 등의 결정과 비결정 중에는 비교적 높은 이온 전도성을 나타내는 재료가 있다. 이러한 고체 전해질은 일반적으로 고온이 되어야만 높은 이온 전도성을 나타내지만, $RbAg_4I_5$로 대표되는 은염 등은 실온 부근에서도 용액에 필적하는 높은 이온 전도성을 나타낸다. 또한, NASICON도 실온 부근에서 높은 이온 전도성을 나타낸다. 아울러 산화물의 산소를 유황으로 치환하여 황화물로 만들면 일반적으로 이온 전도율이 향상된다. 표 3.2에 몇 개의 고체 전해질을 나타낸다.

표 3.2 고체 전해질과 전도율

	전도 이온	σ /S cm^{-1} (25℃)
$RbAg_4I_5$	Ag^+	0.3
$Rb_4Cu_{16}I_7Cl_{13}$	Ag^+	0.34
$3AgI-Ag4P_2O_7$ (무정형)	Ag^+	4×10^{-3}
$0.5Li_3PO_4-0.5Li_4SiO_4$	Li^+	4×10^{-6}
NASICON	Na^+	ca. 1×10^{-3}
$\beta(\beta'')-Al_2O_3$	Na^+	1.4×10^{-2}
$\beta(\beta'')-Al_2O_3$	Li^+	1.3×10^{-4}
LiI	Li^+	5.5×10^{-7}
Li_3N	Li^+	1.2×10^{-3}
$ZrO_2-Y_2O_3$ (10%)	O^{2-}	ca. 1.2×10^{-2} (800℃)

3.2.5 그 밖의 전해질

할로겐화 알칼리와 같은 이온성 결정을 고온으로 하면 융해되어 용융염이 되며 이것은 매우 높은 이온 전도성을 나타낸다. 이온성 결정뿐만 아니라 분자성이 높은 결정을 용융하여도 마찬가지로 매우 높은 이온 전도율을 나타내며 이것에 이온성 결정을 첨가한 혼합 용융염도 높은 이온 전도성을 나타낸다.

테트라알킬암모늄 염 등과 bis(trifluoromethyle) sulfonimide와 같은 큰 음이온 염은 실온에서 액상으로 존재한다. 이것은 저온(상온) 용융염, 이온액체 등으로 불리며 높은 이온 전도성을 나타내는 것이 규명되어 있다. 그림 3.3에 전형적인 이온액체를 나타낸다. 유기합성의 용매 등으로써 주목을 받고 있으며 다양한 용도의 개발이 계속되어 진행되고 있다. 증기압이 매우 낮기 때문에 발화되기 매우 어려우며, 비교적 안정하고 전위창도 넓다. 예를 들면, 그림 3.3의 이온액체는 5V 이상의 넓은 전위창을 가진다. 그러나 유기물이기 때문에 높은 전위와 낮은 전위 환경에 처하게 되면 서서히 진행되기는 하지만 산화와 환원이 진행된다. 또한, 증기압이 매우 낮기 때문에 증류에 의해 제조할 수가 없으며 순도를 높이는데 있어서 해결해야 할 과제가 있다.

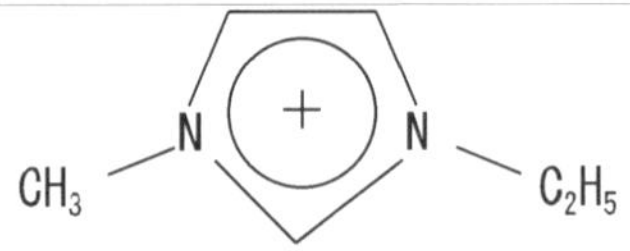

ethylmethylimidazolium cation

$CF_3SO_2\bar{N}SO_2CF_3$

bis(trifluoromethyl)sulfonimide anion

그림 3.3 이온액체 : imidazolium sulfonyl imide

3.3 격막(separator)

격막은 양극과 음극이 직접 접촉하는 것을 방지하기 위한 목적으로 이용되며, 고체 전해질과 고분자 전해질을 이용하는 경우를 제외하고는 전해액을 이용하는 대부분의 전지에 필요한 구성 요소이다.

격막의 기능은 단순하지만 격막이 손상되면 전지에 큰 문제를 일으킨다. 즉, 활물질끼리 직접 반응하여 큰 발열을 일으켜 안전상의 문제를 야기한다. 그다지 격렬한 반응이 일어나지 않더라도 활물질이 소비되는 자기방전이 진행하여 전지의 기능이 상실된다.

격막은 양극과 음극의 접촉을 방지하며 이온의 전도성을 유지해야만 한다. 전해액을 이용하는 전지에서는 일반적으로 다공성 재료를 격막으로 이용하며 공극에 전해액을 함침시켜 이온전도성을 확보한다. 되도록 얇고 전해액의 젖음성이 우수하며 공극률이 큰 편이 이온의 전도에는 유리하지만, 그러한 경우에는 강도가 약해져 격막의 기능적 측면에서는 불리해진다.

전해액을 함유하며 양극과 음극간의 이온 전도를 가능하게 하는 격막은 두께가 균일해야만 한다. 예를 들면, 두께에 있어서 10% 얇은 부분이 있으면 그 부분의 이온 전도성은 10% 높아지고 충방전 과정에서 그 부분에 전류가 집중되어, 그곳에 접촉하는 부위의 활물질이 우선적으로 반응하여 충전상태(SOC)에 있어서 양방향의 큰 분포를 발생시킨다. 이와 같은 분포는 전지의 열화를 현저하게 빠르게 하여 안전성・신뢰성의 저하를 초래한다.

리튬이온전지에서는 격막으로 두께 15~35μm의 폴리에틸렌 다공성 박막이 이용된다(그림 3.4).

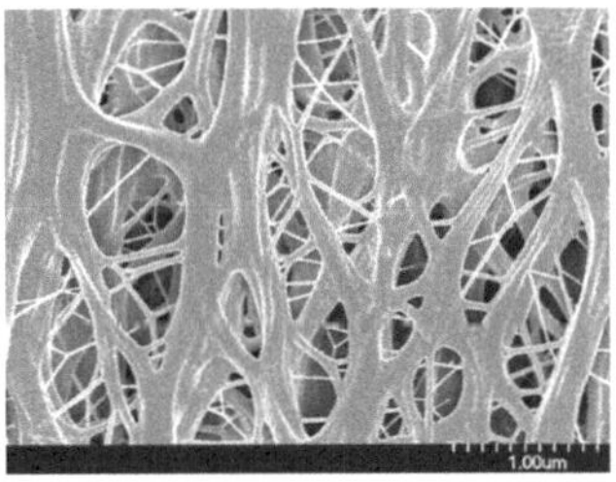

구멍이 큰 막

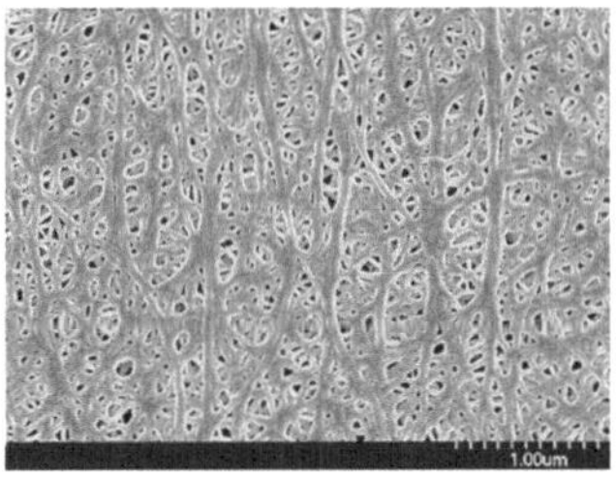

구멍이 작은 막

그림 3.4 격막의 예 (사진제공 : 旭化成)

이 박막의 기공은 서브마이크론 수준의 크기를 가지며 공극률은 50% 이상이다. 이 격막은 전지 내부에서 이상(異常) 반응이 일어나 온도가 올라가면 반용융(半熔融)되어 기공이 닫히어 막히게 된다. 이와 같이 되어 전극간의 이온 이동이 차단되고 그 이상의 전지 반응이 진행되지 않도록 하여 이상 반응을 정지시키는 역할을 한다. 이처럼 리튬이온전지의 격막은 안전성의 면에서도 중요한 역할을 감당하고 있다.

격막은 활물질에 직접 접촉하기 때문에 산화와 환원에 대해 안정해야만 한다.

많은 유기물들은 산화에 대해 그다지 안정하지 않으며, 또한 산화에 대한 안정성에도 한정적인 유기물이 대다수이다.

3.4 양극

양극으로는 산화제가 활물질로서 이용된다. 2장에서 설명했듯이 전위가 높고 전기화학 당량이 작은 활물질이 바람직하다. 염소 및 산소와 같은 기체는 전지 내부에 가두는 것이 어렵고, 전해액에 용해되는 활물질은 격막을 통과하여 음극에 접촉하는 것을 방지하기 어렵기 때문에 실용 전지의 전극이 되기는 어렵다. 때문에 산화물, 황화물, 할로겐화물 등의 고체가 양극으로서 이용되는 경우가 많다. 이차전지가 되기 위해서는 전지 반응이 가역적이어야만 한다. 이차전지에서 반응이 가역적이라는 것은 결정의 형태와 표면 형상을 포함하여 반응 전체가 가역이어야만 하는 어려운 조건이다.

예를 들면, 납축전지에서는 방전하면 양극과 음극 모두에서 황산납이 생성된다. 이 황산납을 방치하면 결정화가 진행하여 안정하게 되어 양극을 산화납으로 되돌리는 것이 어려워진다. 이것은 설페이션(sulfation)이라고 하는데 이러한 변화 때문에 납축전지를 방전 상태에서 장시간 방치하면 재충전할 수 없게 되어 수명이 다하게 된다.

이산화납과 금속납은 황산수용액에의 용해도가 낮고 전자 전도성이 비교적 높지만, 황산납은 전자 전도성이 없고 용해도도 매우 낮다. 고체의 $PbSO_4$를 고체의 Pb와 PbO_2로 완전히 되돌리는 것은 용이하지 않다. 고속으로 충전한다는 것은 이 반응을 고속으로 진행시키는 것을 의미하며, 이를 통해서도 매우 어렵다는 것을 이해할 수 있을 것이다.

3.5 음극

음극 활물질은 환원제이다. 되도록 전위가 낮으며 환원력은 강하고 전기화학 당량이 작은 재료가 바람직하다. 이차전지의 음극 활물질로는 금속이 이용되는 경우가 많지만 수소저장 합금, 탄소재료, 산화물 등의 삽입형(挿入型) 전극도 이용된다.

황산납을 환원시켜 납을 석출시키면 방전하기 전과 같은 납의 표면 형상이 얻어진다. 그러나 아연과 리튬을 석출시키면 평탄하게 석출되지 않고 수지상(樹枝狀)

의 형태로 석출된다. 이와 같은 수지상의 금속 석출물을 덴드라이트(dendrite)라 하며, 석출과정에서 덴드라이트가 성장하여 격막을 뚫고 나가 양극에 접촉하여 단락을 일으킴으로 인해 안전상의 문제를 야기하며, 용해과정에서는 전극으로부터 탈락되어 충방전 효율을 저하시키는 문제를 야기한다. 금속 음극은 반응이 단순하고 전기화학 당량도 크지만 석출 형태의 가역성이 큰 문제이다.

3.6 합제 전극

전지의 전극에서 진행하는 전기화학 반응은 전자 전도체와 이온 전도체가 접촉하는 계면에서 진행한다. 이 반응을 빠르게 하기 위해서는 반응 속도를 크게 하는 것이 바람직하다. 금속의 석출·용해 반응은 그 반응 속도가 크지만, 다른 전극의 경우에는 반응 자체의 속도가 느린 경우가 많다. 이와 같은 경우에는 다공성 전극과 같은 구조로 제조하여 접촉계면을 증대시킨다. 즉, 입경이 작은 분말을 활물질로 이용하여 이것을 집전체 위에 도포하여 다공성 전극의 형태로 하여 전극 표면적을 비약적으로 증대시킨다. 이때 접촉 저항을 포함하여 전자 전도성이 낮은 활물질의 경우에는 저항이 커지고, 충방전할 때에 전위 분포가 생겨 분말 활물질의 이용률이 낮아진다. 이것을 피하기 위하여 탄소재료 등을 전도조제(電導助劑)로써 첨가한다. 또한, 분말을 안정되게 도포하기 위하여 안정한 고분자를 결착제로써 이용한다. 활물질과 전도조제 분말과 결착제를 전해액과 유기용매로 섞어서 반죽한 것을 전극 합제라 한다. 이 합제를 금속박과 금속메쉬 등의 집전체 위에 도포하여 합제 전극을 제조한다(그림 3.5).

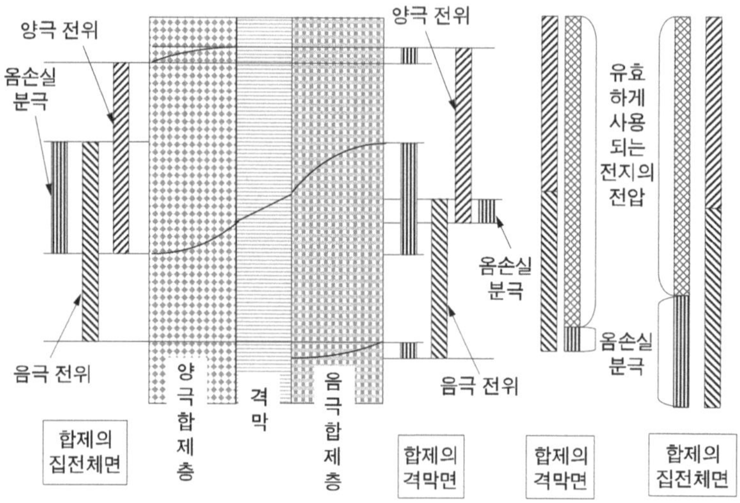

그림 3.5 전지 내부의 전위 분포

이와 같이 제조된 합제 전극이 정상적인 기능을 발휘하기 위해서는 활물질이 전자적으로 낮은 저항으로 연결되어 있고, 전해질이 공극에 침투되어 이온을 운반하는 이온 전도체에 밀착되어 양호한 이온 전도 통로가 구성되어야만 한다. 이온 전도체의 전도율은 그다지 높지 않기 때문에 전지의 충방전 중에는 합제 전극 중의 이온 전도상(電導相)에 옴손실에 의한 전위 분포가 발생한다. 그림 3.5에 합제 전극 내부의 전위 분포를 도식적으로 나타내었으며, 전지 내부의 각 지점에 있어서의 전자 전도체와 이온 전도체의 전위차가 전지 반응의 구동력이 된다. 따라서 옴손실이 커서 합제 전극 내부에 전위 분포가 크면, 전지 내부의 손실이 커지고 유효하게 작동할 수 있는 합제 전극의 유효 두께가 얇아진다.

3.7 용기

전지를 넣는 용기로는 플라스틱 재료를 이용할 수 있지만, 전지가 에너지의 통조림인 것을 생각하면 용기에는 강도가 요구되는 경우가 많기 때문에 금속 용기가 많이 사용된다. 또한, 플라스틱 재료는 기체 투과성이 있기 때문에 전지 내부가 고압이 되거나 공기와 수분을 철저하게 차단할 필요가 있는 경우에는, 플라스틱이 아닌 금속이 사용된다. 최근 레토르트식품(완전 조리되어 있어 데우기만 하면 먹을 수 있는 식품)의 용기로써 이용되는 알루미늄박을 플라스틱 필름 사이에 끼운 라

미네이트 필름이 리튬이온전지의 용기로 이용되고 있는데, 이것은 금속의 기체 차단성 및 플라스틱의 가소성과 유연성 모두를 살리기 위한 고안에서 비롯된 것이다.

이들 용기는 전지 조립의 최종 단계에서 봉구(封口)되는데 사용되는 재료와 전지의 특성에 따라 봉구하는 방법이 몇 가지 있다. 고무 재질의 개스킷과 수지를 이용하여 클림핑하는 전지가 많은데 이것으로는 밀봉성이 불충분한 경우가 있다. 밀봉성을 보증하기 위하여 탄산가스 레이저를 이용한 레이저 용접도 채용되고 있다. 라미네이트 필름을 이용하는 리튬이온전지에서는 금속과 플라스틱이 접촉하는 전력단자 부분의 봉구가 매우 어려운 기술이다.

리튬이온전지에서는 수분의 침입이 있으면 전지의 수명이 현저하게 짧아진다. 또한, 니켈-수소 축전지에서도 수분의 확산이 전지수명의 저하를 초래한다. 이처럼 용기와 봉구기술은 전지의 수명에 큰 영향을 준다.

3.8 수명과 자기방전

전지는 수명이 서서히 감소되며 열화되는데, 용량이 감소하여 초기용량의 어떤 일정한 값(70%, 80% 등 용도에 따라 설정되는 경우가 많다)에 도달한 시점에서 전지의 수명이 다했다고 한다.

전지가 열화되는 요인에는 몇 가지가 있으며, 그 한 가지가 자기방전이다. 자기방전은 전지를 보존하는 중에 외부 회로에 전류를 흘리지 않고 활물질이 산화 또는 환원을 일으켜 소비되는 것을 말한다. 예를 들면, 전해액과 양극 활물질 또는 음극 활물질이 서서히 반응하여 손실된다. 이런 현상은 납축전지에서 일어난다. 양극과 음극이 전지 내부에서 아주 약간 단락하고 있는 경우에는(soft short라고 불린다) 외부로 전류를 흘리지 않아도 방전해버린다. 예를 들면, 격막에 아주 약간 전자 전도성이 있거나 위스커와 같은 매우 가는 금속이 석출되어 이것이 양극과 음극을 단락시키는 경우 등이 이것에 해당한다. 전해액 중에 양극과 음극에서 산화·환원되는 계가 용존하고 이것이 양극과 음극 사이를 이동하면 이것이 soft short와 같은 역할을 하여 자기방전이 진행한다.

자기방전이 진행하더라도 반응이 가역이고 충전하여 원래대로 되돌릴 수 있으면 전지를 재생시켜 용량을 회복시킬 수 있다. 그러나 양극과 음극에서 자기방전의 균형이 깨지거나 자기방전 반응이 비가역 반응이면 충전이 불가능하게 되고 용량을 잃게 된다.

온도가 높아지면 부반응의 속도가 증가하여 자기방전이 가속화된다. 따라서 고온에서는 전지의 열화가 가속되고 수명도 빨리 끝나게 된다.

전지 반응이 완전히 가역이면 괜찮지만 화학 반응이기 때문에 다소 비가역 성분이 포함되는 경우가 대부분이다. 예를 들면, 반응이 99.9% 가역이더라도 충방전을 1000회 반복하면 36.7%(99.9^{1000}%)의 용량이 되어 버린다.

또한, 금속 음극을 이용하는 경우에는 충방전시에 금속 음극이 수지상으로 석출하는 경우가 있다. 수지상 석출물이 탈락 등에 의해 전극으로부터 유리되는 현상이 지속되면, 마침내는 충전을 할 수 없게 되어 가역성을 저하시킨다. 알루미늄, 알칼리 토금속류, 알칼리 금속이 수지상 석출물로서 그 일부가 유리되어 미세 분말이 되는 경우가 있는데, 이 상태에서 축전이 진행되면 반응성이 매우 높은 상태가 되어 안전성의 측면에서 중대한 문제를 야기한다.

3.9 흔들의자형 전지와 저장형 전지

3.9.1 저장형 전지

납축전지의 반응을 보도록 한다.

양극에서는 PbO_2 + H_2SO_4 + $2H^+$와 $PbSO_4$ + $2H_2O$의 반응이다. 이 전지를 충방전하기 위해서는 방전 생성물인 고체 $PbSO_4$를 전지 내부의 적당한 장소, 즉 PbO_2 + H_2SO_4 + $2H^+$의 방전 반응에 방해가 되지 않으며 충전할 때에 곧바로 반응할 수 있는 전극의 매우 가까운 장소에 보존해 두어야만 한다(그림 3.6). 마찬가지로 음극에서도 방전에서는 고체 Pb로부터 고체 $PbSO_4$가 생성되기 때문에 고체 $PbSO_4$를 전지 내부의 적당한 장소에 보존해 두어야만 한다. 반응에 관여하는 황산과 물은 전해액 중에 존재하게 되지만, Pb, PbO_2, $PbSO_4$의 고체 물질은 저장해둘 장소가 필요하다. 니카드 전지 등 금속 음극을 이용하는 이차전지가 여기에 속한다.

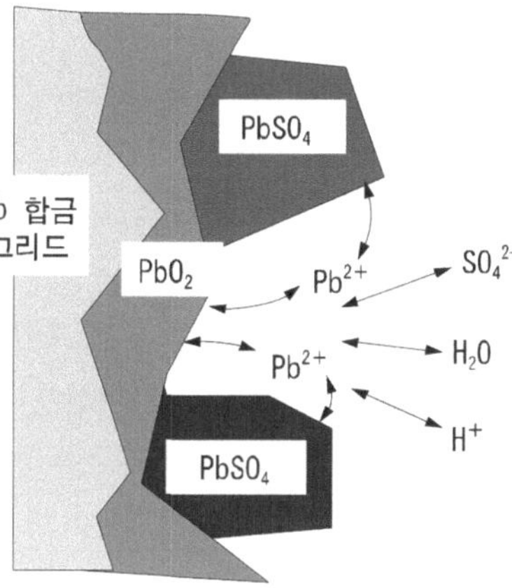

그림 3.6 저장형 이차전지

3.9.2 흔들의자형 전지

시판되는 리튬이온전지의 반응은 다음과 같이 쓸 수 있다.

$$LiC_6 + 2Li_{0.5}CoO_2 = 6C + LiCoO_2$$

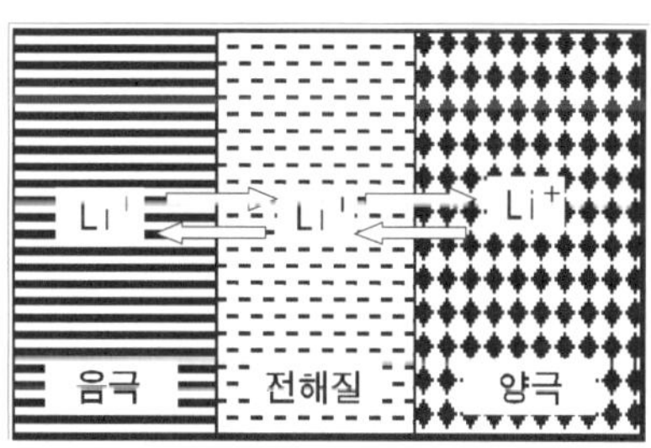

그림 3.7 흔들의자형 이차전지

이 전지에서는 방전하는 동안 그림 3.7에 나타낸 것과 같이, 리튬 이온이 음극으로부터 양극으로, 충전에서는 그 반대의 방향으로 이동할 뿐이다. 그런 의미에서 이 전지를 흔들의자형 전지 또는 시소 전지 등으로 부른다. 리튬이온전지 외에 니켈금속수소화물 축전지도 흔들의자형으로 분류해도 좋다. 이러한 형태의 전지에서는 고체의 전지 반응 생성물을 별도로 저장할 필요가 없다. 또한, 전해질도 단지 Li^+의 통로에 불과하며 반응이 간단해진다.

물론 활물질에는 Li^+를 내놓거나 받아들이는 장소가 필요하며, Li^+가 출입할 때 체적변화 또는 결정축의 신축이 발생한다. 결정 구조를 유지하기 위하여 그러한 신축이 어느 정도까지 허용되는지는 전지 반응의 가역성, 전지의 수명에 결정적인 영향을 준다. 또한, 충방전에 수반되는 체적변화가 어디까지 허용되는지 하는 것은 전지 설계 및 제조에 있어서 중요한 인자이다.

흔들의자형 전지는 고체로부터 고체로의 반응을 포함하는 저장형 전지와 비교하여 반응이 단순하고 재료 선택에 의해 높은 가역성이 기대된다. 그러나 전지 반응에 수반되어 이동하는 Li^+ 등의 화학종을 호스트 전극재료 자신이 받아들이는 부위를 준비해야만 하기 때문에 체적 및 중량이 필요하게 되어 자연적으로 전지 용량이 작아진다.

제 4 장

리튬전지의 반응과 속도

전지의 출력은 양극과 음극에서 진행하는 반응의 속도와 전극 표면적에 의존하며, 각각의 반응 속도는 전극 반응 속도론에 의해 표현된다. 삽입 및 탈리 반응이 진행하는 흔들의자형 리튬이온전지에서는 리튬 이온의 고상내 확산, 리튬 이온의 계면 이동, 반응에 수반되는 상변화가 중요하다. 또한, 기전력이 높은 리튬전지에서는 음극 및 양극의 표면에 부동대 피막이 형성되는 경우가 있으며 이것이 반응 속도에 영향을 준다.

전지의 방전 전류가 커지면 과전압 및 저항과 같은 내부저항으로 인하여 전지의 방전 전압이 저하될 뿐만 아니라 전지의 용량과 에너지밀도의 저하를 초래한다.

4.1 리튬 이차전지의 형태 -저장형과 흔들의자형-

리튬전지의 특징은 음극에 있다. 리튬은 표 2.1에 나타냈듯이 유기합성 등에서 사용되는 특수한 시약을 제외하고는 일반적인 물질 중에서 가장 환원력이 강하고 전극 전위가 낮기 때문에 이것을 양극과 조합하면 높은 기전력이 얻어진다. 또한, 전기화학 당량이 작기 때문에 용량이 큰 음극 재료가 된다.

이와 같은 특징을 살린 리튬 이차전지에는 2종류가 있다. 리튬금속을 그대로 음극으로서 이용하는 전지와, 리튬 이온을 삽입/탈리하는 재료를 음극으로 하는 리튬이온전지이다. 전자는 니카드 전지와 납축전지 등과 마찬가지로 3장에서 설명한 저장형 전지이고, 후자는 전형적인 흔들의자형 전지이다.

리튬금속을 이용하는 전지는 일차전지가 1970년대에 실용화되었으며 이것을 이차전지화 하려는 수많은 시도가 있었다. 1980년대에 캐나다의 기업이 리튬금속과 황화몰리브덴을 이용한 이차전지를 개발하여 휴대전화용 등으로 시판했었다. 그러나 발화사고가 일어났고, 그 후에 시장에서 자취를 감추었다.

탄소 재료를 호스트로 하는 삽입/탈리형 음극을 이용하는 전지가 1991년에 소니에 의해 개발되어 「리튬이온전지」 라는 이름이 붙었다.

리튬금속 음극의 안전성을 높이기 위하여 알루미늄과 우드합금(녹는점이 낮은 금속을 혼용하여 녹는점을 더욱 낮게 만든 Bi-Pb-Sn-Cd 합금) 등에 리튬을 합금화한 음극도 연구 개발되어 일부 시판되었다. 이러한 합금 음극을 이용하는 전지는 리튬 이온이 전자를 받아 방전하는 전자이동 과정을 포함하지만 리튬 합금을 만드는 금속 등을 호스트로 생각하면 흔들의자형 전지로 간주할 수 있다.

4.2 전지의 반응 속도

전지는 전기화학 반응에 의해 전력을 얻고 있다. 이러한 전기화학 반응은 전극에서 진행하는 전자의 이동을 포함하는 산화・환원반응이지만, 이 반응에는 전하이동 이외에 몇 가지의 반응 단계가 포함된다. 전지 반응의 속도는 전지 반응의 유속과 직접 관계가 있다. 전기화학 반응의 속도는 전류로 나타내지만 이 반응이 계속적으로 진행하기 위해서는 양극과 음극의 반응유속, 전극 사이의 전해질(이온 전도체) 중을 흐르는 이온 전류와 외부회로를 따라 흐르는 전자 전류의 유속이 서로 같은 상태로 폐회로를 구성해야만 한다. 만일 회로가 어디에선가 끊어지면, 끊어진

그곳에 전하의 축적이 일어나 큰 전장이 발생하고 마침내는 더 이상 반응이 진행하지 않게 된다.

전지 반응이 진행하기 위해서는 여러 가지의 저항을 극복해야만 한다. 이 저항에는 전자가 회로를 따라 흐르는 것을 방해하는 옴저항, 전해질 중을 이온이 이동하여 전하를 운반하는 것을 방해하는 옴저항, 양극과 음극에서 전극 반응이 진행하는 것을 방해하는 반응저항, 그 외에 전하이동에 수반되는 화학 반응과 물질 이동 등의 저항이 있다. 전지의 기전 반응이 진행할 때의 저항 모두를 통틀어 내부저항이라고 한다.

내부저항을 R_i라고 하고 전지에 흐르는 전류를 I라 하면 전지의 전압 E_C는 다음과 같다.

$$E_C = E_0 - IR_i \tag{4.1}$$

E_0는 회로에 흐르는 전류가 0일 때의 전지 전압으로 개회로 전압이라고 불리며 원리적으로는 전지의 기전력과 같다. R_i는 전류밀도에 의존한다.

$$R_i = f(i) \tag{4.2}$$

전해질의 이온전도 저항과 전극, 집전체의 접점 등의 전자 저항은 옴의 법칙을 따르기 때문에 그 취급이 간단하지만 전하이동 반응은 복잡하다.

4.3 리튬전지의 양극

리튬 일차전지의 양극으로는 처음에 불소화 흑연 $(CF)_n$이 이용되었고, 그 후에 이산화망간 등이 이용되게 되었다. 이산화망간 양극의 반응은 다음과 같이 MnO_2 내부로의 리튬 이온 삽입이다.

$$MnO_2 + Li^+ + e^- \rightarrow LiMnO_2 \tag{4.3}$$

MnO_2 중에 삽입된 Li^+를 탈리시켜 원래의 MnO_2로 되돌리는 것이 가능하면 양극은 이차전지화 할 수가 있다. 이산화망간에서는 식 (4.3)의 반응을 가역적으로 진

행시키는 것이 충분히 성공하지 못하고 있지만, 다른 화합물에서는 그것이 가능하다. 예를 들면, 층상 화합물인 TiS_2와 MoS_2는 Li^+ 이온이 삽입된 층간 화합물(intercalation compound)을 만들어 Li^+ 이온을 가역적으로 출입(삽입 : intercalation, 탈리 : de-intercalation)시킬 수 있다.

$$TiS_2 + Li^+ + e^- \rightleftarrows LiTiS_2 \tag{4.4}$$

5장에서 설명하고 있듯이, 황화물 이외의 많은 층상 산화물이 층간 화합물을 만들며, 층간 화합물 이외에도 스피넬형 등 많은 산화물이 리튬 이온을 삽입・탈리하는 것이 가능하여 리튬이온전지의 양극 재료로써 연구 개발되고 있다. 예를 들면, 유황을 양극 재료로 사용할 수 있다. 유황을 양극 재료로 이용하는 리튬 이차전지는 다음과 같이 반응한다.

$$nS + 2Li \rightleftarrows Li_2S_n \tag{4.5}$$

유황은 환원되어 다황화(多黃化) 이온이 되기 때문에 반응이 복잡하다. 또한, Li_2S_n는 대다수의 전해액에 용해되어 리튬금속과 직접 접촉하면 또 다시 환원되는 자기방전이 진행된다.

나트륨-유황 전지에서와 같이 다황화 이온을 통과시키지 않으며 리튬 이온만을 선택적으로 투과시키는 성질을 가진 전해질이 있다면 이러한 전지계가 성립한다.

나트륨-유황 전지는 양극으로 유황을 이용하기 때문에 리튬금속을 음극으로 이용하는 Li/S 전지에서도 양극의 반응은 Na/S 전지와 동일하다고 생각되어 충방전의 가역성을 기대할 수 있다.

한편, 이 전지의 음극 반응은 리튬금속의 용해・석출 반응이다.

$$Li \rightleftarrows Li^+ + e^- \tag{4.6}$$

금속의 석출・용해 반응은 전기화학의 주요한 연구 대상으로서 충분한 성과가 축적되어 있으며, 우수한 전해질이 개발된다면 Li/S 전지의 실용화도 기대가 된다.

4.4 리튬전지의 반응

4.4.1 리튬의 석출 반응[1)]

리튬금속을 이용하는 이차전지의 음극 반응은 리튬금속 전극의 용해·석출이며, 금속의 용해 반응은 대부분의 경우 순조롭게 진행한다. 한편, Li^{+} 이온을 함유하는 전해액으로부터 Li을 석출시키는 충전 반응은 그 반응 속도가 여러 가지의 인자에 의존하는 매우 복잡한 반응이다.

$$Li^{+} + e^{-} \rightleftarrows Li \tag{4.7}$$

리튬 음극의 충전 반응, 즉 리튬의 석출 반응을 자세하게 설명한다. 이 반응이 진행하는 과정은 그림 4.1에 나타낸 것과 같다.

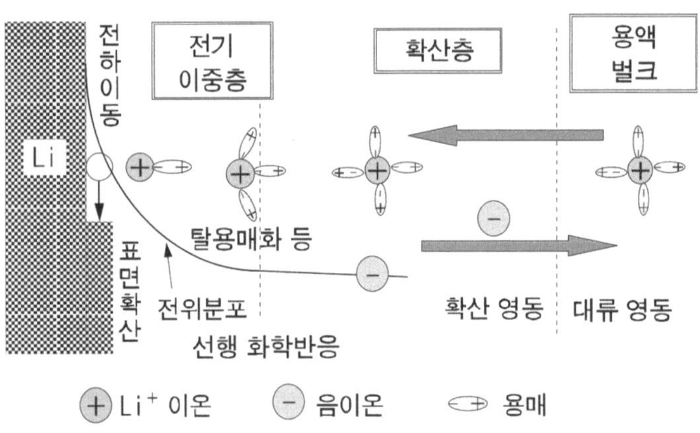

그림 4.1 Li^{+}로부터 Li의 석출

벌크 중에 있는 용매화(solvation)된 리튬 이온이 대류, 영동, 확산에 의해 확산층을 통해 전기이중층에 도착한다. 이곳에서 리튬 이온은 용해화 상태가 변하게 되고 전자를 받기 쉬운 상태가 되며(선행 화학 반응 과정), 이것이 전극으로부터 전자를 받아 중성의 리튬 원자가 생성(전하 이동 과정)됨과 함께 용매화 상태로 남아있던 용매를 잃어버리게 된다. 생성된 리튬 원자는 표면을 이동하여(표면확산) 기판인 리튬금속 격자 속으로 들어가게 된다(결정화 과정). 이러한 일련의 과정이 신속하게 진행되기 위해서는 반응 저항(내부저항의 하나)을 극복해야만 하며 여분의 에너지를 필요로 한다. 전극 반응에서는 그러한 에너지가 전기 에너지로 주어진다. 음극에 그러한 여분의 에너지를 부여하기 위하여 충전에서는 전극의 전위를 평형 전위보다 낮게 한다. 이것을 분극이라고 한다. 방전할 때에는 역방향으로 분극시키는 것이 필요하며 평형 전위보다도 전위가 높아진다. 분극 중에서 특정의 소반응(素反應) 과정에 해당되는 것을 과전압이라고 한다.

4.4.2 리튬 이온의 전하이동 반응 속도

전기이중층에 접근한 리튬 이온은 그림 4.2에 나타낸 외부 헬름홀츠면(Outer Helmholtz Plane : OHP) 부근에서 전극으로부터 전자를 받는다. 이렇게 전자를 주고받는 반응 과정을 전하이동 과정이라 부르며, 전극 반응 속도론의 중심적인 과제이다.

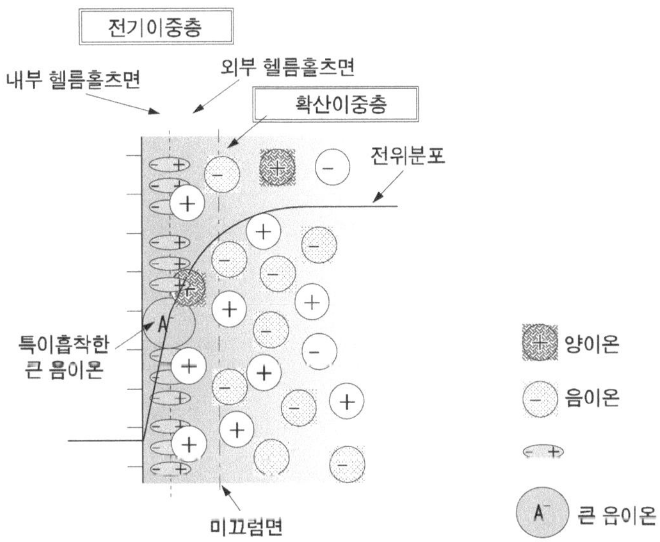

그림 4.2 전기이중층의 모식도

전극의 분극이 크면 전하이동 반응에 구동력이 가해져 그 속도가 증가한다. 바꾸어 말하면, 음의 방향으로 크게 분극시키면 전하이동, 즉 리튬 석출의 반응 속도가 증가한다. 금속 음극을 이용하는 전지계는 많기 때문에, 리튬이온전지의 음극 반응, 특히 충전 반응에 관해서 이 구동력과 속도의 관계를 상세하게 설명한다.

리튬 이온이 음극에서 방전되어 금속 리튬이 되기 위해서는 그림 4.1의 경로로 반응이 진행하여 그림 4.2에 나타낸 것과 같이 전기이중층 내부에서 전장의 영향을 받는다. 이 전장의 영향 하에서 리튬 이온은 전극으로부터 전자를 받는다. 이때 리튬 이온은 그림 4.3에 나타낸 것과 같이 전극 중의 음의 하전을 가진 전자가 전장의 효과에 의해 에너지가 높은 상태가 되어 리튬 이온에 전자가 이동하기 쉽게 된다. A_s는 평형 상태에 있는 OHP에서의 포텐셜 에너지를 의미한다. ΔE 만큼 평형 전위로부터 음으로 분극되면 리튬 이온이 전자를 받는 반응의 활성화 에너지 E_A'는 $\beta F\Delta E$ 만큼 낮아진다.

$$E_a' = E_a + \beta F\Delta E \tag{4.8}$$

β는 분극이 유효하게 작용하는 비율로 전하이동계수라 불린다. 반응 속도를 거론할 때에는 역반응(이 경우에는 금속 리튬의 석출 반응)을 생각해야만 한다. 역반응의 활성화 에너지 ${}_bE_a'$는 $(1-\beta)F\Delta E$ 만큼 높아진다.

$${}_bE_a' = {}_bE_a + (1-\beta)F\Delta E \tag{4.9}$$

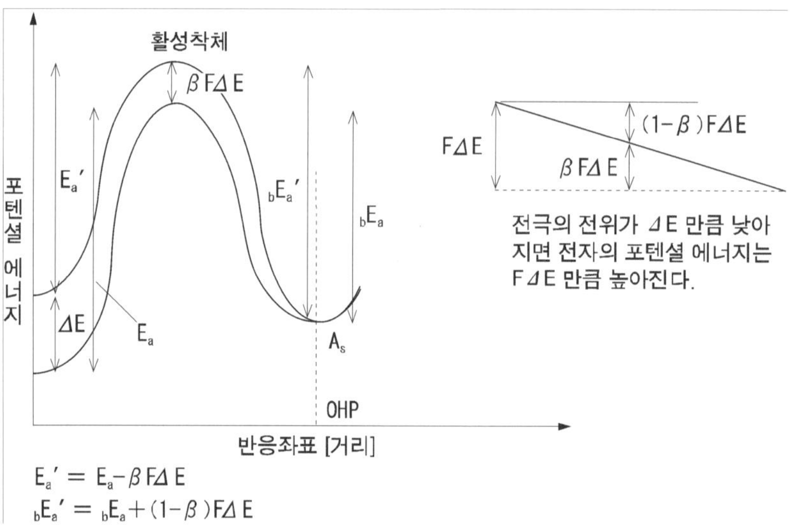

그림 4.3 리튬이 석출하는 경우의 에너지 관계

정방향과 역방향의 반응 속도는 반응 속도상수를 k', ${}_bk'$라 했을 때, 각각 다음과 같이 나타내어진다.

$$\overrightarrow{v} = k'[\mathrm{Li}^+]\exp\left(-\frac{E'_\mathrm{a}}{\mathrm{RT}}\right) \tag{4.10}$$

$$\overleftarrow{v} = {}_\mathrm{b}k'[\mathrm{Li}]\exp\left(-\frac{{}_\mathrm{b}E'_\mathrm{a}}{\mathrm{RT}}\right) \tag{4.11}$$

반응 속도 v는 정방향과 역방향의 속도차로서 나타내기 때문에 다음과 같이 된다.

$$v = \overrightarrow{v} - \overleftarrow{v} \tag{4.12}$$

$$= k'[\mathrm{Li}^+]\exp\left(-\frac{E'_\mathrm{a}}{\mathrm{RT}}\right) - {}_\mathrm{b}k'[\mathrm{Li}]\exp\left(-\frac{{}_\mathrm{b}E'_\mathrm{a}}{\mathrm{RT}}\right) \tag{4.13}$$

$$= k'[\mathrm{Li}^+]\exp\left(-\frac{{}_\mathrm{b}E_\mathrm{a}}{\mathrm{RT}}\right)\exp\left(\beta\frac{\mathrm{F}\Delta E}{\mathrm{RT}}\right) - {}_\mathrm{b}k'[\mathrm{Li}] \times \exp\left(-\frac{{}_\mathrm{b}E_\mathrm{a}}{\mathrm{RT}}\right)\exp\left\{-(1-\beta)\frac{\mathrm{F}\Delta E}{\mathrm{RT}}\right\} \tag{4.14}$$

평형 전위에서는 겉보기 반응 속도가 0이 된다.

$$v = 0 = \overrightarrow{v} - \overleftarrow{v} \tag{4.15}$$

이때의 정방향과 역방향의 반응 속도는 교환반응 속도 v_0로 나타낸다. 이것을 이용하여 식 (4.14)를 바꾸어 쓰면 다음과 같이 된다.

$$v = v_0\left\{\exp\left(\beta\frac{\mathrm{F}\Delta E}{\mathrm{RT}}\right) - \exp\left[-(1-\beta)\frac{\mathrm{F}\Delta E}{\mathrm{RT}}\right]\right\} \tag{4.16}$$

전기화학 반응의 속도는 전류로 나타내는데, 전류밀도를 i, 교환전류밀도를 i_0로 나타낸다.

$$i = n\mathrm{F}v$$

$$i_0 = n\mathrm{F}v_0$$

리튬의 반응에서 n은 1이다. 따라서 식 (4.16)을 전류로 바꾸면 다음과 같이 된다.

$$i = i_0\left\{\exp\left(\beta n\frac{F\Delta E}{RT}\right) - \exp\left[-(1-\beta)n\frac{F\Delta E}{RT}\right]\right\} \tag{4.17}$$

또한 다음 식이 성립한다.

$$\Delta E = E - E^e = \eta$$

리튬의 용해・석출 반응에서는 분극이 특정의 반응 단계에 해당되기 때문에 과전압을 의미한다. η를 과전압이라고 부른다.

$$i = i_0\left\{\exp\left(\beta \eta n\frac{F}{RT}\right) - \exp\left[-(1-\beta)\eta n\frac{F}{RT}\right]\right\} \tag{4.18}$$

이 식은 버틀러-볼머(Butler-Volmer)의 식이다. 이 식이 나타내는 전류와 전극전위(과전압)의 관계는 그림 4.4와 같이 된다.

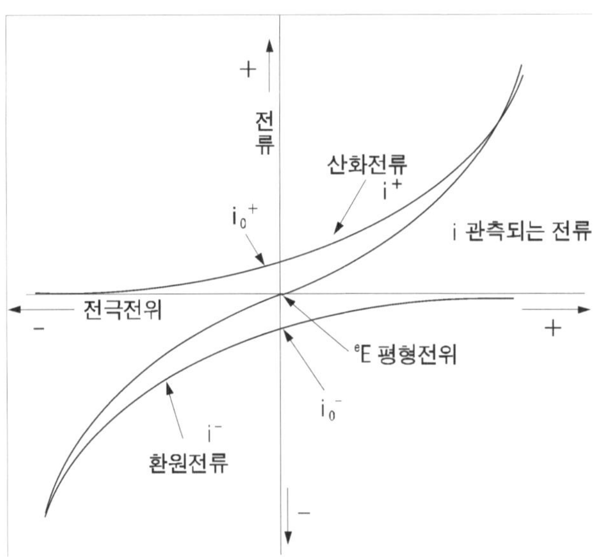

그림 4.4 전극반응의 전극전위와 전류의 관계

리튬 이온이 방전하여 원자가 생성되면, 이 원자는 먼저 석출된 리튬금속의 표면 위의 안정한 장소에 모여서 석출·성장한다. 금속 석출의 경우에는 통상적으로 에너지가 높은 결정면에 석출된 원자가 모여서 그 면이 성장한다. 그 결과 에너지가 낮은 면이 표면에 남게 된다. 이렇게 되면 석출된 표면에 큰 요철이 나타난다. 그러나 결정면에 따른 에너지의 차이는 작고, 흡착종의 존재 등 다른 요인에 의해 석출 형태가 크게 영향을 받는다. 또한, 결정의 핵생성이 일어나기 쉬운 경우에는 표면에 다수의 핵이 생성되고 석출되는 금속의 표면이 평탄해진다. 금속 리튬의 석출 형태도 전지의 수명과 안전성에 큰 영향을 준다.

4.4.3 리튬금속 표면에서의 피막 생성

리튬 이온이 방전하는 전위는 표준수소전극 기준으로 −3.04V로 매우 낮기 때문에, 이와 같은 반응을 진행시키면서 환원되지 않는 안정한 전해액을 얻는 것은 매우 어렵다. 때문에 리튬금속 표면에는 환원에 의한 전해액의 분해에 의해 피막이 생성되어 표면을 덮는다. 이 피막이 안정하면 리튬과 전해액과의 반응이 억제되어 그 이상의 전해질 분해 반응은 진행하지 않는다. 이와 같은 부동태(passivation) 피막이 리튬 이온에 대한 전도성을 가지면 그 피막과 리튬금속과의 계면에서 리튬의 용해·석출 반응이 일어나 리튬금속 음극의 충방전이 가능하게 된다. 이와 같은 안성맞춤의 피막을 SEI(Solid Electrolyte Interface)라고 부른다. 만일 생성되는 피막이 전자에 대한 전도성을 가지고 있으면, 피막 위에서 계속하여 전해액의 환원 분해 반응이 진행하게 되고 피막 또한 계속하여 성장하게 된다. 이와 같은 경우, 리튬의 석출(충전 반응) 효율은 낮아진다.

이러한 피막의 생성은 리튬의 석출 형태에 크게 영향을 준다. 그림 4.5에 나타냈듯이 피막 중의 이온 전도성이 큰 곳으로부터 금속 리튬이 석출하여 상대 전극의 방향을 향하여 성장한다. 이것에 의해 리튬은 상대 전극을 향해 가느다란 수지상(樹枝狀) 또는 사상(絲狀)으로 성장한다. 이와 같은 리튬은 방전할 때 뿌리에서부터 용출이 진행되어 끝 부분이 집전체로부터 떨어져 나가 반응하지 않은 채로 전지 중에 남게 된다. 이것은 충방전 효율을 떨어뜨리는 것뿐만 아니라 활성이 매우 높은 금속 리튬의 미세 분말(dead lithium이라고 부름)을 전지 내부에 남기게 되는데, 이것은 전지의 안전에 심각한 문제를 야기한다.

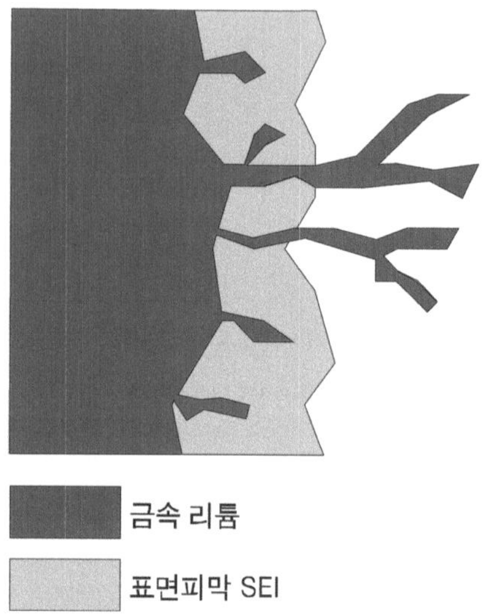

그림 4.5 금속 리튬 음극 표면과 리튬의 석출

합금 음극의 충전에서는 리튬 이온이 전극으로부터 전자를 받아 방전하여 리튬 원자가 음극 표면에 생성된다. 표면에 석출된 리튬 원자는 합금 내부를 확산하여 격자 안으로 들어가게 된다.

4.5 리튬이온전지의 반응

리튬이온전지는 흔들의자형 반응을 하는 전형적인 전지로 음극과 양극 모두에서 리튬 이온의 삽입·탈리 반응이 진행된다.

4.5.1 흑연 음극의 반응[2)]

리튬이온전지의 음극으로는 탄소 재료가 이용되어 왔다. 이 전지의 충전 반응은 탄소 재료 중으로의 리튬의 삽입이고, 방전 반응은 리튬 이온의 탈리이다. 탄소 재료에 따라 반응이 서로 다른데, 결정성이 높은 흑연 내부에서는 리튬이 양이온으로 존재하며 전자가 호스트인 흑연의 격자 중에 비국재화되어 있는 반면에, 비정질 탄소 재료 내부에서는 리튬이 방전하여 리튬 원자의 상태로 존재한다고 생각되어지고 있다.

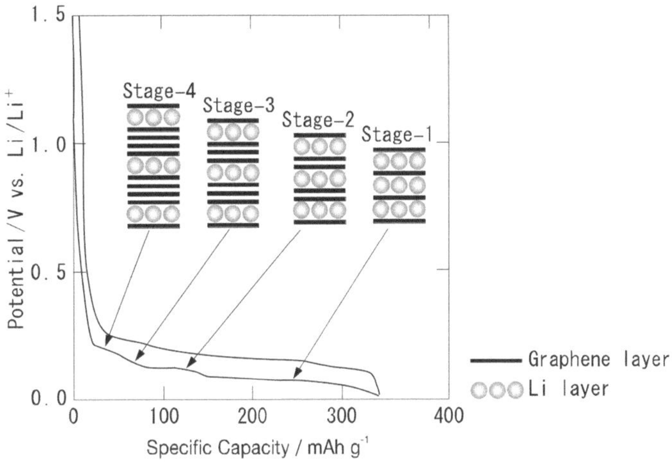

그림 4.6 흑연 음극으로의 Li^+ 삽입 및 탈리 반응과 전위

리튬이 삽입된 흑연 층간 화합물은 스테이지 구조(stage structure)를 취하며 스테이지에 따라 전위가 다르다. 그림 4.6에 나타냈듯이, 리튬 이온이 가장 많이 삽입된 LiC_6의 stage-1에서는 리튬금속 기준으로 90mV, LiC_{12}로 나타내는 stage-2에서는 120mV, stage-4에서는 210mV가 된다. 한편, 비정질 탄소를 충전하면 1V(vs. Li^+/Li)로부터 50mV 정도 까지 전위가 연속적으로 변한다. 흑연과 비정질 탄소 음극의 전위는 매우 낮기 때문에 리튬금속 음극의 경우와 마찬가지로 거의 모든 전해액을 환원에 의해 분해시킨다. 그럼에도 불구하고 탄소 음극을 사용할 수 있는 것은 리튬금속의 경우와 마찬가지로 표면에 부동태 피막(SEI)이 생성되어 전해액의 분해 반응이 억제되어 충전 반응이 진행하기 때문이다. 물론 이러한 기능을 가진 SEI가 표면에 생성되기 위해서는 적절한 전해액을 선택해야만 한다. SEI에 관해서는 6장에서 상세히 설명하고 있다.

4.5.2 양극의 반응

리튬 이차전지도 리튬이온전지도 실용 전지에서는 리튬 이온의 삽입·탈리 반응을 이용하고 있다. 시판되는 리튬이온전지의 대표적인 양극 재료는 암염형 구조를 가지는 $LiCoO_2$로, 그림 4.7에 나타냈듯이 층상 구조의 화합물이다. 이 화합물은 약 3.8V(vs. Li^+/Li)의 전위에서 층간에 있는 Li^+ 이온을 빼내어 다시 삽입시킬 수가 있다. 리튬의 탈리/삽입 반응에 대응하여 코발트의 가수는 3가와 4가 사이에서 변하며 전기적 중성을 유지한다. 즉, Co-O로 구성된 호스트 격자가 산화 및

리튬이차전지

환원됨에 따라 집전체와 호스트 격자 사이에서 전자를 주고받는다. 리튬을 빼내면 결정 구조가 불안정해져 가역성을 잃어버리기 때문에 Li^+을 빼내는 것은 $Li_{0.5}CoO_2$ 정도에서 멈춘다. 결정 구조를 안정화시키기 위하여 Al 등의 금속으로 치환하는 연구도 진행되고 있다.

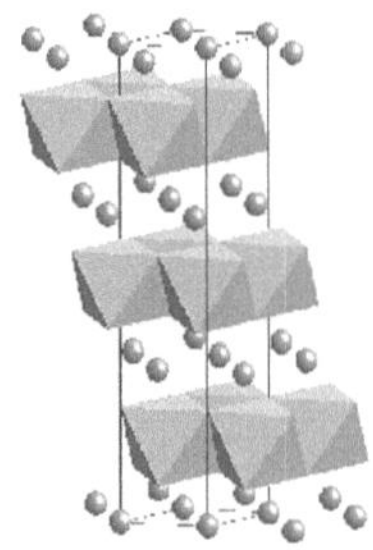

그림 4.7 $LiCoO_2$의 구조

4.6 전지의 분극과 내부 저항

이차전지로부터 전력을 얻거나 충전을 하기 위해서는 일련의 반응이 연속하여 진행할 필요가 있는데, 그 중에서 어느 하나의 과정이 느리면 그것이 속도를 결정하는 과정이 된다. 그 과정을 더욱 상세하게 관찰하면 어디선가의 반응 단계가 느리며 속도를 결정하고 있다.

반응의 과정을 각각 소정의 속도(전지에 흘리는 전류)로 진행시키기 위해서는 각각의 과정에 대한 반응 저항을 극복하여야만 한다. 이러한 반응 저항에 균일상 내에서의 전자 이동과 이온 이동의 저항(옴저항)을 더하여 전지의 내부 저항이라고 한다.

식 (4.18)로 나타내는 버틀러-볼머 식으로 전하이동 반응의 반응 저항에 의한 손실을 생각해 본다. 전류가 크고 과전압이 큰 경우에는 식 (4.18)의 exp항 중 어느 하나를 무시할 수 있기 때문에 다음 식이 얻어진다.

$$\eta = -\frac{RT}{\beta nF}\ln(i_0) + \frac{RT}{\beta nF}\ln(i) \tag{4.19}$$

$$\eta = a + b\log(i) \tag{4.20}$$

이 식을 타펠(Tafel)의 식이라고 부르며, η의 절댓값이 수십 mV 이상(n=1인 경우에는 가능한 한 100mV 이상이 바람직하다)일 때에 성립한다.

그림 4.1에 나타낸 것과 같이 전하이동에 수반되어 여러 가지 반응이 진행된다. 리튬 이온이 방전하기 위해서는 외부 헬름홀츠 면인 OHP에서 전해액 중의 리튬 이온의 용매화 상태가 용액 벌크에서와는 조금 다른 상태로 변하게 되어 전자를 받기 쉽게 된다. 이러한 선행 화학 반응과 동일하게 전자 이동 후에 반응이 있다면 이것을 후속 화학 반응이라고 부른다. 전자를 받은 후에 리튬 원자가 결정격자 중으로 들어가는 과정은 결정화 과정이다. 이러한 과정이 느린 경우에는 화학반응 과전압과 결정화 과전압이 커진다.

리튬 이온이 OHP에 공급되지 않으면 반응은 진행하지 않는다. 전극과 매우 가까운 곳에서의 물질 이동은 확산에 의해 진행되는 경우가 많은데 이러한 확산이 느리면 확산 과전압(농도 과전압) 또는 보다 넓은 의미에서 물질이동 과전압이 발생한다. 이와 같은 일련의 과정을 고려하여 반응 속도(전류 밀도)와 전극의 전위(평형 전위로부터의 변위, 분극)와의 관계를 그림 4.8에 나타낸다. 분극이 작은 경우에는 식 (4.18)과 같이 되고, 분극이 커지면 식 (4.20)의 타펠의 관계가 성립한다. 분극이 5mV 이하로 매우 작은 경우에는 식 (4.18)은 전개할 수가 있어, 다음과 같이 나타낼 수 있다.

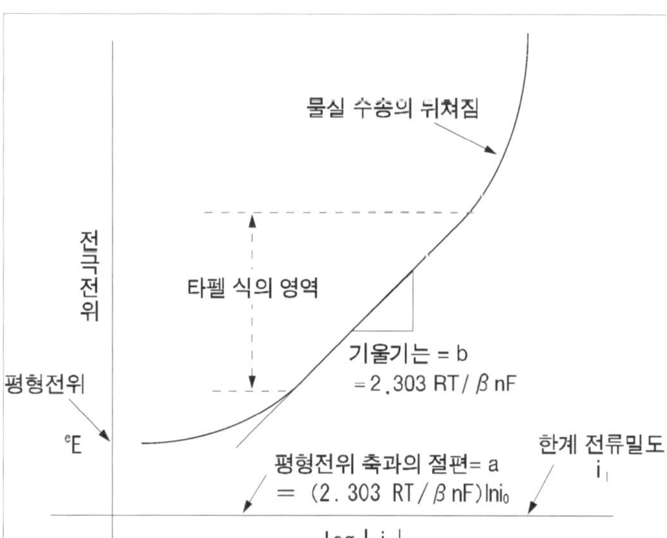

그림 4.8 전극전위와 전류의 관계

$$i = i_0 + \frac{\eta RT}{nF} \tag{4.21}$$

전류가 매우 커지면 반응 물질의 물질 수송이 느려져 전류가 제한되게 된다. 이 영역을 물질 수송 속도 결정 영역, 또는 확산 속도 결정 영역이라고 부른다. 전류는 물질 수송 속도의 최댓값에 상당하는 값(한계 전류) 이상으로는 되지 않는다. 실제로 미세한 분말을 이용하는 전지의 합제 전극에서는 대전류를 꺼내려고 하면 합제 중의 물질 수송이 늦어질 수 있다. 물질 수송이 늦어지면 방전 반응은 그 이상의 속도로는 진행하지 않는다. 만일 물질 이동에 의한 한계 전류 이상의 전류밀도로 충전하려고 하면, 전류를 흘리는데 필요한 전압이 높아지고 충전 반응 이외의 다른 전극 반응이 진행하게 된다. 이것은 충전 효율을 저하시킬 뿐만 아니라 전지의 열화 및 안전성과 신뢰성을 해치게 된다. 또한, Li^+의 삽입・탈리형 전극에서는 고상내에서의 Li^+ 이동(고상내에서의 확산에 의한 것이라고 생각해도 좋다)도 물질 이동이라고 생각해야만 하며 이것이 느리면 큰 분극을 야기한다.

그림 4.8의 관계에서는 옴손실을 포함하고 있지 않지만 실제 전지에서는 옴손실을 무시할 수 없다. 특히, 비수전해액은 수용액에 비교하여 이온 전도율이 낮기 때문에 그러한 옴손실이 커지기 쉽다. 실제의 리튬이온전지에서는 전해액의 두께가 얇게 되도록 설계하고 있으며, 3.6절에서 설명한 것과 같이 전극 합제의 두께도 얇게 제조하고 있다.

4.7 계면 이온 이동 반응

전형적인 흔들의자형인 흑연 음극을 이용하는 리튬이온전지의 반응은 전해질 상을 사이에 두고 양극과 음극 사이에서 Li^+가 이동하는 반응이다. 3가지의 상에서 리튬 화학종은 Li^+이다. Li^+의 이동에 의해 진행하는 기전 반응인 산화환원 반응은 호스트 격자에서 진행한다. 이때 전자 이동은 호스트 격자와 집전체 사이에서 이루어진다.

기전 반응에 관련된 3개의 상에서 리튬 화학종은 Li^+임에도 불구하고 그림 4.9에 나타낸 흑연-$LiCoO_2$ 계에서는 3.6V 정도의 기전력이 얻어진다. 이것은 양극 내부와 음극 내부에서 Li^+의 화학 포텐셜 차이에 의한 것이다. 즉, 다음과 같이 생각할 수 있다.

개회로 상태에서는 전해질 상을 사이에 두고 양극과 음극 중에 있는 Li^+의 전기화학 포텐셜은 동일하기 때문에 다음과 같이 쓸 수 있다.

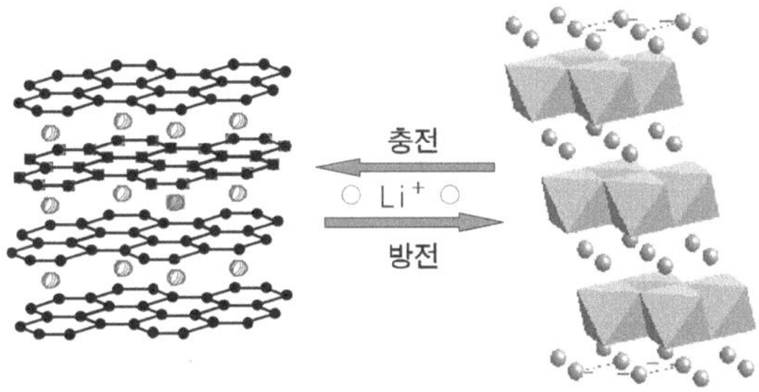

그림 4.9 흑연-LiCoO2 리튬이온전지의 반응

$$_{a}\bar{\mu}_{Li^+} = {}_{c}\bar{\mu}_{Li^+} \tag{4.22}$$

$$_{a}\bar{\mu}_{Li^+} = {}_{a}\mu_{Li^+} + {}_{a}\phi e \tag{4.23}$$

$$_{c}\bar{\mu}_{Li^+} = {}_{c}\mu_{Li^+} + {}_{c}\phi e \tag{4.24}$$

$$E = {}_{c}\phi - {}_{a}\phi = \frac{{}_{a}\mu_{Li^+} - {}_{c}\mu_{Li^+}}{e} \tag{4.25}$$

단, $_{a}\bar{\mu}_{Li^+}$, $_{c}\bar{\mu}_{Li^+}$: Li^+에 대한 음극과 양극에서의 전기화학 포텐셜

$_{a}\mu_{Li^+}$, $_{c}\mu_{Li^+}$: Li^+에 대한 음극과 양극에서의 화학 포텐셜

$_{a}\phi$, $_{c}\phi$: 음극과 양극의 전위

E : 전지의 기전력

양극과 음극의 재료 중에 존재하는 Li^+ 이온을 둘러싼 상황, 즉 화학 포텐셜이 크게 다르기 때문에 큰 기전력이 얻어지는 것이다.

그림 4.9에 나타낸 흑연-$LiCoO_2$ 계에서의 방전 반응은 다음과 같은 경로로 진행된다.

Li^+ 이온에 주목하여 전지 반응을 생각해 보면, 흑연 음극과 전해액과의 계면에서는 흑연으로부터 Li^+ 이온이 용액 중으로 점프함과 동시에 용액 중에서 Li^+ 이온은 즉시 용매화된다. 양극인 $LiCoO_2$와 전해액과의 계면에서는 Li^+ 이온이 탈용매화(de-solvation)하여 $LiCoO_2$의 격자 내부로 들어간다. 이러한 계면반응이 연속적으로 일어나기 위해서는 흑연 중의 Li^+ 이온이 확산에 의해 계면으로 이동하고, 전해액 중에서는 확산 또는 영동에 의해 Li^+ 이온이 음극으로부터 양극을 향해 이동한

다. $LiCoO_2$ 중에서는 전해액으로부터 이동하여 온 Li^+ 이온이 표면 부근으로부터 결정 내부로 확산되어 간다.

이와 같은 Li^+ 이온의 이동에 수반되어 여러 가지 반응이 진행한다. 음극에서는 Li^+ 이온이 탈리함에 따라 그라펜(graphene) 격자 중의 전자가 집전체를 거쳐 외부 회로로 빠져나간다. 한편, 양극인 $LiCoO_2$ 내부로 Li^+ 이온이 삽입됨에 따라 집전체를 통해 외부 회로로부터 Co와 O의 팔면체로 이루어진 격자 중에 전자가 공급된다. 집전체와 활물질과의 사이에서의 전자 이동이 활물질의 산화・환원반응이고, 이것에 의해 Li^+ 이온의 삽입・탈리가 진행하여도 각각의 활물질의 전기적 중성이 유지되어 방전 반응이 계속하여 진행할 수 있다. 집전체와 활물질 사이의 전자 이동에는 쇼트키 장벽(Schottky barrier)이 있다. 집전체로부터 전자가 주입되어 Co의 가수가 4가로부터 3가로 환원되면 Co–O 사이의 거리가 변한다(상세한 것은 5장에서 설명한다). 이러한 원자간 거리의 변화는 결정 전체에 걸쳐 다수의 원자단 전체가 변하여 상변화로 이어진다. 다수의 원자단에 있어서의 원자간 거리 변화는 아직 규명되지 않은 영역이며, 그 속도 또한 명확하게 규명되어 있지 않다. 원자단을 구성하는 원자 전체의 상호간 거리가 바뀌는 변화는 큰 에너지를 필요로 하며, 그 속도는 느리다고 생각하는 경향이 있다. 그러나 금속학 분야에서 널리 알려진 현상으로 마르텐사이트 변태(Martensitic transformation)라는 것이 있는데 이것은 매우 빠른 속도로 진행하는 것으로 알려져 있다.

흑연과 $LiCoO_2$로 구성되어 유기 전해액을 이용하는 리튬이온전지의 방전 반응 과정을 정리하면 그림 4.10과 같이 된다. 즉 다음과 같다.

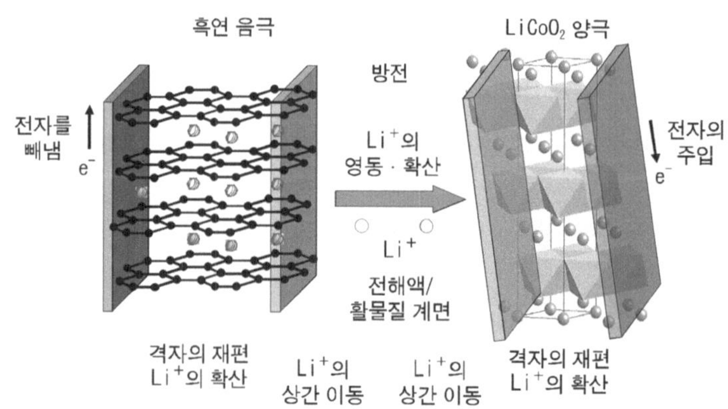

그림 4.10 리튬이온전지의 방전 반응 과정

① **흑연 음극으로부터 집전체로의 전자 이동**

— Schottky barrier

② **흑연 음극 중에 존재하는 Li^+ 이온의 표면으로의 확산**

— 고상내 확산

③ **흑연 음극 층간의 변화**

— 상변화

④ **흑연/전해액 계면을 가로지르는 Li^+ 이온의 이동**

— 계면 이온 이동

⑤ **전해액 중에서의 Li^+ 이온의 이동**

⑥ **전해액/$LiCoO_2$ 양극 계면을 가로지르는 Li^+ 이온의 이동**

— 계면 이온 이동

⑦ **$LiCoO_2$ 양극 중에 위치하는 Li^+ 이온의 내부로의 확산**

— 고상내 확산

⑧ **$LiCoO_2$ 양극 원자의 재배열**

— 상변화

⑨ **집전체로부터의 $LiCoO_2$ 양극으로의 전자 이동**

— Schottky barrier

이와 같은 과정 중에서 ①과 ⑨의 Schottky barrier를 넘어가는 전자의 이동은 다른 과정에 비해 빠르다고 생각되고 있다. 또한 ②와 ⑦의 고상내 확산은 리튬 이온의 확산계수가 극단적으로 작아지지 않는 한 입자를 작게 하거나 박막화를 통해 확산거리를 짧게 하는 것에 의해 다른 과정보다 빠르게 할 수가 있다. 아울러 ⑤의 과정도 전해액 층을 얇게 하는 등의 방법에 의해 빠르게 할 수가 있다.

③과 ⑧의 상변화는 원자의 상대적인 위치가 변하는 원자단의 이동이 필요하기 때문에 일반적으로 느리다고 생각되지만 앞에서 언급한 바와 같이 마르텐사이트 변태와 같이 빠른 경우도 있다. 뒤에서 설명하지만 전지에 사용되는 활물질의 경우에는 그와 같은 상변화가 빠르다. 만일 상변화가 느린 경우에는 그 과정이 너무나도 느려 전지 반응이 진행할 수 없게 되어 활물질로 이용할 수 없다고 생각하면 된다. 전이금속 산화물과 황화물은 거의 대부분이 잠재적으로 레독스(redox) 반응을 하는 능력을 가지고 있음에 틀림없다. 그럼에도 불구하고 전지의 활물질로서 기능하지 않는 산화물과 황화물이 많다. 이와 같은 차이가 나는 큰 원인의 하나로는 산화・환원에 수반되는 상변화의 속도를 생각할 수가 있다. 바꾸어 말하면 전이금

리튬이차전지

속 산화물 중에서 산화・환원에 수반되는 상변화의 속도가 활물질로서의 기능에 대해 중요한 영향을 미친다.

한편, ④와 ⑥의 계면 이온 이동은 그다지 명확하게 규명되어 있지 않다.

4.8 계면 이온 이동[3)]

계면 이온 이동은 이온 교환막과 용액의 계면, 생체막의 이온 이동 등에서 막이 기능을 발현하는데 있어 중요한 과정이지만, 기름-물 계면을 통과하는 이온 이동이 연구되고 있는 정도에 불과하며 상세한 연구는 이루어져있지 않다.

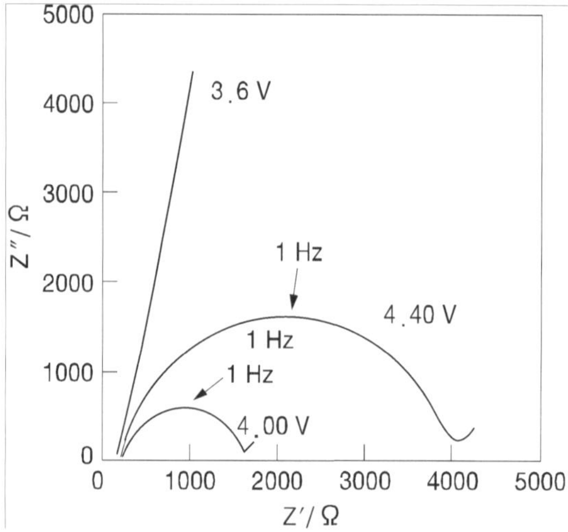

그림 4.11 $LiCoO_2$ 박막 전극/1M $LiCF_3SO_3$/PC 계면에서의 전하이동에 대한 Nyquist plot

탄산프로필렌(Propylene Carbonate, PC)에 리튬염을 용해시킨 전해액과 두께가 수백 nm 이하의 치밀하고도 평활한 $LiCoO_2$ 전극으로 구성되는 계면에서 진행되는 전하 이동의 임피던스를 교류법으로 측정하면 그림 4.11에 나타낸 것과 같은 교류 임피던스의 Nyquist 플롯이 얻어진다. 그림으로부터 알 수 있듯이 리튬 이온의 삽입・탈리가 진행하지 않는 3.6V(vs. Li^+/Li)에서는 블로킹 전극의 거동을 나타내지만, 삽입・탈리가 진행하는 4.00V에서는 반원이 나타난다. 전위를 더욱 높여 4.40V가 되면 임피던스가 커지는 것으로부터 전위 의존성이 있다는 것을 알 수 있다. 이러한 전위 의존성을 상세하게 조사하면, 그림 4.12에 나타낸 것과 같이 리튬 이온전지의 양극으로서 작동하는 약 3.9V(vs. Li^+/Li)에서는 1500~2000Ω 정도의 임피던스를 나타낸다. 더욱 고전위가 되면 임피던스는 상승하지만 전해액의 분해 등과 같은 이유로 복잡하다.

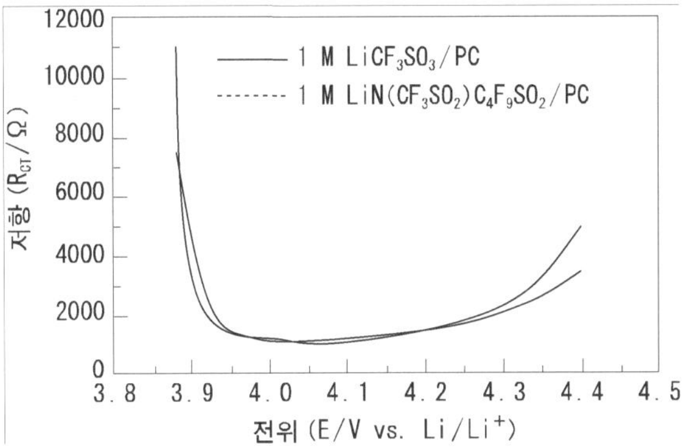

그림 4.12 박막 $LiCoO_2$/전해액 계면에서의 전하이동 저항

이러한 임피던스에 대한 전해질 종류의 영향은 작지만 전해질 농도의 영향은 크며, 농도가 높아지면 임피던스는 작아진다. 이것은 측정되는 임피던스가 전해액의 영향을 강하게 받는다는 것을 시사한다.

그림 4.11과 그림 4.12의 계에서는 리튬의 삽입・탈리에 수반되어 $LiCoO_2$의 원자간 거리가 변한다. 따라서 이러한 임피던스는 전술한 ④와 ⑥의 계면을 가로지르는 Li^+의 이동으로 귀속되는지, 또는 ③과 ⑧의 상변화(원자단의 이동)에 귀속되는지가 명확하지 않다. 아울러 온도를 바꾸어 임피던스를 측정하는 것에 의해 활성화 에너지를 구하면 활성화 에너지 ΔE_a는 50kJ/mol 정도의 큰 값을 가지는 것으로부터 높은 활성화 장벽이 존재하고 있다는 것을 알 수 있다.

Li^+ 이온의 이동에 수반되어 원자단의 이동이 일어나지 않는 전해질/전해질 계면을 구축하여 상변화의 문제가 없는 Li^+ 이온의 이동을 조사하는 것이 가능하다. 그림 4.13에 나타냈듯이 폴리에틸렌 옥사이드에 $LiCF_3SO_3$를 복합한 고분자 전해질과 Li^+ 이온 전도성 무기 고체 결정인 $La_{0.55}Li_{0.35}TiO_3$를 이용하여 $La_{0.55}Li_{0.35}TiO_3$/PEO_{20}-$LiCF_3SO_3$ 계면을 구축하였다. 여기에 양쪽이 대칭이 되도록 리튬금속을 배치하여 대칭셀을 구축한 후 계면 임피던스를 측정하면, Li^+ 이온의 이동에 수반되는 원자단의 이동(상변화)이 제거된 상태의 각 임피던스를 결정하는 것이 가능하다. 바꾸어 말하면, 이 계에서는 계면 이동의 임피던스를 직접 측정할 수 있다.

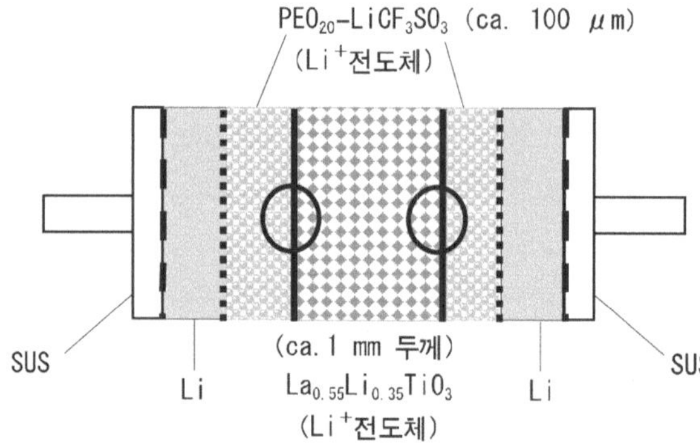

그림 4.13 전해질/전해질 계면 ($La_{0.55}Li_{0.35}TiO_3$/PEO_{20}-$LiCF_3SO_3$)의 구성과 Li^+의 계면 이동 (산화·환원반응이 일어나지 않는 계면)

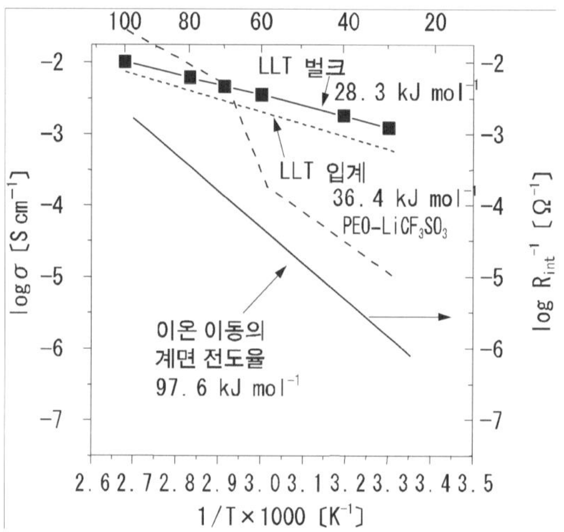

그림 4.14 그림 4.13에 나타낸 계의 전도율의 온도 의존성 LLT : $La_{0.55}Li_{0.35}TiO_3$

$La_{0.55}Li_{0.35}TiO_3$/PEO_{20}–$LiCF_3SO_3$ 계면을 구성하는 성분의 전도율(임피던스의 역수)은 그림 4.14에 나타낸 것과 같이 된다. 이 계에서는 계면 이온 이동의 임피던스가 가장 크며 산화물 전해질/고분자 전해질 계면을 가로지르는 반응의 활성화 에너지가 약 90kJ/mol의 큰 값을 가지며, 이 계면을 Li^+ 이온이 가로지르는 반응 과정에 큰 에너지 장벽이 존재한다는 것을 알 수 있다. 아울러 $La_{0.55}Li_{0.35}TiO_3$(LLT) 이외에 Li_2O–Al_2O_3–TiO_2–P_2O_5계의 결정화 유리(OHARA 유리)로 리튬 이온 전도성을 가지는 무기 고체재료와 고분자 전해질 또는 유기 전해액을 조합한 Li^+ 이온 전도성 계면을 구축하여, 이 계면에서 진행되는 이온 이동의 전도율에 대한 온도의존

성을 조사하면, 그림 4.15에 나타낸 것과 같이 Arrhenius 플롯의 직선 관계가 얻어진다. 이러한 직선 관계로부터 얻어지는 활성화 에너지는 고체 측의 재료에는 의존하지 않지만, 그것에 접촉하는 전해질이 유기 전해액(50~60kJ/mol)인지 또는 고분자 전해질(90~100kJ/mol)인지에 따라 크게 다르다는 것을 알 수 있다.

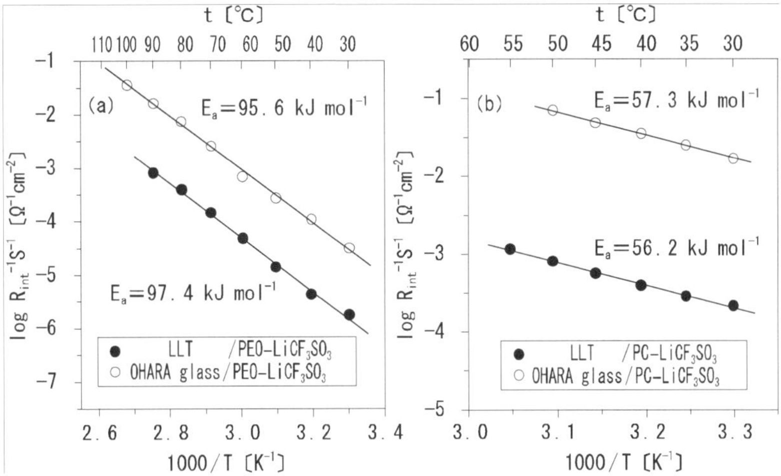

그림 4.15 전해질/전해질 계면을 가로지르는 리튬 이온 이동의 전도율과 온도 의존성의 몇 가지 예

이상의 고체 전해질/유기 전해액 계면, 고체 전해질/고분자 전해질 계면에서는 이온 이동에 수반되는 원자단의 변화와 상변화 등은 진행하지 않는다. 따라서 여기에서 측정된 임피던스, 즉 활성화 장벽은 계면을 가로지르는 전하이동 과정(Li^+ 이온의 상간 이동)에 대한 활성화 장벽을 나타내는 것이다. 이것은 전지 활물질의 계에서는, 앞서 언급한 ③과 ⑧과 같은 과정이 계면에서의 Li^+ 이동보다도 빠르다는 것을 나타내는 것이다.

이와 같은 결과로부터 리튬이온전지의 활물질은 Li^+ 이온의 삽입·탈리에 수반되는 상변화가 빨라야 하는 것이 필수적이라 말할 수 있다. 바꾸어 말하면, 리튬이온전지의 우수한 활물질이 될 수 있는지 아닌지 중요한 판단기준의 하나는 상변화의 속도이다.

$LiCoO_2$ 이외에도 $LiMn_2O_4$와 $LiTi_5O_{12}$ 등의 산화물 양극 활물질과 유기 전해액으로 계면을 구축하여 계면 임피던스를 측정을 통해 Li^+ 이온 이동의 활성화 에너지를 구하면 그 값이 55~64kJ/mol로 산화물 종류에는 의존하지 않는다.

산화물 이외에도 리튬이온전지의 음극 재료인 흑연을 전극으로 이용하여 탄산에틸렌(Ethylene Carbonate, EC)계의 전해액과의 계면에서 진행되는 Li^+ 이온 이동의 활성화 에너지를 구하면 50~65kJ/mol로 산화물계의 값과 거의 같다. 흑연 음극의 표면에는 6장에서 설명하고 있는 것처럼 피막(Solid Electrolyte Interface, SEI)이 형성된다. 이러한 SEI의 형성과 관계없이 Li^+ 이온 이동의 활성화 에너지는 산화물계와 거의 비슷한 50~65kJ/mol의 값을 가진다.

산화물과 흑연계에서 유기 전해액의 용매를 바꾸면 활성화 에너지도 변하는데, Li^+ 이온에 대해 강하게 용매화하는 용매를 이용하면 활성화 에너지가 커지며, 12,4-crown ether와 같이 Li^+ 이온에 대해 선택적으로 강하게 배위하는 첨가제를 이용하면 흑연 음극에서의 활성화 에너지가 커진다. 또한, 흑연 전극에 대해 용매화된 Li^+ 이온이 삽입·탈리되는 것으로 알려져 있는 dimethoxy ethane과 dimethyl sulfoxide를 용매로 이용하면 Li^+ 이온의 계면 이동에 대한 활성화 에너지가 25~30kJ/mol로 작아진다.

게다가 흑연에는 고전위에서 음이온이 삽입되는 것으로 알려져 있다. 탄산프로필렌에 $LiCF_3SO_3$를 용해한 전해액에서 전위를 4.5V(vs. Li^+/Li)로 높게 유지하여 $CF_3SO_3^-$ 음이온을 삽입시키면 이때의 활성화 에너지가 30kJ/mol로 측정되는데 이것은 Li^+ 이온의 경우보다도 현저하게 작은 값이다. 이러한 결과는 Li^+ 이온의 탈용매화 과정이 속도결정 단계임을 나타내는 것이다. Li^+ 이온의 탈용매에 대한 자유 엔탈피 ΔH를 제일원리 계산으로 구하여, 용매에 의한 ΔH 값의 차이와 측정된 활성화 에너지의 차이를 비교하면 좋은 일치가 얻어진다. 이것은 리튬이온전지에 있어서 전극 반응 과정의 속도결정 단계가 Li^+ 이온의 탈용매화 과정인 것을 나타낸다.

Li^+ 이온의 삽입·탈리 반응에서, 속도결정 단계인 탈용매화 과정의 활성화 에너지는 전해액에서는 50~70kJ/mol이고 고분자 전해질에서는 90kJ/mol로 크기 때문에, 큰 전류밀도에서 평가되는 리튬이온전지의 고율방전 특성을 향상시키기 위해서는 이러한 탈용매화 과정을 빠르게 하는 궁리가 필요하다. 리튬이온전지의 충전 과정에서는 음극 반응이, 방전 과정에서는 양극 반응이 느리게 된다.

리튬금속 음극과 같은 전극/전해질 계면에서 식 (4.6)으로 나타낸 전자 이동이 진행하는 경우에는, 용매화된 리튬 이온이 외부 헬름홀츠면에서 전자를 받아 전하를 잃어버린 후에 탈용매화가 진행하기 때문에 탈용매화 과정이 빨라진다.

4.9 고상 반응

전이금속 산화물에 Li^+ 이온이 삽입되면 호스트 격자를 구성하는 전이금속의 가수가 작아지고, 산화물 이온과 금속 이온의 원자간 거리가 변한다. 제일원리 계산에 의하면 산화물 이온의 가수 변화가 크게 기여한다는 결과가 보고되어 있는데 동일하게 생각하는 것이 가능하다. 이러한 원자간 거리의 변화는 원자단에서 넓은 범위에 걸쳐 일어나며 상변화를 수반하는 경우가 있다. 이와 같은 변화가 산화물 내부에서 어떻게 진행되는지에 관해서는 연구된 예가 적으며 규명되지 않은 부분이 많다.

흑연 층간화합물(Graphtie Intercalation Compound, GIC)에 관해서는 상세하게 연구가 되어있다. 흑연에는 이온, 원자, 분자를 광범위하게 삽입시키는 것이 가능하며 각종 GIC가 보고되어 있다. 6장에서 자세하게 설명하고 있는데, GIC는 stage 구조를 취하는 것으로 알려져 있다. 이러한 stage 구조의 변화가 잘 설명되고 있다.

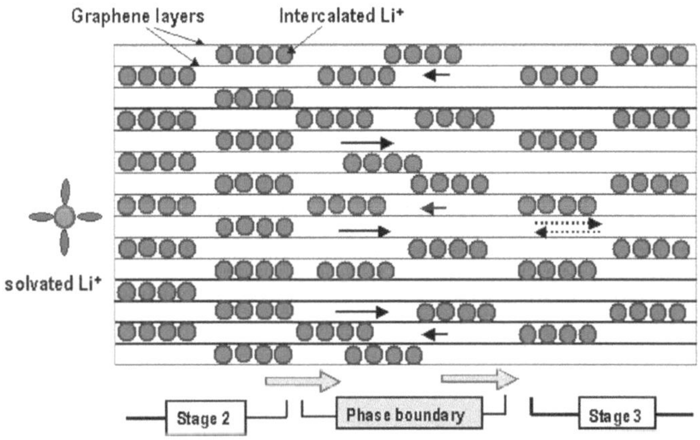

그림 4.16 Li^+의 삽입에 의해 stage-3의 흑연이 stage-2로 전환되는 과정에 있어서의 Li^+과 stage 2 상의 끝부분 움직임

Stage-3으로부터 stage-2로 변하는 과정이 Daumas와 Herold에 의해 잘 설명되어 있다[4)]. 그림 4.16에 나타낸 것과 같은 반응 과정이 제안되어 있다.

Stage-3에 Li^+ 이온이 삽입되면 입구 부근에서는 Li^+ 이온의 농도가 높아지고, stage-2가 생성된다. 계면으로부터 Li^+ 이온이 더욱더 삽입되면 흑연 내부 방향(그림 4.16의 우측 방향)을 향해 stage-2의 내부를 Li^+ 이온이 확산하여 간다. 이때

stage-2와 stage-3의 사이에 계면 영역이 생성된다. 이러한 계면 영역에서는 Li^+ 이온이 좌우 방향으로 움직이며, stage-3의 내부로 stage-2가 확산된다. 이와 같은 개념을 적용하기 위해서는 흑연 내부에서 진행되는 Li^+ 이온의 확산이 매우 빨라야 할 필요가 있다. 본서를 기술한 저자들의 연구에 의하면 흑연 내부에서의 리튬 확산계수는 stage에 의존하며, 10^{-5}~$10^{-8}cm^2/s$ 정도의 값을 가지는데 이것은 확산이 매우 빠르게 진행된다는 것을 의미한다.

흑연처럼 Li^+ 이온의 삽입·탈리에 수반되어 상변화가 진행하는 활물질의 경우, 새로운 상의 영역이 넓혀져 가는 것은 새로운 상의 끝부분이 이동하는 것을 가지고 취급할 수가 있다[6]. 물론 그렇게 영역이 넓어지는 것은 새로운 상과 이전 상 내부로의 Li^+ 이온 확산을 통한 Li^+ 이온의 농도 변화에 의해 야기된다.

〈참고문헌〉

[1] "Modern Electrochemistry" 2nd Edn. J. O'M. Bockris, A. K. N. Reddy, M. Gamboa-Aldeco, Kluwer, New York (1998).

[2] M. Inaba, Z. Ogumi, *Bull. Chem. Soc. Jpn.*, **71**(3), 521-534 (1998).

[3] I. Yamada, T. Abe, Y. Iriyama, Z. Ogumi, *Electrochem. Comm.*, **5**(6), 502-505 (2003).

[4] N. Daumas, A. Herold, C. R., *Acad. Sci., Ser. C*, **268**, 373 (1963).

[5] A. Funabiki, M. Inaba, T. Abe, Z. Ogumi, S. Yuasa, J. Otuji, A. Tasaka, *J. Electrochem. Soc.*, **145**(1), 172-178 (1998).

[6] A. Funabiki, M. Inaba, T. Abe, Z. Ogumi, *J. Electrochem. Soc.*, **146**(7), 2443-2448 (1999).

제 5 장

양 극

다양한 물질이 리튬이온 이차전지의 양극으로 이용되고 있는데, 그러한 많은 물질들의 반응에 있어서 특징적인 것은 양극 활물질의 기본 구조가 변하지 않는다는 점이다. 양극에서의 반응은 리튬 이온이 전하 이동을 수반하면서 양극 활물질로써 이용되는 결정 구조 중의 특정 사이트에 출입하는 매운 단순한 반응이다. 이처럼 결정 구조를 유지한 채로 이온이 삽입・탈리하는 반응을 토포케미칼 반응(topochemical reaction)이라고 한다.

본 장에서는 대표적인 양극 활물질에 대한 개략적인 내용을 설명하면서 차세대 재료로써 기대되고 있는 재료에 관해서도 기술한다.

5.1 양극 재료의 설계

리튬이온 이차전지의 양극재료에 요구되는 특성은 고에너지밀도(고용량 × 고전위), 사이클 특성의 향상, 속도 특성의 향상, 싼 가격, 안전성의 향상, 환경 적합성의 향상 등이다. 그 중에서, 고용량은 리튬 이온이 수납되는 결정 중의 장소 수와 관계가 있고, 고전위는 결정의 전자 구조와 관계가 있다. 또한, 속도 특성의 향상에는 리튬 이온이 확산 가능한 경로를 가지며 이동도가 큰 것이 필요하고, 사이클 특성의 향상은 결정의 안정성과 관계가 있다. 리튬 이온이 수납되는 장소와 확산 경로를 생각하면 현재 검토되고 있는 결정 구조는 후술하는 층상 암염형 구조, 스피넬형 구조, 그리고 올리빈 구조 이렇게 3종류로 크게 나눌 수 있다.

리튬이온 이차전지의 양극 재료로는 개발 당초부터 층상 암염형 구조의 $LiCoO_2$가 사용되고 있으며 현재도 양극 재료의 주류를 이루고 있다. 그러나 $LiCoO_2$에 이용되는 코발트는 소위 희귀 금속이라고 불리는 금속으로 매장량이 적고 생산지가 편재되어 있어서 공급 면에서 불안정하다 할 수 있다. 실제로 코발트 가격은 최근 상당히 상승되어 있는데 그 주된 원인이 리튬이온 이차전지의 수요에 의한 것이다.

이러한 배경에서 코발트를 벗어나려는 목적으로 일찍부터 연구가 진행되었고, 최근에는 원소 전략의 관점에서도 희귀 금속을 이용하지 않는 대체 재료의 개발이 활발히 전개되고 있다. 그중에서도 대표적인 것으로 코발트보다도 매장량이 많은 니켈 또는 망간을 이용한 층상 암염형 구조의 $LiNiO_2$, 스피넬형 구조인 $LiMn_2O_4$의 개발이 계속되어 진행되고 있다. 이들 물질은 전자의 경우에 충전상태에서 구조가 불안정 하다는 문제점을, 후자의 경우는 고온에서의 성능 열화 등의 문제점을 안고 있다.

활물질과 전해질의 안정성 면에서의 제약 등으로부터 각각의 활물질에 대한 충방전 범위는 다음과 같이 나타내어진다.

$$LiCoO_2 \underset{\text{방전}}{\overset{\text{충전}}{\rightleftarrows}} Li_{0.4}CoO_2 + 0.6Li^+ + 0.6e^-$$

$$LiNiO_2 \underset{\text{방전}}{\overset{\text{충전}}{\rightleftarrows}} Li_{0.3}NiO_2 + 0.7Li^+ + 0.7e^-$$

양극 제5장

$$\mathrm{LiMn_2O_4} \underset{\text{방전}}{\overset{\text{충전}}{\rightleftarrows}} \mathrm{Li_{0.3}Mn_2O_4} + 0.7\mathrm{Li^+} + 0.7\mathrm{e^-}$$

또한 각각의 활물질에 대한 Li^+/Li 기준의 평균 방전전위는 각각 3.6V, 3.5V, 3.8V이고, 용량밀도는 각각 150mAh/g, 180mAh/g, 120mAh/g이다. 따라서 에너지밀도는 평균 전위와 용량을 곱한 것이기 때문에 각각 540Wh/kg, 630Wh/kg, 456Wh/kg의 값을 가지게 된다.

앞서 언급했듯이 이들 활물질은 그 내부에 리튬 이온이 삽입될 수 있는 장소를 필요로 한다. $LiCoO_2$와 $LiNiO_2$의 경우에는 층상 암염형 구조를 하고 있기 때문에 2차원의 확산 장소를 가진다. 한편, 스피넬형인 $LiMn_2O_4$의 경우는 3차원 채널 구조를 가지고 있다.

결정 구조에 있어서 활물질의 특성을 결정하는 중요한 인자인 리튬 이온의 확산 장소와 수납되는 장소에 관해서는, 이후에 기술하는 각각의 활물질에 관한 소개 항목에서 언급하도록 하겠다. 활물질의 특성을 결정하는 또 한 가지의 중요한 인자는 전자구조로 전지의 작동전위와 활물질의 전자전도성에 큰 영향을 준다. 이하에서 양극 활물질의 전자 구조에 관한 개념에 관해서 개략적으로 설명하도록 한다.

5.1.1 이온 결합성과 공유 결합성

양극의 반응에서는 전하 이동을 수반하면서 전해질 중의 리튬 이온이 양극 활물질에 삽입된다. 이때 전하 이동에 의해 양극의 전자 구조가 변한다. 이 전자 구조는 전지로서 작동시킨 경우의 작동 전압에 대응하므로 이것을 이해하는 것이 중요하다. 고전적으로 생각하면 3*d* 전이금속인 코발트를 이용한 대표적 양극 재료인 $LiCoO_2$의 경우에, 그 반응은 다음과 같이 나타낼 수가 있다.

$$\mathrm{Li^+Co^{3+}O_2^{2-}} \underset{\text{방전}}{\overset{\text{충전}}{\rightleftarrows}} \mathrm{Li^+} + \mathrm{e^-} + \mathrm{Co^{4+}O_2^{2-}} \tag{5.1}$$

여기서 위첨자의 숫자는 그 원자의 산화수이다.

산화수는 여기서 나타낸 $LiCoO_2$와 같은 이온성 결정의 경우에 적용되는 파라

미터로, 간단하게 말하면 전기음성도가 큰 쪽의 원자가 결합을 만들고 있는 전자 모두를 획득했을 때에 원자가 가지게 되는 전하수를 의미하고 있다. 바꾸어 말하면, 옥테트 규칙에 근거하여 전자가 폐각(閉殼) 구조에서 안정하다는 개념에 유래하고 있으며 1족의 원자인 Li은 1가, O는 F 이외의 조합에 있어서는 -2가라고 하는 완전 이온결정 모델을 배경으로 하고 있다.

충방전에 수반되는 전자의 주고받음에 의해 전극의 호스트 구조인 코발트 산화물이 산화 또는 환원되며 이것에 의해 전기적 중성이 유지되는데, 상기와 같은 개념에 의해 Co의 산화수가 변한다. 즉, $3d$ 전자만이 전하 이동에 기여한다고 생각되어 왔다. 이와 같은 개념은 정성적으로 이해하기 쉽고, 또한 무기 고체의 구조와 물성의 이해에도 유효하다는 것 때문에 널리 이용되고 있다.

그러면 이와 같이 단순하고도 추상적인 개념에 의해 실험 결과를 정량적으로 이해할 수 있는 것일까? 전자 구조를 반영하는 양극의 평형전위 E_{eq}를 그러한 개념에 의거하여 유도해보도록 하자. 평형전위 E_{eq}와 반응 Gibbs 함수 ΔG_r 사이에는 $\Delta G_r = -n\mathrm{F}E_{eq}$(F는 패러데이 상수)의 관계가 성립한다. 반응 Gibbs 함수를 반응 엔탈피 ΔH_r와 반응 엔트로피 ΔS_r을 이용하여 나타내면 식 (5.2)와 같이 된다.

$$E_{eq} = -n\mathrm{F}\Delta G_r = -n\mathrm{F}(\Delta H_r - T\Delta S_r) \qquad (5.2)$$

여기서 n은 반응에 관여하는 전자수이다.

여기서 계산하고 있는 것은 양극에 관해서, 즉 고체에 관해서이다. 따라서 고체 내부에서의 엔트로피 항은 엔탈피 항에 비해 무시할 수 있을 정도로 작기 때문에 $\Delta G_r = \Delta H_r$로 취급하여도 무방하다. ΔH_r은 반응 전후에 있어서의 전극 활물질의 생성 엔탈피인 ΔH_f의 차이에 상당하며, Born-Haber 사이클(생성 엔탈피 = 격자 에너지 + 각 원소의 이온화 에너지, 전자 친화력, 승화(응집) 에너지, 해리에너지의 합)을 이용하여 ΔH_f를 계산하는 것이 가능하다. 완전 이온결정 모델을 가정한 경우에, 리튬 삽입 전후에서의 생성 엔탈피 차이(ΔH_r)는 반응식 (5.2)에 근거하여 계산하면 최종적으로 격자 에너지와 $\mathrm{Co}^{3+/4+}$와 $\mathrm{Li}^{0/+}$의 이온화 에너지, 금속 Li의 승화 에너지에 의해 결정된다.

격자 에너지의 값에 관해서는 완전 이온결정 모델에서 전형적으로 사용되는 Born-Mayer형 포텐셜 모델(정전기적 상호 작용 에너지와 근접 반발 에너지의 합)을 이용할 수 있다. 이렇게 하여 얻어진 반응의 평균전위는 $LiCoO_2$의 경우에 약 14V가

되어 실측치인 평균전위 3.6V와는 너무나도 동떨어진 수치를 나타낸다[1]. 이 원인은 $Co^{3+/4+}$의 이온화 에너지가 51.30eV라는 매우 큰 값이라는 것으로부터, 완전 이온성을 가정하면 과잉으로 에너지 수지를 계산하게 되기 때문이다. 이것은 충방전에 수반되는 전자의 주고받음은 코발트 이온의 산화수가 변하는, 즉 $3d$ 전자만이 전하 이동에 기여하는 것에 의해 진행된다는 단순한 완전 이온결정 모델로는 정량적으로 설명할 수 없다는 것을 의미하고 있다.

바꾸어 말하면, 정량적인 설명에는 배위자인 산화물 이온과 $3d$ 전이금속 이온 사이의 공유 결합성을 고려해야만 한다는 것을 의미하고 있다. 예를 들면 코발트 산화물의 경우, 이온성과 공유 결합성의 분율을 나타내는 지표로써 Pauling이 제안한 전기음성도로부터 구해지는 식 (5.3)에 근거하여 이온성의 분율을 계산하면, Co–O 결합의 경우에 이온성은 51% 정도로 공유결합의 기여가 상당히 크다는 것을 알 수 있다.

$$\text{이온성의 분율(\%)} = \left[1 - \exp\left\{-\frac{1}{4}(\chi_A - \chi_B)^2\right\}\right] \times 100 \tag{5.3}$$

5.1.2 Mott–Hubbard형과 전하이동형

이온성・공유결합성으로부터 더욱 깊이 들어가 산화물의 전자이동 현상을 이해하기 위하여 유용하다고 생각되는 Mott–Hubbard형과 전하이동형이라고 하는 두 가지의 전자 전이에 관한 개념에 관해서 소개하도록 한다[3]. 원래는 $3d$ 전이금속 산화물, 예를 들면 NiO와 같이 밴드 이론을 적용하면 전자로 채워지지 않는 가전자대를 가지는 산화물에 있어서 전자 전도는 왜 금속과 같은 거동을 나타내지 않을까라는 의문을 출발점으로 하였다. 직관적으로 이해하기 쉬운 Hubbard 모델의 개념도를 그림 5.1에 나타낸다.

원자간의 상호작용이 약하고(이 경우에는 궤도의 겹침이 작다) 각 원자에 국재화된 전자의 기저 상태는 예를 들어 그림 5.1(a)와 같이 나타내어진다. 이와 같은 국재화는 전자들 간의 반발 상호작용에 의한 것으로 해석할 수도 있다. 임의의 원자에 있는 전자를 옆의 원자로 이동시킨 상태가 그림 5.1(b)에 해당하는데, 이러한 조작에 필요한 에너지 U는 전자를 특정 원자 궤도로부터 제거하는데 필요한 에너지(이온화 에너지) I와 이미 전자를 점유하고 있는 원자에 또 다른 전자를 추가할 때에 받아들이는 에너지(전자 친화력) A의 차이, 즉 $U = I - A$이다. 예를 들면,

수소에서 $U = 128\mathrm{eV}$ 이다. 궤도의 중첩에 의해 형성된 밴드의 폭 W가 이러한 U 보다도 작은 경우, 전자는 국재화하는 경향이 있다고 말할 수 있으며 반도체적인 전도를 나타내게 된다. 이와 같은 국재화된 전자의 전이 모델을 확장한 것이 Mott-Hubbard형과 전하이동형의 개념이다.

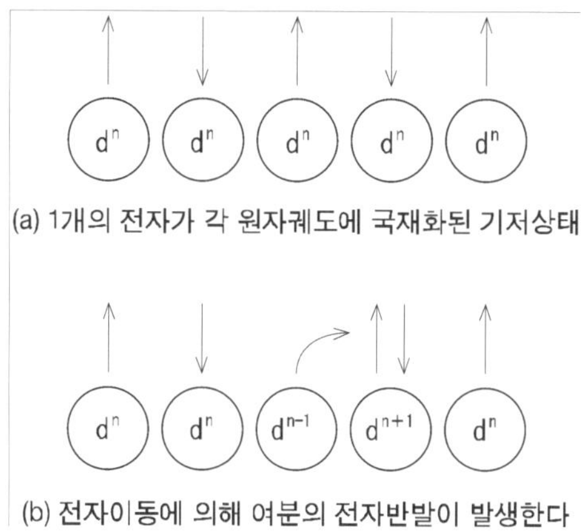

그림 5.1 Hubbard 모델에 의한 전자이동

그림 5.2는 정팔면체 MO_6 클러스터의 궤도 에너지 준위(예를 들어 M 이온의 형식 전자 배치가 d^3인 경우)를 나타낸 것이다. 결정장 분열된 M의 혼성전 d궤도에 관해서, 전자전이에 필요한 에너지는 그림에 나타낸 d-d 쿨롱 상호에너지 U_{dd}로 나타낼 수 있다. 한편, 리간드인 산소로부터 $2p$ 전자가 전이하는 경우에는 전하이동 에너지 Δ가 주어진다. 이것의 대소(大小)관계, 바꾸어 말하면 $U_{dd} < \Delta$일 때에는 전이금속 M의 d전자가, $U_{dd} > \Delta$일 때에는 산소 $2p$ 전자가 전자전이에 지배적으로 기여하게 된다. 일반적으로 전자를 Mott-Hubbard형, 후자를 전하이동형으로 구별하고 있다. 이와 같은 개념을 기본으로 Zaanen, Sawatzkey, Allen 등은 일전자(一電子) 밴드의 폭 W에 의해 전이금속 산화물의 물성을 분류하여, 절연체·전자전도체·반금속(semi-metal)을 분류하였다[4).

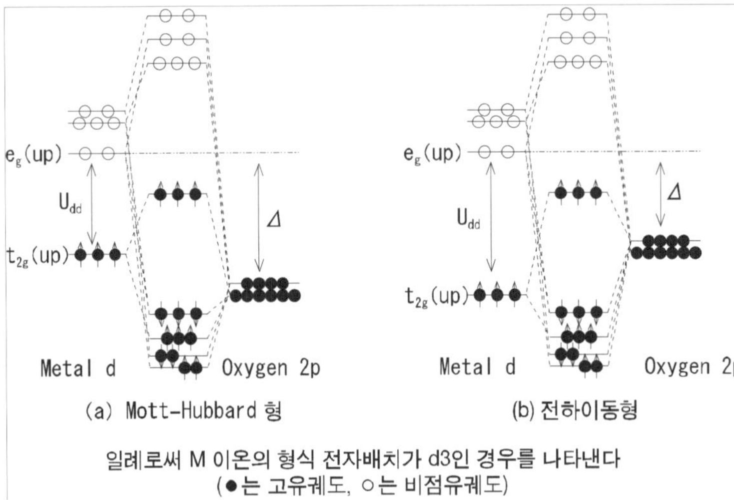

그림 5.2 정팔면체 MO6 클러스터 궤도 에너지 준위의 개념도

일반적으로는 원자번호의 증가에 의해 유효 핵전하가 증가하여 d 궤도의 에너지 준위는 저하되는 경향이 있기 때문에, Ti, V와 같은 전주기 전위금속(early transition metal)에 속하는 전이금속은 Mott-Hubbard형, Co, Ni, Cu와 같은 후주기 전이금속(late transition metal)의 경우는 전하이동형이 되는 경향이 강하다. 이런 점에 관하여 Torrance는 각 이온에 대하여 U_{dd}와 Δ의 관계도를 작성하였으며 이것은 간편한 지표로서 사용할 수 있는 것이라고 생각된다[5]. 또한, 후술하는 이온의 결정성과 공유결합성과의 대응관계라는 관점으로부터는, 일반적으로 전이금속 d 전자의 궤도가 산소 $2p$ 전자의 궤도와 비교하여 에너지가 높은 쪽에 있으며 서로의 궤도 레벨이 접근한다는 것은 U_{dd}의 저하를 의미한다. 따라서 전하이동형의 경우에는 공유결합성이 강하다. 이러한 논리적 전개는 앞서 설명한 바와 같이 산화물에서의 전자전도 기구의 지표로서 고찰되어온 것이지만 리튬 이온의 삽입·탈리에 수반되는 전자이동 반응에도 유효하다고 생각한다. 이것은 전지반응이 전자를 주고받는 반응을 수반하지만, 호스트 구조가 크게 변하지 않으며, 전자를 주고받는 과정에서 결정장을 유지하는(궤도의 그림이 대폭으로 변하지 않는다) 것에 유래한다. 아울러, 궤도의 그림에 추가되는 요소로서 리튬의 2s 전자 궤도는 Fermi 준위와 비교하여 훨씬 에너지가 높은 쪽에 있기 때문에 Fermi 준위 근방에 상태밀도를 가지는 것은 전이금속과 산소라 할 수 있어 2s 전자 궤도는 무시할 수 있다고 생각된다. 따라서 전지반응에서의 전자이동에 관해서도 앞에서 언급한 U_{dd}와 Δ의 관계에 의해 전하가 보상되는 형태와 산소에 의해 전하가 보상되는 형태로 분류된다.

5.1.3 3*d* 전이금속 산화물에서 전하이동 반응의 개념

공유결합성의 개념 또는 두 가지 형태의 전자전이 개념으로부터 이해할 수 있듯이, 리튬이온 이차전지에서의 전자이동 반응은 반드시 전이금속에서만 일어나는 것이 아니라 산화물 이온도 전하보상에 참여한다는 것을 충분히 생각할 수 있다. 오히려 전형적인 실용 양극 재료 또는 후보 양극 재료인 $LiCoO_2$, $LiNiO_2$, $LiMn_2O_4$ 등의 조성을 보면 알 수 있듯이 대부분 후주기 3*d* 전이금속으로 구성되어 있기 때문에 전하이동형, 즉 산소에 유래하는 전자에 의한 전하보상이 지배적인 것이 된다.

이러한 전이금속 산화물에서의 전지반응에 수반되는 리튬 이온의 삽입・탈리 과정에서의 전하보상 기구에 주목한 연구방법의 하나로서 제일원리계산(第一原理計算)을 들 수 있다. 리튬 이온의 삽입・탈리에서의 전자이동 반응에 관하여는 Ceder 그룹과 Tanaka 그룹 등이 대표적인 전극 재료인 $LiMO_2$(M = 3*d* 전이금속)와 $LiMn_2O_4$에 관하여 제일원리계산을 이용한 계통적인 연구를 실시하고 있다[1]. 예를 들면, 제일원리계산을 이용한 $LiM_{0.5}Mn_{1.5}O_4$(M : 3d 전이금속 Ti, V, Cr, Mn, Fe, Co, Ni, Cu)에 대한 전지 전압은 식 (5.4)와 같이 화학식 단위당의 전체 에너지의 차이로부터 금속 Li에 대한 전지 전압을 산출한다. 이러한 계산 결과는 치환금속 M의 차이에 의한 전지 전압의 경향을 대략적으로 재현할 수 있다.

$$V = -\frac{E(\mathrm{LiMn_2O_4}) - E(\mathrm{Mn_2O_4}) - E(\mathrm{Li})}{e} \tag{5.4}$$

계산 화학을 이용한 일련의 연구를 통해 전자이동 과정에는 산소 2*p*의 전자가 매우 중요한 기여를(구체적으로는 전하보상 이온으로서의 역할을) 하고 있음이 명백해졌다. 오히려 종래처럼 전이금속을 이용하지 않고, 고체 산소와 $LiAlO_2$와 같은 물질에서도 산소가 전하보상을 하기 때문에 고전압 전지의 설계 및 제조가 가능하다는 계산 결과를 나타내고 있는 예도 있다[6].

실제 전지 특성과의 상관관계에 있어서 전위뿐만 아니라 이온전도와 열팽창의 크기 등의 관점에서도 이와 같은 공유결합성을 고려하지 않으면 설명할 수 없는 경우가 많다. 예를 들면, 분자동역학법(Molecular Dynamics, MD)을 이용하여 리튬 이온의 전도를 취급할 때에도 완전 이온 결정을 가정하면 실제의 현상을 기술할 수 없는 경우가 있다. 원자간 상호작용은 2체, 3체, …, N체 힘의 포텐셜을 나타내지만 고전적인 MD 계산으로는 2체 중심력 포텐셜 모델이 이용된다. 완전 이온성 2체 포텐셜 모델로 불리는 관계식으로 이온 i, j 간의 포텐셜 U_{ij}를 나타내는 것보다도 2원자간의 포텐셜에 모스형 포텐셜 항이 첨가된 부분 이온성 2체 모델을 이용하는 것이 이온 전도와 열팽창의 크기 등을 보다 더 정량적으로 재현할 수 있다.

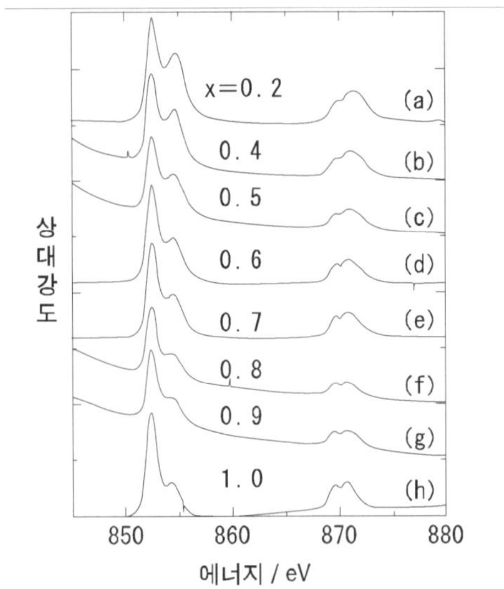

(a) Ni L각 XANES

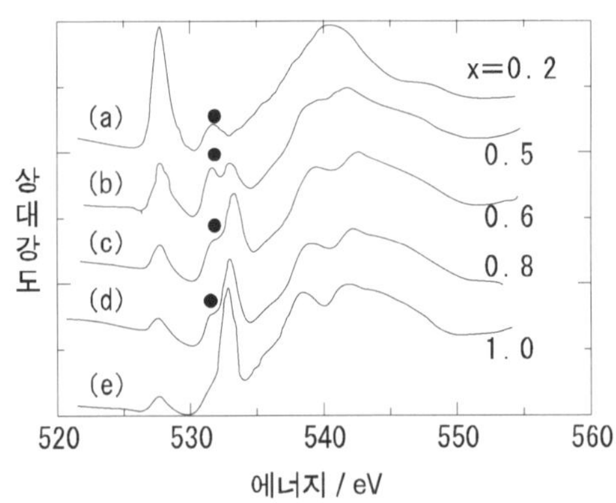

(b) O K각 XANES

그림 5.3 Li_xNiO_2의 Ni L각 및 O K각의 X선 흡수 스펙트라

지금까지 양극의 전자이동에 관한 개념을 설명하였다. 계산 화학적인 관점뿐만 아니라 실험적 관점에서도 산소 2p 궤도가 전하이동 반응에 기여한다는 증거를 얻기 위한 연구가 진행되고 있다. 전자 구조는 전자전도도와 자화율 측정 등에 의해서도 구해지지만, 이와 같은 수법은 벌크를 구성하는 모든 원소의 정보를 종합한 결과를 주기 때문에 어떤 원소의 궤도가 전자이동에 관여하고 있는지를 논의하는 것은 어렵다. 때문에 전자분광을 이용하는 수법이 실험적으로 널리 이용된다. 특히, 최근에 와서야 전지 재료에 응용되고 있는 X선 흡수 분광법(X-ray Absorption Spectroscopy, XAS), 또는 투과 전자 현미경(Transmission Electron Microscopy, TEM)에 의한 전자 에너지 손실 분광법(Electron Energy Loss Spectroscopy, EELS)은 주목하는 특정 원소에 대한 정보를 얻을 수가 있다는 점에서 매우 유리하다. 양극 재료인 $LiCoO_2$와 $LiNiO_2$의 전지반응 과정에서 O K-edge XAS[산소의 K곽 (1s)의 전자를 전이시킨 XAS]의 결과는 이미 몇 차례 보고되어 있다[8]. 그림 5.3에 $LiNiO_2$의 Li 탈리 과정에서의 Ni L-edge와 O K-edge의 XAS를 나타낸다. 각각의 결과를 비교해보면 Ni의 스펙트럼 변화보다도 오히려 산소에서 스펙트럼이 크게 변하고 있으며, 이를 통해 관습적으로 전하보상을 하고 있다고 간주되는 Ni 보다도 O에서의 전자구조 변화가 크다고 생각할 수 있다. O K-edge의 스펙트럼을 상세하게 검토하면 527-532eV 부근과 535eV 이후에 두 개의 커다란 흡수가 있는데, 전자는 전이금속의 d 전자와 O_{2p} 전자의 혼성에 의한 궤도, 후자는 Ni의 4sd와 O_{2p} 궤도에 의한 흡수인 것이 알려져 있다. 이와 같이 비점유 d 전자와의 혼성 궤도가 존재하는 것으로부터 Ni-O 사이의 공유결합성이 매우 크다는 것을 확인할 수 있다. 또한 리튬의 탈리에 수반되어 혼성 궤도에 기인하는 흡수 피크가 변해가는 것을 알 수 있는데, 이것은 산소도 전자이동 반응에 관여하고 있다는 것을 의미한다.

5.1.4 양극/전해질 계면에서의 반응(상간 이온이동)

양극의 반응을 고찰하는데 있어서 지금까지 설명한 벌크의 반응만을 고려하는 것뿐만 아니라 전극/전해질 계면에서의 전하이동 반응을 수반하는 리튬 이온의 이동을 생각할 필요가 있다. 리튬 이온의 삽입·탈리를 수반하는 전극을 이용하여 해석하는 경우, 전극 벌크 내부에서 진행되는 리튬 이온의 확산에 의한 영향으로 전극/전해질 계면이 정상상태에 도달할 때까지 일정 시간을 필요로 하는 것, 전극 표면적의 정확한 취급이 곤란하다는 것, 나아가 반응 소과정이 복잡하다는 것 등의 요인 때문에 초점을 맞추기가 어려워 보고된 예가 매우 적었다. 그런데 최근에 와서 계면반응 해석의 중요성이 크게 대두되는 한편, 실용전지의 고출력화를 목적으로 하는 상간 이온이동 반응의 메커니즘 및 반응속도를 지배하는 인자의 규명에 대한 요구가 커지고 있다. 또한, 반응 해석의 필요성이 커짐과 함께 교류 전류를 이용하는 임피던스 측정 등의 해석 기술, 균일한 표면을 제조 가능한 박막 전극 제작 기술의 확립 등 측정 환경의 대폭적인 개선을 통해 많은 보고가 이루어지고 있다.

상간 이온이동 반응에는 다음과 같이 많은 반응 소과정이 포함되어 있어서 반응기구의 규명은 상당한 어려움을 수반하게 된다.

- 탈용매화(de-solvation) 과정
- 인터컬레이션(intercalation) 가능한 사이트로의 전극표면이동
- 외부회로로부터 전극 내부로의 전자이동(전하보상 이온의 산화환원 반응) 〈전하이동〉
- 전극 내부로의 리튬 이온 인터컬레이션

이와 같은 이유로 대부분의 연구 보고에서는 상기의 소과정을 포함한 전하이동 반응으로서 해석하고 있다.

최근 Ogumi, Abe 그룹은 고체 매트릭스에서 리튬 이온의 삽입・탈리가 진행되는 계인 탄소재료/유기전해액 계면에서의 상간 이온이동 반응속도에 대해 일련의 소반응 중에서도 탈용매화 과정이 크게 기여하고 있다는 것을 보고하고 있다[9). 탈용매화 과정은 포텐셜 에너지가 가장 안정화되어 있는 용매화된 리튬 이온으로부터 용매 분자가 이탈하여 또 다른 포텐셜 에너지의 안정화 상태로 옮겨가는(완화되는) 과정으로 용매의 재배향이 일어난다. 바꾸어 말하면, 용매의 재배향 과정에는 큰 활성화 장벽이 존재하며 용매의 재배향 에너지가 반응속도에 큰 영향을 준다고 생각할 수 있다. 아울러, 반응속도가 전해질 중에서의 반응 과정에 의존하는 것으로부터 용매의 완화시간과 리튬 이온의 용매화 상태 등의 전해질에 기인하는 인자가 반응속도에 영향을 주는 것으로 해석할 수 있다.

또한, 상간 이온이동 반응의 반응모델로서 Bruce 그룹은 TiS_2/2-methyl tetrahydrofuran 계면에 관한 해석을 통해 전극표면에 리튬이 흡착되는 과정을 거치는 adatom 모델을 제안하고 있다.

5.1.5 고상내의 확산과 2상 공존 반응의 개념

양극 활물질에 필수 불가결한 특성은 리튬 이온이 확산 가능한 경로를 가지며 그때의 이동도가 커야 한다는 것이다. 일반적으로 높은 리튬 이온 전도성을 나타내는 조건으로는, 움직일 수 있는 리튬 이온의 수가 많을 것, 그러한 리튬 이온이 본래 점유하고 있는 사이트와 이동할 장소인 공극 사이트를 점유하였을 때와의 포텐

셜 에너지 차이가 적을 것, 또한 각각의 사이트 간의 활성화 에너지(bottle-neck 사이로 이온이 이동하는 경우, bottle-neck을 통과하는 과정의 에너지 장벽)가 작을 것, 음이온의 분극률이 크고 일그러지기 쉬울 것(산화물 이온 O^{2-}보다 황화물 이온 S^{2-}가 유리) 등을 언급할 수 있다. 그러나 리튬 이온이 수납되는 사이트가 많고, 확산경로가 확산에 유리하며, 아울러 전위의 관점에서도 사용이 용이해야 하는 점을 고려하면, 현재 검토되고 있는 결정 구조는 뒤에서 설명하는 층상암염형 구조, 스피넬형 구조, 올리빈 구조 이렇게 3종류로 한정된다. 각각의 결정 구조에 대한 확산경로 등은 각각의 결정 구조에 관해서 기술한 항목에서 설명하고 있다.

리튬이온 이차전지의 충방전 반응에서는, 결정 구조중의 리튬 이온의 분포 상황과 전기화학적 거동이 밀접하게 관련되어 있다. 결정내에 삽입된 리튬 이온의 분포가 리튬 이온의 삽입량에 의존하여 변하며, 이에 따라 충방전 특성도 변하게 된다. 예를 들면, Li_xCoO_2에 있어서 x = 0.5일 때 리튬이 규칙적으로 배열하여 결정 구조가 변한다[12]. 또한, $Li_xMn_2O_4$에 있어서는 x = 0.5일 때 개회로(open circuit) 전위가 변한다. 이러한 현상을 리튬 이온의 order-disorder 현상으로 해석하여 격자기체 모델을 이용한 전위의 시뮬레이션 계산을 통하여 설명한 예와[13], OCV의 온도 의존성으로부터 반응 엔트로피 변화를 산출하여 상세한 ordering 구조의 검토를 하고 있는 예가 있다[14].

또한, 양극 반응에서는 2개의 상이 공존하여 반응이 진행하는 2상반응이 중요한 역할을 하고 있는 경우가 많다. 이러한 2상반응에서의 전위 변화는 Gibbs의 상률에 의해 설명할 수 있다. 2상공존에 의해 자유도가 제한되어 전위 평탄부가 출현한다. 그림 5.4에 리튬의 조성이 x_1과 x_2로 구성되는 상이 공존하는 경우의 Gibbs 에너지와 그때의 전위 변화를 나타낸다.

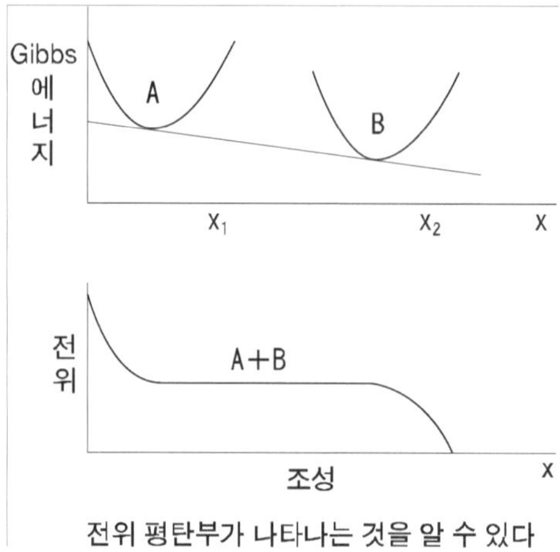

그림 5.4 조성 x_1과 조성 x_2로 구성되는 상이 공존하는 경우의 Gibbs 에너지와 전위 변화의 모식도

이러한 2상공존 반응은 반응속도에 큰 영향을 주기 때문에 그 진행 과정에 관해서 많은 연구가 진행되고 있다. 일반적으로는 다른 상이 생성할 때에 전해질/전극 계면으로부터 전극상(電極相) 내부를 향해 상의 성장이 진행된다고 생각되어 왔다. 그러나 TEM 등을 이용한 층상 화합물의 연구를 통해, 상변화 초기에 전해질/전극 계면에서 핵이 생성되어 이것이 우선적으로 층 방향으로 성장한다는 것이 규명되었고, 이러한 결과가 2상공존 반응의 상세한 반응기구를 규명하는 단서가 되었다[15].

층상 화합물뿐만 아니라 올리빈형의 $LiFePO_4$에 있어서도 2상공존 반응은 중요하다. $LiFePO_4$에서는 $FePO_4$와 $LiFePO_4$의 2상이 공존한다고 생각되어 왔다. 구체적인 반응 기구는 $FePO_4$가 방전시에 전해질/전극 계면에서 $LiFePO_4$ 상이 생성된 후에 전극상 내부를 향해 상의 성장이 진행된다고 간주되어 왔다. 그러나 이와 같은 모델로는 올리빈형의 $LiFePO_4$가 고속으로 충방전 가능하다는 현상을 설명할 수 없다. 최근에는 단순한 2상공존 반응이 아니라 전위 평탄부의 말단 근방에서 단상 영역이 형성될 가능성이 지적되고 있다[16,17]. 한편, 그림 5.5에 나타낸 것과 같이 반응은 $FePO_4$와 $LiFePO_4$의 2상공존 반응이지만, 상경계의 수 nm의 매우 좁은 영역에서 구조가 변형되어 있고, 그러한 상경계를 통해 리튬 이온이 고속으로 확산된다는 모델도 제안되어 있다.

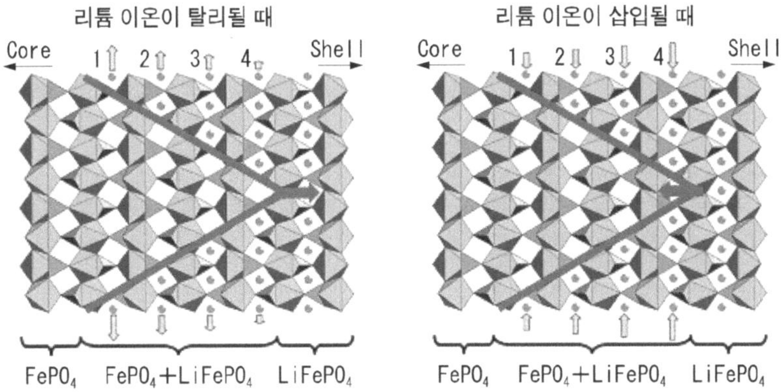

그림 5.5 $FePO_4$/$LiFePO_4$의 상경계에서 구조의 변형 및 리튬 이온의 확산 모델
[출전 : L. Laffont, C. Delacourt, P. Gibot, M. Y. Wu, P. Kooyman, C. Masquielier, and J. M. Tarascon, Chem. Mater., 18, 5520 (2006).]

이처럼 양극 반응의 속도론에 관해서는 전해질/전극 계면에서의 상간 이온이동과 리튬 이온의 규칙-불규칙 전이, 2상공존 반응의 취급 등 아직 불분명한 점이 많으며, 향후 이와 같은 점을 규명하는 것이 큰 과제이다.

5.2 층상 암염형 화합물 및 관련 화합물

리튬이온 이차전지에서는 양극과 음극 사이에서 전해질을 경유하는 리튬 이온의 이동을 통해 전지반응이 진행하기 때문에, 방전 상태 또는 충전 상태에서 전지를 제조하는 어떤 경우에도 전해질뿐만 아니라 양극과 음극의 어느 한 쪽이 리튬 이온을 함유하고 있을 필요가 있다. 현재 시판되고 있는 리튬이온전지에서는 음극재료로 탄소재료가 사용되고 있는데 탄소재료에 리튬 이온을 흡장시킨 상태에서 제조하는 것은 용이하지가 않으며, 에너지 관점에서 매우 불안정한 재료를 이용한 충전상태에서의 전지 제조는 안전면에서 바람직하지 않다. 이와 같은 배경에서 양극재료에 미리 리튬 이온을 함유시킨 방전 상태에서의 전지 제조가 요구되었다. 한편, 양극재료로서 주목을 받았던 TiS_2 등은 음극에 리튬을 함유한 안정한 재료에 대해서만 사용할 수 있다는 제한이 있어서 새로운 양극재료의 발견이 기대되었었다. 현재 상품화되어 있는 리튬이온전지의 양극재료는 리튬 이온을 함유한 안정한 산화물인 $LiCoO_2$를 기본으로 하는 물질이 많으며, 방전 상태에서의 전극재료이다. $LiCoO_2$로 대표되는 층상 암염형 화합물에 관해서는 상품화된 최초의 리튬이온전지에서 사용된 양극재료이기 때문에 오래전부터 개발이 진행되어 왔다. 아울러 관련 화합물에 대해서도 연구가 진행되고 있다.

5.2.1 $LiCoO_2$ 양극

$LiCoO_2$는 α-$NaFeO_2$형(공간군 $R\bar{3}m$)으로 불리는 층상 암염형 구조(그림 5.6)이고, 이 구조에서는 산화물 이온이 면심입방 격자 구조를 취하며 최조밀 충진되어 있다. 산화물 이온은 층상의 (111)면을 구성하며 이 층간에 리튬 이온과 코발트 이온이 한 층씩 교대로 존재한다. 바꾸어 말하면, CoO_6 팔면체로 이루어진 층간에 리튬 이온이 존재하는(3a 사이트) 것이 된다. 이와 같은 리튬 이온을 함유하는 층상 산화물을 양극재료로 응용하려는 시도는 1980년에 Mizushima 그룹이 1M $LiBF_4$/PC 중에서 $LiCoO_2$가 리튬금속에 대해 4V의 전위를 나타내며 리튬 이온의 가역적인 삽입·탈리가 가능하다는 것을 발견한 것에서 시작된다[19].

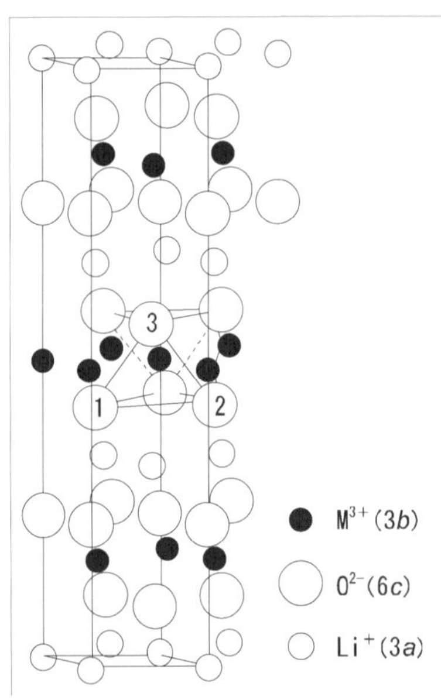

그림 5.6 α-$NaFeO_2$형(공간군 $R\bar{3}m$)으로 불리는 층상 암염형 구조

리튬 이온은 CoO_6 팔면체로 이루어진 층간의 이차원 평면내를 이동하여(확산), 전극/전해질 계면에서 탈리·삽입(전하이동)이 진행된다. 즉, 산화물 이온과 코발트 이온으로 구성된 결정 구조가 유지된 채로 리튬 이온의 탈리·삽입이 원활하게 진행되기 때문에 충방전 반응의 진행에 수반되는 호스트 재료의 열화가 일어나기 어려우며 양호한 사이클 특성을 나타낸다. 이때 a축 방향의 결정자 크기 변화는 그다지 없지만, c축 방향의 크기는 충방전에 따라 변한다(팽창수축). 이러한 c축 방향의 결정자 크기 변화는 음극을 흑연으로 한 경우와 반대의 변화이기 때문에 전지내 체적 변화의 완화에도 도움이 된다. 또한 호스트내의 확산 경로가 앞서 설명한 바와 같이 이차원 평면의 리튬 이온 단독 층이기 때문에 확산계수도 3차원의 확산 경로를 가지는 스피넬계 화합물과 비교하여 크다.

이처럼 리튬 이온의 고상내 확산이라는 점에서 $LiCoO_2$는 매우 우수한 재료이며, 또한 지금까지 검토되어 온 재료와 비교하여 작동전위가 높다는(3.8~4.0V vs. Li^+/Li) 특징을 가지지만 충방전에 따라 상이 변한다는 문제가 있다. 즉, 탈리되는 리튬 이온의 양이 0.5를 넘으면 상전이를 일으키며(hexagonal → monoclinic), 전위가 4.2V를 넘어 최종적으로는 4.8V에 도달한다. 이러한 상태가 되면 $LiCoO_2$의 구조가 불안정해지고, 나아가 전극/전해질 계면으로부터 코발트 이온이 용출하며 전해액의 산화분해가 일어날 수 있기 때문에, 양호한 사이클 특성을 얻으면서 이용이 가능한 리튬의 양은 0~0.5 부근으로 제한된다. 따라서 리튬 이온을 모두 탈리·삽입하면 274mAh/g의 용량이 얻어지지만 실제로는 0.5 정도의 범위에서 이용하기 때문에, 120~130mAh/g 정도의 충방전 용량밖에 얻어지지 않는다(음극인 흑연과 비교하여 1/3 정도의 용량으로 전지설계에 있어서 양극과 음극의 충진량 균형이 문제가 된다).

그러나 이와 같은 단점에도 불구하고 $LiCoO_2$가 전지재료로써 실용화되어 사용되고 있는 이유는 공업적인 관점에서 $LiCoO_2$의 용이한 제조성 때문이다. 즉, 산화코발트와 수산화코발트 등의 코발트염과 탄산리튬 등의 리튬염을 혼합하여 약 800℃의 고온에서 소성하면 양질의 $LiCoO_2$가 쉽게 합성된다. 그러나 코발트는 희소금속으로 가격이 비싸고 환경규제 등의 문제가 있어서, 향후 보다 큰 규모의 양산화, 대형화의 관점에서 $LiCoO_2$를 잇는 제 2의 양극재료 개발이 요구되고 있다.

이와 같은 제 2의 양극재료에 관한 개발이 활발하게 진행되고 있는 한편 $LiCoO_2$를 효과적으로 이용하려는 시도 또한 활발하다. 즉, 0.5 이상의 리튬 이온 탈리를 가능하게 하여 고전위에서의 안정성 향상을 도모하며 이를 통해 용량 및 전위의 증가와 사이클 특성을 향상시키고자 하는 것이다. 구조의 안정성이라는 측면에서는 코발트 이온 이외의 원소(알루미늄, 마그네슘, 망간, 붕소 등)로 치환하는 방법이 효과적이지만, 이 원소들은 전기화학적으로 불활성(산화·환원 반응에 기여하지 않는다)이어서 충방전 용량의 저하를 초래하며, 또한 $LiCoO_2$의 장점인 리튬 이온의 빠른 확산 등의 우수한 특성을 저하시키는 요인이 된다. 그래서 $LiCoO_2$ 그 자체를 이용하는 관점에서 최근 활발히 연구되고 있는 것이 금속 산화물 등에 의한 표면 피막이다. 지금까지 ZrO_2, Al_2O_3, MgO, SiO 등에 의한 $LiCoO_2$의 코팅이 실시되고 있는데, 이 모든 경우에서 4.2V를 넘은 전위에서 충방전 사이클을 진행시켜도 코팅되지 않은 $LiCoO_2$와 비교하여 우수한 사이클 특성을 나타낸다. 표면 코팅에 의해 나타나는 이와 같은 현상에 대한 이유로는 다음과 같은 메커니즘을 거론할 수 있다.

① 물리적인 상변화의 억제
② 전극/전해질 계면으로부터의 코발트 이온 용출의 억제
③ 계면저항 증대의 억제

이렇게 제안된 메커니즘에 대한 한 가지 해답은 in-situ XRD 측정에 의해 얻어졌다[20]. In-situ XRD에 의한 연구 결과는 표면 코팅에 의해 상변화가 억제될 뿐만 아니라 오히려 상변화가 가역적으로 일어난다는 것을 나타내고 있다. 즉, 코발트 이온의 용출이 억제되어 상변화의 가역성이 유지되는 것을 시사하고 있다. 이것만으로는 어떤 메커니즘이 올바른 것인지 명확하지 않지만, 적어도 물리적인 상변화의 억제가 아니라는 것을 알 수 있다. ②와 ③에 관해서는 두 가지 모두가 전해질과 전극의 직접적인 접촉을 방해하고 있는 것이기 때문에, 향후 전극/전해질 계면에서의 리튬 이온의 이동과[21] 양극 활물질 위에 생성되는 물질의 해석을[22] 포함한 상세한 연구가 필요하다.

5.2.2 $LiNiO_2$계 양극

앞에서 설명한 $LiCoO_2$를 대체하는 재료로써 오래전부터 연구가 진행되어 온 양극재료가 $LiNiO_2$ 이다. $LiNiO_2$는 $LiCoO_2$와 동일한 α-$NaFeO_2$형(공간군 $R\bar{3}m$) 결정 구조를 취하기 때문에, $LiCoO_2$와 동등의 특성을 기대할 수 있다. 니켈을 이용하면 코발트에 비해 전위가 약간 저하되며 이론 용량은 $LiCoO_2$와 거의 같지만, 0.7 정도까지 리튬 이온의 탈리가 가능하여 이용 가능한 충방전 용량이 1.2배 정도 커진다. 아울러 니켈이 코발트보다도 가격이 싸고 매장량이 많으며 독성 면에서도 $LiCoO_2$ 보다 우수하다는 특징이 있다[15].

이와 같은 관점으로부터 $LiNiO_2$는 $LiCoO_2$의 대체 재료로써 최적이라고 생각할

수 있지만, 합성의 관점에서 문제가 있다. $LiNiO_2$에서는 전기화학적으로 활성인 니켈 이온이 3가로 존재하는데, 합성하는 과정에서 2가의 Ni^{2+}로 환원되기 쉬워 본래 리튬 이온이 존재하여야 되는 $3a$ 사이트에 Ni^{2+} 이온이 들어가게 되어 결과적으로 리튬 함유량이 부족한 $Li_{1-x}Ni_{1+x}O_2$가 생성되기 쉽다. 이러한 비화학양론 조성에서는 리튬 이온의 확산성이 저하되거나 사이클 특성의 열화가 현저해지는 문제가 있다. 때문에 충분한 산소 분위기하에서 화학양론 조성을 얻는 합성법이 필요한데, $LiCoO_2$와 같이 간편하게 합성하는 수법은 확립되어있지 않다. 출발원료의 선택과 분위기를 제어하는 등의 고안을 통해 고상법뿐만 아니라 페치니법, 졸겔법 등 많은 합성법이 검토되고 있지만 화학양론 조성의 합성에 충분한 방법이 되지 못하고 있어 실용화에 장해가 되고 있다.

또한, $LiNiO_2$로부터 Li이 탈리할 때에 Ni가 Li 위치로 이동을 하며, Li가 많은 경우에는 Ni 위치를 점유하게 되는데 이러한 것이 충방전 특성에 악영향을 주는 것으로 보고되어 있다. 더욱 큰 문제는 열안정성으로 분해 반응과 이에 수반되는 산소 발생 온도가 $LiCoO_2$에 비해 50℃ 정도나 낮다는 것이다. 이것은 안전성을 강하게 요구하는 최근의 상황에서 생각하면 큰 문제점이다. $LiNiO_2$에 관해서는 화학구조와 전자구조, 전기특성, 자기특성 등에 관해 정리된 보고도 있으므로 참고하기 바란다[23].

$LiNiO_2$는 $LiCoO_2$의 대체 재료로서 장기간에 걸쳐 연구가 진행되어 왔지만, 상기와 같은 문제로 인해 아직 실용화에 이르고 있지 못하며, $LiNiO_2$를 단독으로 사용하는 것은 무리가 있다고 생각된다. 아울러, 최근 스텐레스강의 수요 증가에 의한 합금 성분의 니켈 가격이 상승하고 있는 등의 문제도 있어 $LiNiO_2$의 실용화에는 가격을 포함한 검토가 필요하다 하겠다.

이러한 관점에서 $LiNiO_2$와 $LiCoO_2$가 완전 고용체를 형성한다는 것에 주목하여 고용체인 $LiNi_{1-x}Co_xO_2$의 연구가 진행되고 있다. $LiNiO_2$와 $LiCoO_2$의 고용체는 니켈과 코발트의 비율에 따라 충방전 특성이 변한다. 특히, 주목받고 있는 재료는 $LiNi_{0.8}Co_{0.2}O_2$이다[25]. 이 재료에서는 코발트 효과에 의해 $LiNiO_2$와 같은 충방전 과정에서의 결정구조 변화는 일어나지 않으며 안정한 사이클 특성을 나타낸다. 한편, 코발트 이온이 아닌 망간 이온으로 치환한 $LiNi_{0.5}Mn_{0.5}O_2$도 주목을 받고 있는데 상세한 것은 다음 절에서 설명한다. 또한, 5.2.1 절에서 언급한 원소 치환과 표면 코팅에 관해서도 연구가 진행되고 있다.

5.2.3 그 밖의 층상 암염형 관련 화합물계 양극

$LiCoO_2$와 $LiNiO_2$를 기본으로 하는 여러 가지 고용체 화합물도 검토되고 있는데 그 중에서도 최근에는 $LiNi_{0.5}Mn_{0.5}O_2$[26),27)], $LiNi_{1/3}Mn_{1/3}Co_{1/3}O_2$[28)] 등이 특히 주목을 받고 있다.

Ohzuku 그룹에 의해 보고된 $LiNi_{0.5}Mn_{0.5}O_2$는 2.5~4.3V의 전위 범위에서 150mAh/g이라는 고용량(컷오프 전위를 4.5V로 하면 200mAh/g)을 달성하고 있으며, 희소금속인 코발트를 사용하지 않기 때문에 $LiCoO_2$를 대체하는 층상 암염형 양극재료로 유망하다(그림 5.7) 또한 $LiNiO_2$와 비교하여 열적 안정성이 높다는 이점이 있어서 $LiNiO_2$를 대체하는 재료로서도 기대가 높다. 이 재료에서의 산화·환원 반응은 니켈에 의해 이루어지며(Ni^{2+}/Ni^{4+}), 망간은 4가인 상태 그대로 존재한다. 이러한 이유로 MO_6 팔면체 사이트에서 망간이 불안정해지지 않게 되어, 결과적으로 결정구조가 안정해져 고온에서의 망간 용출이 적은 것이 특징이다.

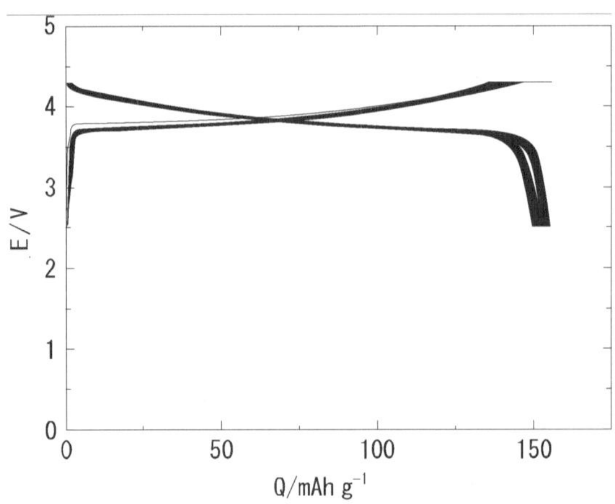

그림 5.7 $LiNi_{1/2}Mn_{1/2}O_2$의 충방전 곡선

[출전 : T. Ohzuku and Y. Makimura, Chem. Lett., 30, 744 (2001).]

$LiNi_{0.5}Mn_{0.5}O_2$의 구조는 이차원 층상구조이다. 그러나 전자선 회절로부터는 후술하는 초격자 구조에 기인하는 것으로 생각되는 스폿이 관찰되고 있으며 상세한 구조는 아직 명확하게 규명되어 있지 않다[29)]. 또한 방사광과 중성자, 자기측정을 이용한 구조 해석이 활발하게 진행되고 있으며, 그 결과로 리튬 층과 니켈 층에 각각 니켈과 리튬이 8% 혼입되어 있는 것이 밝혀져 있다[30)]. 아울러 리튬 이온의

탈리 과정에서 팔면체 사이트에 존재하는 리튬이 사면체 사이트로 이동한다는 보고[31]가 있는데, 이러한 특이한 거동이 $LiNi_{0.5}Mn_{0.5}O_2$와 동일하게 니켈의 산화・환원 반응으로 충방전 반응이 진행하는 $LiNiO_2$가 $LiNi_{0.5}Mn_{0.5}O_2$와는 다른 충방전 특성을 나타내는 이유일 가능성이 있다.

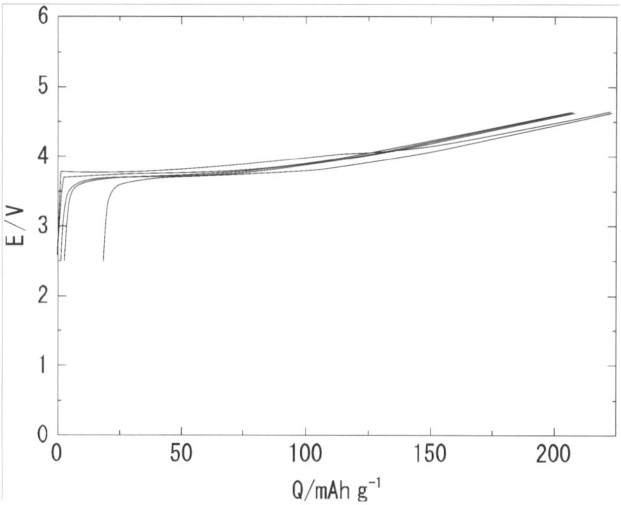

그림 5.8 $LiNi_{1/3}Mn_{1/3}Co_{1/3}O_2$의 충방전 곡선

[출전 : N. Yabuuchi and T. Ohzuku, J. Power Sources, 119-121, 171 (2003).]

상기의 $LiNi_{0.5}Mn_{0.5}O_2$와 같은 시기에 개발된 $LiNi_{1/3}Mn_{1/3}Co_{1/3}O_2$는 $LiCoO_2$와 비교하여 코발트의 함유량을 1/3로 감소시키는데 성공하고 있다. 또한 컷오프 전위를 4.6V로 올리면 200mAh/g라는 고용량으로 충방전 사이클이 가능하다는[32] 것과 함께 $LiNiO_2$와 비교하여 높은 열안정성을 가진다는 점에서 우수하다(그림 5.8). $LiNi_{1/3}Mn_{1/3}Co_{1/3}O_2$는 이차원 층상구조를 취하나, $3d$ 전이금속의 사이트로 이루어진 삼각 격자점에 니켈 이온, 망간 이온, 코발트 이온이 규칙 바르게 배치되어 있는 $[\sqrt{3}\times\sqrt{3}]$ R30° 형 초격자 구조(그림 5.9 : 초격자 구조의 단위격자가 삼각 격자점간의 거리를 $\sqrt{3}$배 하여 30° 회전시킨 것이다)를 취하는 것이 보고되어 있다[33]. $LiNi_{1/3}Mn_{1/3}Co_{1/3}O_2$ 중의 니켈, 망간, 코발트의 형식 산화수는 각각 +2, +4, +3가이며, $Ni^{2+/4+}$ 및 $Co^{3+/4+}$의 산화・환원 반응에 의해 충방전 반응이 진행되며 망간의 가수 변화는 없다. 따라서 이 계에서도 망간과 산소의 결합은 안정하며 망간의 용출은 적다. 또한, 코발트 이온에 의한 치환은 $LiNi_{0.5}Mn_{0.5}O_2$에서 관찰되는 리튬 이온과 니켈 이온의 $3a$ 사이트와 $3b$ 사이트 간의 교환을 억제한다. 즉, 층간 뒤죽박죽 섞이는 것을 억제하게 된다.

$LiNi_{1/3}Mn_{1/3}Co_{1/3}O_2$의 충방전 과정에서는 리튬 이온의 탈리량이 2/3까지는 주로 니켈 이온이 산화・환원 반응에 기여하지만, 2/3를 넘어서면 코발트 이온이 기여한다. 리튬 이온의 탈리량이 2/3까지는 격자상수의 변화는 있지만 격자 체적의 변화는 거의 없기 때문에 이 범위의 충방전에서는 사이클 특성이 좋다. 이 재료에서는 첫 회 사이클에서 비가역 용량이 관찰되며, 비가역 용량이 합성 온도의 저하에 비례(표면적에 비례)한다는 보고가 있으며[34], 표면 반응의 해석이 실용화를 위한 하나의 과제이다.

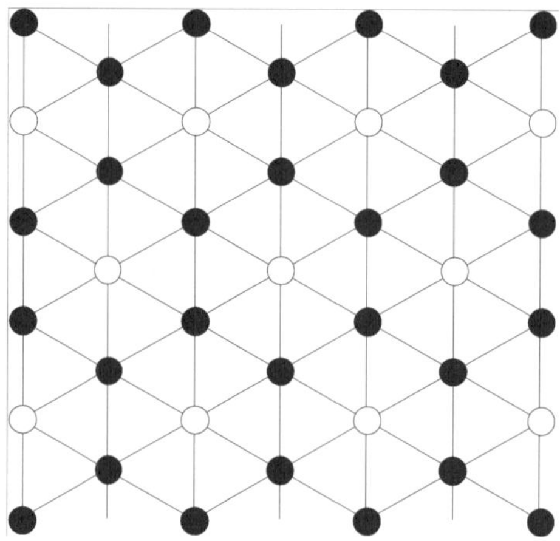

그림 5.9 $[3^{1/2}3^{1/2}]$ R30°형 초격자

5.3 스피넬형 화합물 및 관련 화합물

5.3.1 $LiMn_2O_4$계 양극

스피넬 구조인 $LiMn_2O_4$는 입방정계에 속하며 공간군 $Fd\bar{3}m$의 대칭성을 가진다. 이러한 스피넬 구조는 첨정석 $MgAl_2O_4$로부터 그 이름이 유래되었으며 일반식은 AB_2X_4로 나타낸다. 이상적인 구조로는 음이온인 X가 입방 최조밀 구조로 충진되고, 그 틈 안에 양이온이 충진되어 있다고 생각하면 이해하기 쉽다. 충진되는 틈의 종류 및 개수는 사면체에 위치하는 것이 64개, 팔면체에 위치하는 것이 32개씩 각각 존재하고 있다. 스피넬형 화합물은 $8a$ 사이트로 불리는 정사면체 위치에 8개, $16d$ 사이트로 불리는 정팔면체 위치에 16개의 양이온이 들어 있는 구조를 취하고 있다.

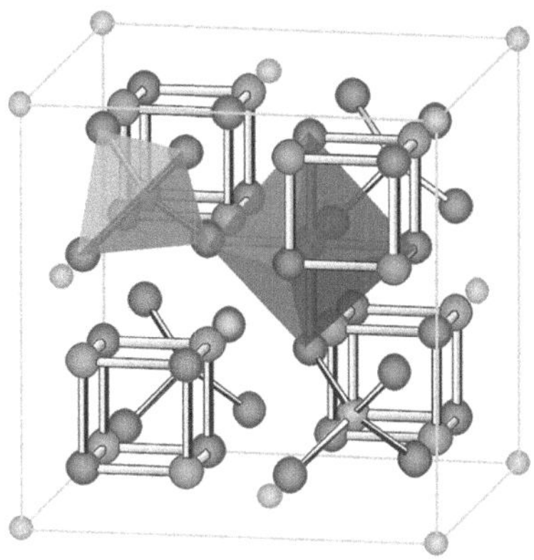

그림 5.10 이상적인 스피넬 구조를 취하는 $LiMn_2O_4$의 구조

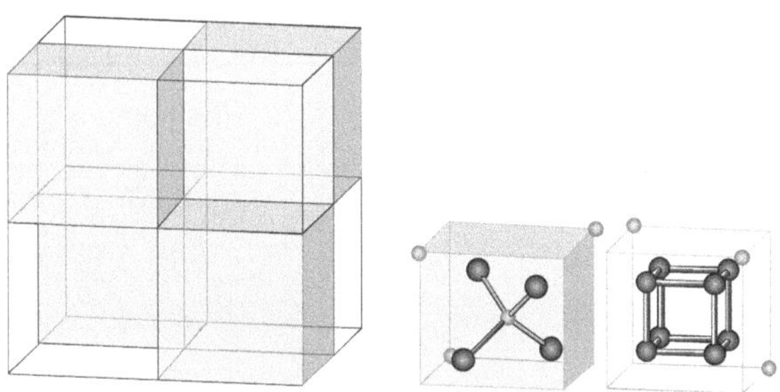

그림 5.11 구분법을 이용했을 때의 구분된 내부 각각의 이온 배치

그림 5.10에 이상적인 스피넬 구조를 취했을 때의 $LiMn_2O_4$의 구조를, 그림 5.11에는 구분법을 이용했을 때 구분된 각각의 공간에서의 이온 배치에 관하여 나타내었다. $LiMn_2O_4$에서는 32e 사이트를 O^{2-} 이온이, 8a 사이트를 Li^+ 이온이 각각 점유하고 있고, 16d 사이트를 Mn^{3+} 이온과 Mn^{4+} 이온이 무질서하게 점유하고 있다. 그리고 그 틈 안은 공공(空孔)의 상태인데, 그 중에서 16c 사이트로 불리는 나머지 16개의 팔면체 위치에 존재하는 공공이야말로 리튬 이온이 $LiMn_2O_4$ 결정 내부를 확산하기 위한 경로로서 중요한 역할을 한다. 이러한 확산 경로는 그림 5.12와 같으며 8a-16c 확산 경로로 불린다.

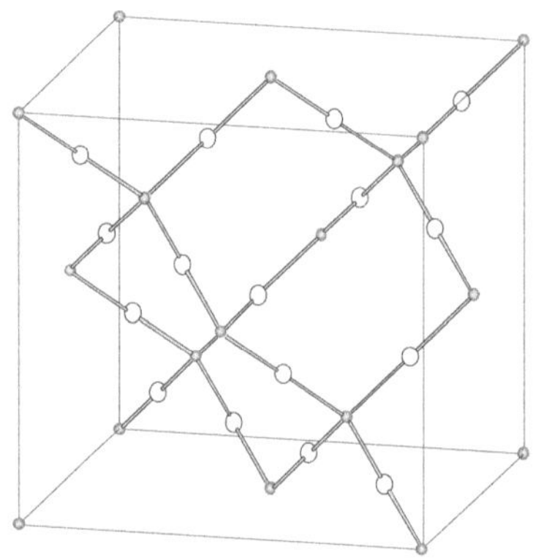

그림 5.12 스피넬 구조 내부에서의 리튬 이온의 확산 경로(8a-16c 확산 경로)

표 5.1 국제적 기준에 의한 $LiMn_2O_4$($Fd\bar{3}m$) 사이트 각각의 원자 좌표

	Ion in $LiMn_2O_4$	Site	Symmetry	Position	Ideal position
A	Li	8a	-43m	(0, 0, 0)	
B	Mn	16d	-3m	(5/8, 5/8, 5/8)	
X	O	32e	3m	(u, u, u)	u = 3/8
	Vacancy	16c	-3m	(1/8, 1/8, 1/8)	

국제적 기준에 의한 사이트 각각의 원자 좌표는 표 5.1과 같이 나타낸다. u는 산소분율 좌표로 불리는 공간군 $Fd\bar{3}m$에서 주위를 점유하는 양이온의 크기에 수반되어 다양한 값을 나타낸다. 음이온이 이상적인 입방 최조밀 구조를 만족하기 위해서는 u = 0.375 이어야만 되지만 실제로는 0.375보다 큰 값을 나타낸다.

$LiMn_2O_4$에서는 0.388이라는 값을 나타내는 것이 알려져 있다. 각 이온이 각각의 결정학적 사이트를 미소한 벗어남도 없이 점유하고 있다고 가정하면, Li–O, Mn–O 사이의 거리는 이상적으로는 격자상수 a, 산소분율 좌표 u를 이용하여 다음과 같이 나타낼 수 있다.

$$l(\mathrm{Li-O}) = \sqrt{3}\left(u - \frac{1}{4}\right) \qquad l(\mathrm{Mn-O}) = a\left(\frac{5}{8} - u\right) \tag{5.5}$$

따라서 $LiMn_2O_4$에서는 산화물 이온이 16*d* 사이트를 점유하고 있는 Mn에 의해 접근된 구조를 취하고 있으며, 8*a* 사이트는 이상적인 구조와 비교하여 넓혀져 있는 것을 알 수 있다.

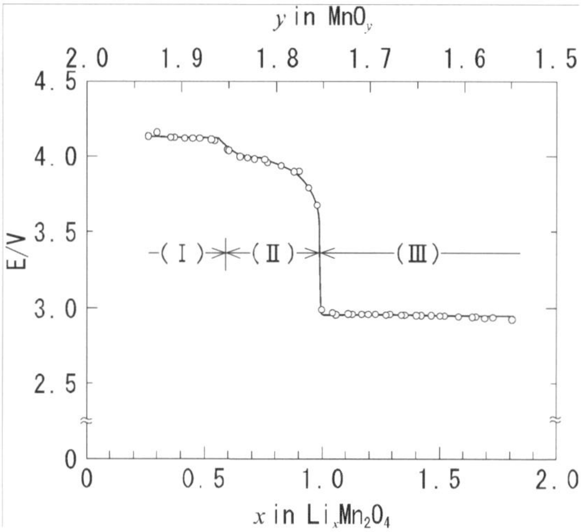

그림 5.13 스피넬형 구조를 가지는 $LiMn_2O_4$의 개회로 전위

[출전 : T. Ohzuku, M. Kitagawa, T. Hirai, J. Electrochem. Soc., 137, 769 (1990).]

충방전 곡선(그림 5.13)은 4V 영역과 3V 영역에서 평탄부분을 나타내며, 이러한 두 개의 평탄부분을 작동전위로 하여 방전이 가능하다면 250mAh/g이라는 높은 용량을 나타내지만, 3V 영역에서는 정방정인 $Li_2Mn_2O_4$가 생성됨으로 인해 큰 체적 팽창(6%)을 수반하게 되어 3V 영역에서 충방전을 하는 경우에는 사이클 특성이 크게 저하된다[35]. 한편, 4V 영역에서의 충방전에 관해서는, 스피넬 구조를 유지한 채로 리튬의 삽입·탈리가 진행하기 때문에 3V 영역과 비교하여 사이클 특성의 저하를 억제할 수가 있다. 그러나 다른 양극재료와 비교하여 용량이 작을뿐더러 4V 영역에서 충방전을 하여도 용량의 열화가 크다는 등의 문제점이 존재한다. 이러한 원인으로서는 충방전 과정에서 유기 전해액으로 Mn^{3+} 이온이 용출되는 것, 리튬이 탈리할 때 구조가 불안정해지는 것, 나아가 MnO_6 팔면체는 Jahn-Teller 효과에 의해 일그러지기 쉽다는 것 등이 생각되어지고 있다. 때문에 Mn의 일부를 다른 금속 원소로 치환하는 것에 의해 충방전 특성을 향상시키려는 시도가 활발하게 이루어지고 있다.

5.3.2 5V급 재료

리튬이온 이차전지의 양극재료 개발에 있어서 요구되는 것 중의 하나는 작동전위의 상승에 의한 에너지밀도의 증가이다. 이차전지의 주된 용도인 휴대용 기기는 최근 소형화, 다기능화가 더욱 발전되어 에너지밀도의 향상이 요구되고 있다. 최근에는 넓은 전위창을 가진 전해질의 개발에 의해 종래의 4V급 재료뿐만이 아니라 5V에 가까운 전위를 나타내는 전지를 제조하는 것도 점점 가능해지고 있으며 작동전위 5V를 목표로 한 전극 재료의 개발이 매우 활발하게 진행되고 있다.

5V급 양극재료 개발에 관해서는 1995년 Sigala 그룹에 의해 처음으로 보고되었다[36]. 이 그룹에서는 Cr 치환계 스피넬 산화물 $LiCr_yMn_{2-y}O_4$에 대해 고전위까지 충방전을 실시한 결과, 기존의 4.0V 영역의 평탄부분 이외에 4.9V의 고전위에서도 평탄부분이 나타남을 보고하였다. 또한, Cr 치환량의 증가에 따라 4V 영역의 용량이 감소함과 동시에 5V 영역의 용량이 증가하는 것을 발견하였으며, 4V의 평탄부분은 Mn^{3+}/Mn^{4+}의 산화・환원, 4.9V의 평탄부분은 Cr^{3+}/Cr^{4+}의 산화・환원에 의한 것으로 결론지었다.

이와 같은 Sigala 그룹의 보고에 의해 4V급 양극재료로서 더 이상 연구할 것이 없다고 생각되어지던 치환계 리튬-망간 스피넬 산화물이 리튬이온 이차전지의 유망한 양극재료로서 다시금 주목을 받게 되었고, 5V급 양극재료로서의 연구가 꽃을 피게 되었다. 5V급 양극재료의 대표적인 것은 치환형 스피넬 화합물인 $LiM_yMn_{2-y}O_4$ (M = Cr, Fe, Co, Ni, Cu) 이다[37]. 이 중에서 $LiNi_{0.5}Mn_{1.5}O_4$는 사이클 특성이 양호하여 가장 유망하고도 매력적인 물질이다[38](그림 5.14).

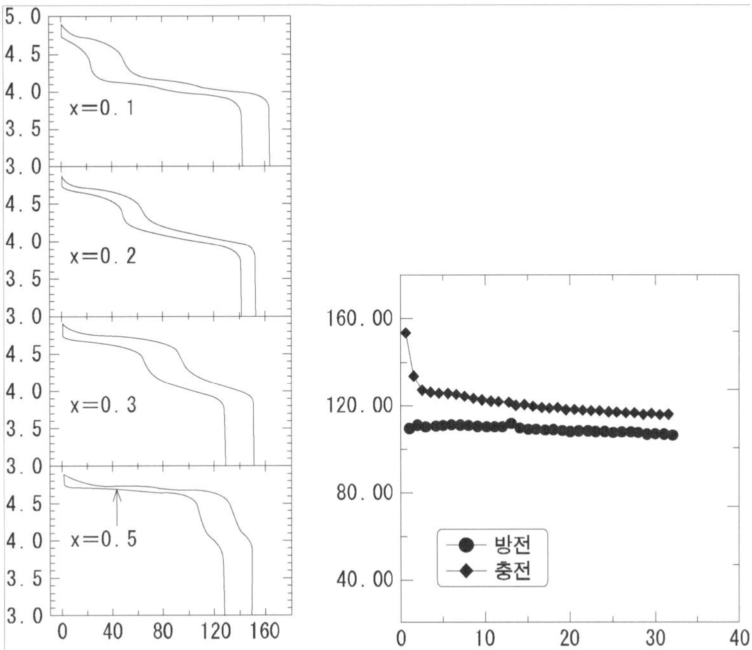

좌측그림 : Ni의 양 x를 변화시킨 경우, 활물질 $LiNi_xMn_{2-x}O_4$의 충방전 곡선
우측그림 : $Li/LiNi_{0.5}Mn_{1.5}O_4$의 셀의 사이클 특성

그림 5.14 $LiNi_{0.5}Mn_{1.5}O_4$의 충방전 곡선 및 사이클 특성
[출전 : Q. Zhong, A. Bonakdarpour, M. Zhang, Y. Gao, J. R. Dahn, J. Electrochem. Soc., 144, 205 (1997).]

Ni 치환형 스피넬 산화물인 $LiNi_yMn_{2-y}O_4$는 고상법으로 합성을 할 때의 고용한계가 y = 0.415이며, 단상(單相)의 $LiNi_{0.5}Mn_{1.5}O_4$는 얻어지지 않고 불순물인 $Li_yNi_{1-y}O$를 포함하는 것이 보고되어 있다[39]. $LiNi_{0.5}Mn_{1.5}O_4$의 고전위에서 나타나는 평탄부분은 Ni의 산화·환원에 의한 것으로 생각되고 있기 때문에, 전기화학적으로 불활성인 $Li_yNi_{1-y}O$가 생성됨으로 인해 고전위에서의 용량이 감소하고 에너지밀도가 감소하게 된다. 때문에 고에너지밀도를 가지는 양극재료를 개발하기 위해서는 단상의 $LiNi_{0.5}Mn_{1.5}O_4$를 얻는 것이 바람직하다.

이와 같은 이유로 $LiNi_{0.5}Mn_{1.5}O_4$의 합성법으로 액상법에 주목이 모아졌다. 그러나 액상법의 대표적인 수법인 졸겔법, 공침법으로 합성을 하여도 불순물의 생성을 완전히 제거할 수가 없었다. 그런데 연구자들의 다대한 노력의 결과로 자기반응법, 에멀젼드라이법, 복합탄산염법 등의 신규 방법으로 합성을 하면 불순물을 포함하지 않는 단상의 $LiNi_{0.5}Mn_{1.5}O_4$를 얻을 수 있다는 것이 보고되었다[40].

$LiNi_{0.5}Mn_{1.5}O_4$는 초격자 구조를 가진다. 스피넬 구조의 16d 사이트는 다양한 이온의 조합이 가능하다. 8a 사이트가 +1가의 금속 이온이면, 16d 사이트는 두 개의 금속 이온이 1:1로 존재하는 경우에 다음의 조합이 가능하다.

- (+2가, 5가)
- (+3가, 4가)

또한, 1:3으로 존재하는 경우에는 다음의 조합이 가능하다.

- (+2가, 4가)

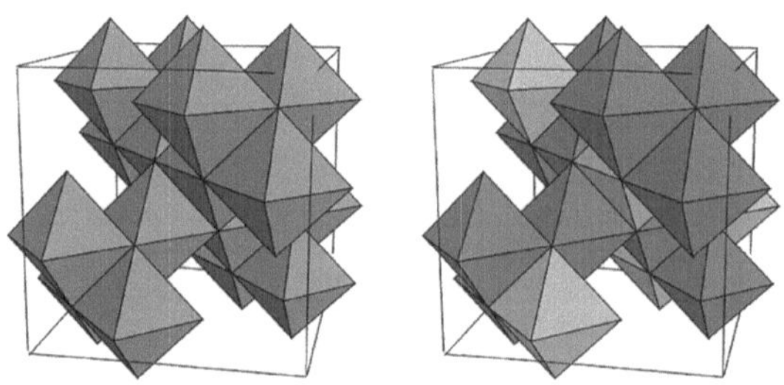

(a) $Fd\bar{3}m$　　(b) $P4_332$

그림 5.15 $Fd\bar{3}m$과 $P4_332$ 내부의 MO_6 팔면체 네트워크

Blasse는 다양한 이온을 조합시켜 리튬을 함유한 스피넬을 합성하였고, 이렇게 합성된 물질에서의 양이온 분포를 조사하였다. 그 결과 $LiMg_{0.5}Mn_{1.5}O_4$와 $LiNi_{0.5}Ge_{1.5}O_4$의 X선 회절 패턴에서 $LiFe_5O_8$ 등에서 보이는 초격자 피크가 관측됨을 보고하고 있다[41]. $LiFe_5O_8$의 양이온 분포는$(Fe^{3+})[Li_{0.5}{}^{+}Fe_{1.5}{}^{3+}]O_4$이고, 합성 조건에 의존하기는 하지만 일반적으로 팔면체 사이트에 존재하는 Li^+와 Fe^{3+}가 1:3으로 ordering하여 초격자 구조를 형성한다. 그러므로 $LiMg_{0.5}Mn_{1.5}O_4$와 $LiNi_{0.5}Ge_{1.5}O_4$는 팔면체 사이트에 존재하는 Mg^{2+}와 Mn^{4+} 또는 Ni^{2+}와 Ge^{4+}가 각각 ordering하고 있는 스피넬이 형성된다는 것이 규명되었다. 나아가 이 그룹은 화학양론적으로 $(Li^+)[M_{0.5}{}^{2+}M'_{1.5}{}^{4+}]O_4$로 바꾸어 표현할 수 있는 물질은 팔면체 사이트에 존재하는 M^{2+}와 M'^{4+}가 1:3으로 ordering하여 초격자 구조를 형성한다는 것을 제안하였다.

Ordering하는 것에 의한 구조 변화에 관하여 $LiMg_{0.5}Mn_{1.5}O_4$를 예로 들어 설명한다. 팔면체 사이트의 ordering에 의해 결정학적인 대칭성이 감소하고 공간군은

$Fd\bar{3}m$에서 $P4_332$로 변한다. 공간군이 $P4_332$인 경우에 스피넬 구조 중에 존재하는 MO_6 팔면체 네트워크를 $Fd\bar{3}m$의 경우와 함께 그림 5.15에 나타내었고, 사이트 각각의 원자 좌표를 표 5.2에 나타내었다.

표 5.2 국제적 기준에 의한 $LiMg_{0.5}Mn_{1.5}O_4$($P4_332$) 사이트 각각의 원자 좌표

	Ion in $LiMg_{0.5}Mn_{1.5}O_4$	Site	Symmetry	Position	Ideal position
A	Li	8*c*	3	(*x*, *x*, *x*)	*x* = 0
B	Mg	4*b*	32	(5/8, 5/8, 5/8)	
B	Mg	12*d*	2	(1/8, *y*, 5/4−*y*)	*y* = 3/8
X	O(1)	8*c*	3	(*x*, *x*, *x*)	*x* = 3/8
X	O(2)	24*e*	1	(*x*, *y*, *z*)	*x* = *y* = 1/8, *z* = 3/8
	Vacancy(1)	4*a*	32	(1/8, 1/8, 1/8)	
	Vacancy(2)	12*d*	2	(1/8, *y*, 5/4−*y*)	*y* = 5/8

제 5 장 양 극

5.3.3 역스피넬형 화합물

앞에서 정스피넬형 화합물에 관해서 설명하였다. 한편, 역스피넬형 구조를 가지는 양극 활물질도 검토되고 있는데, 그 중 일부 재료는 매우 흥미롭게도 높은 방전 전위를 나타낸다. 지금까지 알려져 있는 역스피넬형 산화물 중에서 고전위 특성을 나타내는 것으로는 1994년 Fey 그룹에 의해 보고된 $LiMVO_4$(M = Ni, Co)계 산화물이 있는데, $LiNiVO_4$의 경우에 4.8V에서[42], $LiCoVO_4$의 경우에는 4.2V에서[43] 가역용량을 나타낸다. 이러한 역스피넬형 구조는 공간군 $Fd\bar{3}m$을 취하고 그림 5.16(a)에 나타낸 것과 같이 바나듐이 사면체 사이트 (8*a*)를, 전이금속 M(M = Mn, Co, Ni)과 리튬이 무질서하게 팔면체 사이트 (16*d*)를 점유한다.

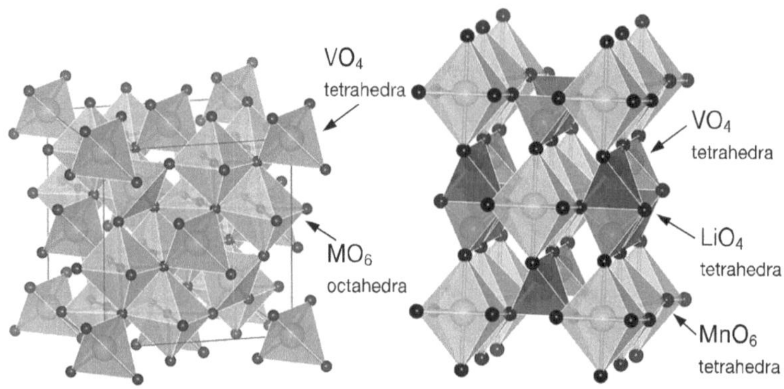

(a) $LiMVO_4$ (b) $LiMnVO_4$

그림 5.16 역스피넬형 구조의 $LiMVO_4$(M=Mn, Co, Ni) 및 사방정 구조의 $LiMnVO_4$

한편, $LiMnVO_4$는 고상법에 의해 간편하게 합성되는데, $LiCoVO_4$ 및 $LiNiVO_4$와는 다르게 역스필넬 구조가 아닌 그림 5.16(b)에 나타낸 것과 같은 리튬과 바나듐이 사면체 사이트에 위치하는 사방정 구조를 가진다. 그러나 고압 하에서 소성하면 역스피넬 구조가 된다는 점을 이용하여 Goodenough 그룹이 역스피넬형 $LiMnVO_4$를 합성하여 충방전 특성을 검토하였다. 그 결과 사방정 $LiMnVO_4$에서는 리튬 탈리 반응이 곤란하데 반하여, 역스피넬형 $LiMnVO_4$로부터는 약 3.8V(충전이 4.1V, 방전이 3.6V)에서 충방전이 가능하며 0.6개의 Li(약 90mAh/g)이 가역적으로 삽입・탈리된다는 것을 보고하고 있다. $LiCoVO_4$와 $LiNiVO_4$에 관해서는 다양한 합성법과 충방전 조건이 검토되었고, 나아가 용량을 개선하려는 시도가 이루어지고 있다. 그러나 가역용량은 $LiCoVO_4$의 경우에 약 40mAh/g, $LiNiVO_4$의 경우에는 약 45mAh/g으로 매우 작은 값을 가진다..

5.4 폴리 음이온형 화합물

올리빈형 양극재료는 조성식을 $LiMPO_4$로 나타내며 M 부분에는 망간, 철, 코발트, 니켈 등의 전이금속이 포함된다. 이 물질이 리튬이온 이차전지의 양극재료에 응용된 것은 1997년 Padhi 그룹에 의해 보고된 연구결과가 최초이다. 이러한 연구에 의해 $LiFePO_4$ 및 망간과 철의 고용체 Li(Mn, Fe)PO_4와 같은 화합물에서 전기화학적 리튬 삽입・탈리 반응이 진행된다는 것이 밝혀졌다. 가격이 싼 철을 이용하는 $LiFePO_4$는 약 3.5V의 전위를 나타내며, 이론용량도 170mAh/g으로 $LiCoO_2$

에 필적하는 에너지밀도를 가지기 때문에 올리빈형의 인산염 중에서도 실용화에 가까운 물질로 생각되어지고 있다[45].

나아가 최근에는 $LiCoPO_4$도 전기화학적으로 리튬 이온의 삽입・탈리 반응이 가능하다는 것이 밝혀졌다. $LiCoPO_4$는 약 4.8V라는 높은 방전 전위를 나타내며 이로 인해 전해액의 분해 등과 같은 문제가 여전히 존재하기는 하지만 고에너지밀도를 가지는 재료로서 기대되고 있다.

그러나 올리빈형 인산염의 전반적인 특징이라 할 수 있는 것이 전기전도성이 현저하게 낮다는 것이다. 전기전도도의 값은 $LiCoO_2$에서 10^{-3}S/cm, $LiMn_2O_4$에서 10^{-5}S/cm인 것에 대해, $LiFePO_4$에서는 10^{-8}S/cm까지 낮아진다[47]. 이로 인하여 $LiFePO_4$를 전극재료로써 이용하는 경우 전지반응의 속도가 제한되는 문제점이 있어 올리빈형 인산염의 실용화에 장해가 되고 있다.

이와 같이 올리빈형 인산염은 전지 전위가 높다는 매력과 전기전도성이 낮다는 문제점이 양립하고 있으며, 이것은 결정구조로부터 예상되는 전자구조의 이해에 의해 어느 정도 설명할 수가 있다. 다음 절에서 올리빈형 인산염의 결정구조 및 전자구조의 특징에 관해 설명한다.

올리빈형 결정구조라는 이름의 유래가 된 올리빈은 녹색 광물인 $(Mg, Mn)_2SiO_4$이며, 올리빈형 구조의 일반식은 M_2XO_4로 나타낸다. 이 구조는 산화물 이온의 육방 최조밀 구조를 기본 골격으로 하며 이렇게 최조밀 충진된 구조의 공극에 M, X의 원소가 배치된다. M은 금속 양이온으로 팔면체 사이트의 절반을 점유하고, Si, P 등의 전형원소인 X는 사면체 사이트의 1/8을 점유한다. 산화물 이온이 형성하는 최조밀 충진구조는 이상적인 구조와 비교하여 일그러진 구조를 가지며, 그 결과로 크기가 다른 2종류의 팔면체 사이트가 존재한다. 2종류의 팔면체 사이트를 M(1), M(2) 사이트로 부른다면, $(Mg, Mn)_2SiO_4$의 경우에는 가수가 같은 Mg와 Mn이 M(1), M(2) 사이트에 같은 비율로 존재한다. $LiMPO_4$의 경우에는 +1가의 Li 이온이 M(1) 사이트를 점유하고, +2가의 M 이온이 M(2) 사이트를 점유하여, M(1), M(2) 사이트를 점유하는 원소가 완전히 구별되며 원래의 올리빈과 비교하여 양이온이 규칙적으로 ordering하고 있다고 말할 수 있다. 이와 같은 이유 때문에 $LiMPO_4$의 결정구조는 양이온이 ordering한 올리빈형 구조(ordered-olivine structure)라고 하는 것이 정확한 표현이지만, 본 교재에서는 특별히 구별하지 않고 올리빈형 구조로 부르고 있다.

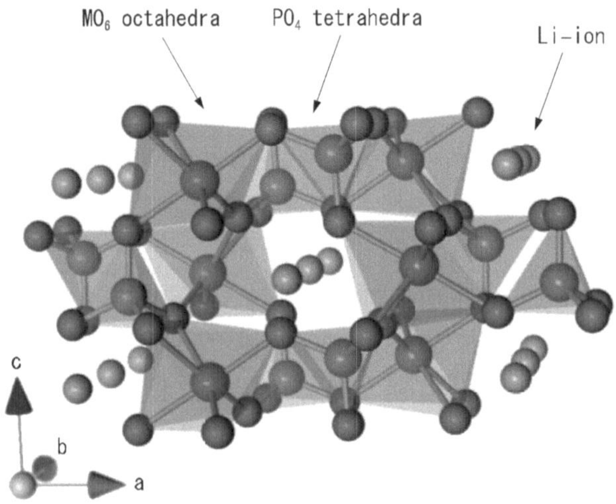

그림 5.17 올리빈형 $LiMPO_4$의 결정구조

$LiMPO_4$의 결정구조를 그림 5.17에 나타낸다. MO_6 팔면체는 정점을 공유하는 것에 의해 지그재그로 이어져 있고, bc면에 평행인 층을 형성한다. 이 팔면체와 PO_4 사면체는 정점 공유로 결합하고 있고, 이것에 의해 3차원의 네트워크가 형성되어 있다. 여기서 M과 P는 O를 사이에 두고 결합되어 있다. 즉, 구조 중에 M-O-P 결합이 예외 없이 존재하고 있다는 특징이 있다. 그림 5.17에서는 Li 이온이 움직이는 경로를 강조하기 위하여 다면체는 나타내고 있지 않는데, 팔면체 사이트에 Li 이온이 위치하고 있으며 이러한 팔면체끼리 변을 공유하는 것에 의해 b에 평행한 사슬을 형성하게 되고 이 사슬을 따라 Li 이온이 확산할 수 있다고 생각되어지고 있다.

$LiMPO_4$는 결정학적으로 사방정, 공간군 $Pnma$(No. 62)에 속한다. 단위격자 중에는 조성식으로 4개분의 $LiMPO_4$가 포함된다. 표 5.3에 각 원소가 점유하는 사이트 및 그 대칭성에 관해서 나타낸다. O에 관해서는 결정학적으로 3종류의 사이트가 존재하고, 각각의 O는 서로 다른 배치 환경 중에 놓여있다.

표 5.3 국제적 기준에 의한 $LiMPO_4$($Pnma$) 사이트 각각의 원자 좌표

Ion in $LiMPO_4$	Site	Symmetry	Position
Li	$4a$	1	(0, 0, 0)
M	$4c$	.m.	(x, 1/4, z)
P	$4c$	.m.	(x, 1/4, z)
O(1)	$4c$	.m.	(x, 1/4, z)
O(2)	$4c$	.m.	(x, 1/4, z)
O(3)	$8d$	1	(x, y, z)

전극 활물질의 전자구조가 전지 특성에 가장 큰 영향을 주는 것은 전지의 전위이다. 종래에는 전지 전위를 결정하는 것으로 전이금속의 산화・환원전위가 생각되었었다. 이것은 예를 들면 식 (5.1)의 캐소드 반응을 $Co^{4+/3+}$의 산화・환원반응으로 간주하여 충방전 전위를 생각하는 것이다.

이와 같은 개념에 근거하여 올리빈형 인산염을 이용하는 전지전위의 특징을 아래에서 설명한다. 결정구조 중에서 산소 사면체 배위를 취하는 P는 높은 산화상태가 되어 산소와 강한 공유결합을 형성하고 있다. 전위금속 이온은 팔면체 배위를 취하고 있지만 M–O–P 결합이 반드시 존재한다는 것과 P–O 사이의 강한 공유결합성으로 인하여 M–O 결합은 이온성이 강한 결합이 된다. 전이금속의 결합성과 전위와의 관계는 그림 5.18에 의해 설명할 수 있다. 이 그림은 철의 $3d$ 궤도와 산소의 $2p$ 궤도가 혼성된 모습을 나타내고 있다. $Fe^{3+/2+}$의 산화・환원에 기여하는 것은 반결합성 π^* 궤도이다. 앞에서 설명했듯이 Fe–O–P 결합을 통해 Fe–O 결합의 이온성이 커지는 것에 의해 Fe–O 사이의 혼성은 작아지고 π^* 궤도의 에너지는 낮아진다. 이런 효과를 "inductive 효과"라 한다. 이것은 높은 에너지 준위에 있는 Li^+/Li 준위와의 차이가 커지는 것을 의미하며, 따라서 전지전위가 높아지게 된다. 이러한 결과로 전이금속의 산화・환원 전위는 금속과 산소만으로 이루어진 산화물에 비해 높아지고, $LiFePO_4$에 있어서의 $Fe^{3+/2+}$와 같은 철의 산화・환원이 양극재료로서 이상적인 전위를 나타낸다.

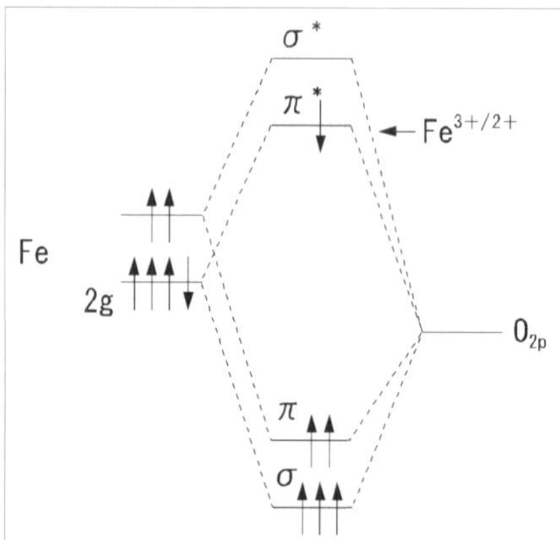

그림 5.18 올리빈형 구조인 $LiFePO_4$의 에너지 준위 개념도

옥시 음이온이 3차원적으로 결합한 구조를 가지는 화합물은 폴리 음이온 화합물로 불리고 있다. 폴리 음이온 화합물과 그 이외의 산화물의 전위를 비교한 경우, 결정구조의 차이가 있기는 하지만 폴리 음이온 화합물의 전위가 대폭 상승되어 있는 것은 일반적인 성질로서 받아들여지고 있다. 즉, 폴리 음이온을 도입하는 것에 의해 Fe-O 결합의 이온성이 강해지며, 전지전위가 높아진다고 생각할 수 있다. $Co^{3+/2+}$ 산화・환원계의 전극 재료는 철과 비교하여 적지만, 앞서 설명한 VO_4 폴리 음이온을 가지는 역스피넬형 $LiCoVO_4$는 4.2V의 고전위를 가지는 재료로서 알려져 있다.

한편, 전이금속 M과 O의 결합에서 이온성이 증가하는 것은 전이금속의 가전자를 고립시키는 결과를 초래하고 이것이 올리빈형 인산염이 나타내는 낮은 전기전도성의 원인으로 생각되어진다. 이처럼 올리빈형 인산염의 전극 활물질로서의 특성은 그 자신의 특이한 전자구조와 밀접한 관계가 있는 것을 알 수 있다. 이러한 전자구조를 이해하는 것은 전기전도성이 낮다는 문제를 해결하는데 있어서 매우 중요하다고 생각된다.

5.4.1 $LiFePO_4$계 양극

1997년 Padhi 그룹에 의해 발표된 올리빈형 화합물 $LiFePO_4$는 아래에 나타내는 것과 같은 이유에 의해 현재 가장 주목받고 있는 재료라고 해도 과언이 아닐 정도로 우수한 양극재료라고 말할 수 있다. 다음 조건은 앞에서 언급했었던 전극재료에 대한 미래의 수요, 특히 대형화를 겨냥한 용도에 적절하다고 생각된다.

- 매우 가격이 싼 철을 이용하고 있다.
- Fe^{2+}/Fe^{3+}의 산화・환원을 수반하는 재료로서는 고전위(약 3.5V)를 나타낸다.
- 사이클 특성이 양호하다.
- 이론용량은 약 170mAh/g이고, 에너지밀도가 약 550Wh/kg으로 종래의 $LiCoO_2$, $LiNiO_2$와 같은 재료의 값을 상회한다. 합성법에 따라서는 실제로 이론용량에 가까운 고용량이 얻어진다.

충방전 반응은 다음과 같이 진행한다.

$$LiFePO_4 \underset{\text{방전}}{\overset{\text{충전}}{\rightleftarrows}} Li_{1-x}FePO_4 + xLi^+ + xe^-$$

이 반응은 $(1-x)LiFePO_{4-x}FePO_4$의 2상공존 반응이며, $FePO_4$도 $LiFePO_4$와 동일한 공간군이다. 이 $FePO_4$도 열안정성이 우수하기 때문에, $LiMn_2O_4$와 같이 구성원소의 용출 등에 의한 용량 열화의 걱정이 없다. 그러나 2상간의 확산이 느리다는 것과 낮은 전자전도성 때문에 고속 충방전이 곤란하다는 문제점이 있다. 이 문제를 해결하기 위한 다양한 연구의 예가 보고되어 있다.

가장 먼저 시료의 미립자화 등과 같은 형상에 관한 연구를 들 수 있다. 미립자화 하는 것에 의해 시료의 반응 표면적을 증대시키는 지침이다. 고상법 대신에 공침법, 졸겔법, 수열법 등의 수단에 의해 미립자화를 도모한 방법이 다수 보고되어 있다. 한편, 고상법에 의해서도 양호한 충방전 특성이 얻어진다는 Yamada 그룹의 연구 결과가 있는데, 미립자의 크기와 Fe^{3+}를 함유한 상의 생성을 억제한다는 점에서 최적의 합성온도가 500℃~600℃인 것을 보고하고 있다. 또한, 표면에 탄소 등의 전도성 물질을 코팅하여 전극복합체로서 전도성을 높이는 연구도 다수 실시되고 있다. 이것은 합성원료와 탄소 또는 임의의 유기 화합물을 균일하게 혼합시킨 후 소성하는 것에 의해 입자 표면에 탄소를 코팅하는 방법이다. 이와 같은 방법에 의해 전도성이 향상된다고 생각되며, 현재 충방전 용량과 충방전 속도특성이 향상된 성과가 얻어지고 있다.

위에서 설명한 표면에 관한 전도성 향상의 시도 이외에, 벌크의 전도성을 향상시키는 연구도 있다. 리튬 사이트에 Mg^{2+}, Al^{3+}, Ti^{4+}, Nb^{5+}, W^{6+} 등의 다가 이온을 미량 도핑시키면, 10^{-10}S/cm에서 10^{-2}S/cm까지 전기전도도가 향상된다고 보고되어 큰 반향을 불러일으켰다[47]. 그러나 다른 그룹에 의해 다가 이온이 벌크 중에 고용되는 효과보다도 오히려 앞서 설명한 표면 형태의 변화가 전기전도도 향상의 원인일 수도 있다고 보고되어 있다.

5.4.2 $LiMPO_4$(M : 3d 전이금속)계 양극

$LiFePO_4$ 이외에도 동일한 결정구조를 가지며 양극재료로써 검토되고 있는 물질로 $LiMPO_4$(M = Mn, Co, Ni)가 있다. $LiMPO_4$는 작동전위가 약 4.1V이고, Mn^{2+}/Mn^{3+}의 산화・환원을 수반하는 재료로 $LiFePO_4$와 함께 Padhi 그룹에 의해 발표되었다[48]. 그러나 $LiFePO_4$와 비교하면 충방전이 곤란하고, 리튬을 거의 탈리하지 못했지만 $LiFePO_4$와 같이 합성법 개량과 표면상태의 개선이 시도되어, 실온에서 140mAh/g 정도의 용량을 얻는데 성공하고 있다.

$LiCoPO_4$도 $LiMnPO_4$와 마찬가지로 1997년에 양극재료로의 응용이 검토되었지만, 그 시점에서는 용량을 얻을 수가 없었다. Co^{2+}/Co^{3+}의 산화・환원 반응이 약 4.8V 정도에서 일어나고 방전용량이 얻어진다고 발표된 것은 2000년이지만 이론용량에는 미치지 못했다. 이후에 동일한 고상법을 이용하여 합성되어 Okada 그룹에 의해 보고된 $LiCoPO_4$는 출발물질로 CoO를 사용하였으며 100mAh/g의 방전용량을 나타내었다[50]. 또한, Lloris 그룹에 의해 용액법으로 합성된 시료가 125mAh/g의 방전용량을 나타내는 것이 보고되었고 합성법의 개량에 의해 고용량을 얻는 것이 가능하다는 것이 제안되었다. 그렇지만 한편으로는 고상법에 의해서도 저온에서 합성하는 등의 합성법 개량에 의해 용액법에 필적하는 정도의 방전용량을 얻을 수 있다는 것이 보고되어 있다.

그 이외의 $3d$ 전이금속으로서 Ni계의 연구도 실시되었지만 $LiNiPO_4$에 관해서는 5V까지는 용량이 확인되어있지 않고, 5V 이상에서 니켈의 산화・환원이 일어난다고 제일원리계산에 의해 예상되고 있다[52].

5.4.3 NASICON형 재료

NASICON형 화합물은 $M_2(XO_4)_3$[M은 전이금속, X는 S, P, As, Mo, W 등]로 나타내는 화합물이며, MO_6 팔면체와 XO_4 사면체가 정점을 공유하며 3차원적으로 배열한 구조를 가지고 있다(그림 5.19). 이와 같은 특징적 구조에 의해 결정구조 중의 큰 공극과 bottle-neck을 가지게 되고, 이것이 리튬 이온의 확산 사이트가 된다. 이러한 일련의 화합물 중에서 $Fe_2(SO_4)_3$와 $Fe_2(WO_4)_3$는 Goodenough 그룹에 의해 처음으로 충방전 거동이 보고되었다[53]. 이 화합물의 SO_4 사면체에 의한 고전위 거동이 최근 주목을 받아, inductive 효과가 가장 강한 폴리 음이온이라고 간주되고 있다. $Fe_2(SO_4)_3$는 NASICON 형태와 단사정 형태의 2가지 다형이 존재하는데, 두 화합물 모두 3.6V 정도의 높은 전압을 나타내며 충방전 거동 또한 유사하다는 것이 보고되어 있다[54].

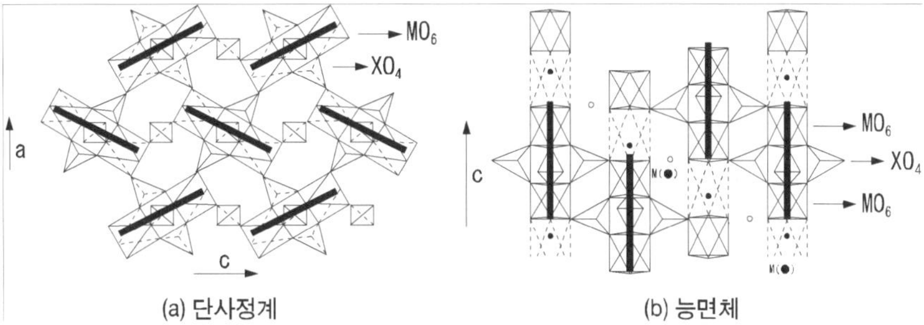

그림 5.19 NASICON형 결정구조

Goodenough 그룹은 SO_4계 이외에도 PO_4계 화합물 $Li_3M_2(PO_4)_3$도 보고하고 있다(중심금속 M은 Fe, V, Ti 등)[55]. 이들 화합물에도 단사정과 삼방정의 다형이 존재하는 경우가 있으며, 보다 공극이 큰 NASICON형 구조의 화합물을 합성하는 방법으로서 이온교환법이 시도되고 있다. 중심의 전이금속이 Fe인 경우에는 리튬 탈리에 의해 Fc^{4+}로 산화되는 예는 관찰되지 않는다. 즉, 처음에 리튬 삽입을 실시할 필요가 있는 재료이다. 한편, Ti와 V의 경우에는 4가/3가의 산화·환원에 의한 전하보상이 가능하며 리튬 탈리가 가능하다.

SO_4 폴리 음이온과 비교하면 PO_4계는 전체적으로 산화·환원 전위가 낮은 쪽으로 이동한다. 이것은 S^{6+}와 비교하여 P^{5+}에 미치는 산화물 이온의 분극효과가 작아서, 중심 전이금속에 대한 inductive 효과가 PO_4에서 작아졌기 때문이라고 생각되어지고 있다.

5.4.4 그 밖의 폴리 음이온 화합물

2004년 Thomas 그룹에 의해 SiO_4 사면체를 가지는 신규재료인 Li_2FeSiO_4의 합성과 충방전이 처음으로 보고되었으며, 계속하여 이 그룹에 의해 재료의 개량이 진행되고 있다[56]. 클라크수(Clarke number, 지표 부근에 있는 각 원소의 존재도를 무게 %로 나타낸 값) 1번인 산소, 2번인 규소, 4번인 철을 이용할 수 있기 때문에, 원소전략의 관점에서 매력적인 재료이다. 이 물질은 M^{2+}/M^{3+}의 산화・환원에 의한 1개의 Li 탈리에 상당하는 이론용량이 약 167mAh/g의 매우 큰 값을 나타낸다. 한편, M^{2+}/M^{3+}와 함께 M^{3+}/M^{4+}의 산화・환원을 수반하는 충방전 반응을 진행시킬 수 있다면, 최대 2개의 Li까지 탈리되게 되어 약 300mAh/g의 고용량을 얻을 수 있는 가능성을 내재하고 있는 물질이기도 하다.

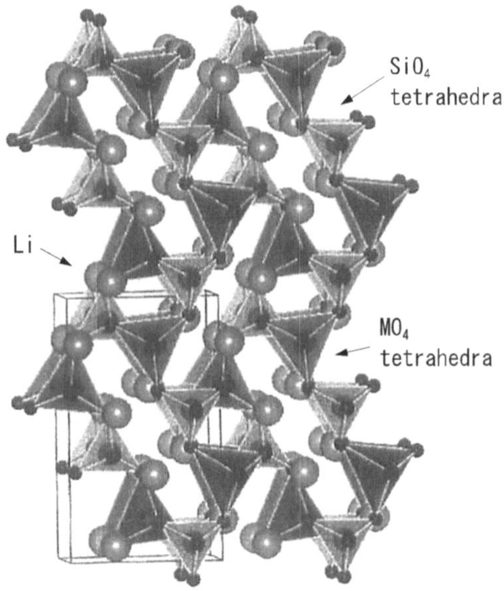

그림 5.20 Li_2MSiO_4의 결정구조

Li_2FeSiO_4의 결정구조를 그림 5.20에 나타낸다. 앞서 설명한 폴리 음이온계 재료와는 다르게 산화・환원을 일으키는 전이금속도 사면체 배위를 형성하고 있다.

충방전 전위는 Li_2FeSiO_4에서 리튬이 탈리될 때 2.80V, 삽입될 때 2.76V이며 초기 가역용량은 약 120mAh/g(0.72Li)을 나타낸다. 현 단계에서는 사이클 열화가 커서 이 부분에 대한 성능 향상이 요구되고 있다. 한편, Mn계는 M^{2+}/M^{3+}뿐만이 아니라 M^{3+}/M^{4+}의 산화・환원 반응도 용량에 기여했으면 하는 기대가 있었는데, 이 경우에는 분극이 현저하게 커지며 사이클 열화도 커진다.

〈참고문헌〉

[1] J. Reed and G. Ceder, *Chem. Rev.*, **104**, 4513 (2004).

[2] L. Pauling, "*The Nature of Chemical Bond*", Cornell University Press, New York (1960).

[3] (a) P. A. Cox, "*The Electronic Structure and Chemistry of Solids*", Chap. 5, Oxford University Press, New York (1987). (b) 津田惟雄, 那須奎一郎, 藤森淳, 白鳥紀一, "電気伝導性酸化物(改訂版)", 裳華房, 第 4章 (1983).

[4] J. Zaanen, G. A. Sawatzky and J. W. Allen, *Phys. Rev. Lett.*, **55**, 418 (1985).

[5] J. B. Torrance, *J. Solid State Chem.*, **96**, 59 (1992).

[6] G. Ceder, Y.-M. Chiang, D. R. Sadoway, M. K. Aydinol, Y.-I. Jang and B. Huang, *Nature*, **392**, 694 (1998).

[7] M. Nakayama, M. Kaneko, Y. Uchimoto, M. Wakihara and K. Kawamura, *J. Phys. Chem. B*, **108**, 3754 (2004).

[8] Y. Uchimoto, H. Sawada and T. Yao, *J. Power Sources*, **97-98**, 326 (2001).

[9] T. Abe, H. Fukuda, Y. Iriyama and Z. Ogumi, *J. Electrochem. Soc.*, **151**, A1120 (2004).

[10] P. G. Bruce and M. Y. Saidi, *J. Electroanal. Chem.*, **322**, 93 (1992).

[11] M. Nakayama, H. Ikuta, Y. Uchimoto, and M. Wakihara, *J. Phys. Chem. B*, **107**, 10603 (2003).

[12] J. N. Reimers and J. R. Dahn, *J. Electrochem. Soc.*, **139**, 2091 (1992).

[13] Y. Gao, J. N. Reimers and J. R. Dahn, *Phys. Rev. B*, **54**, 3878 (1996).

[14] K. E. Thomas, C. Bogatu and J. Newman, *J. Electrochem. Soc.*, **148**, A570 (2001).

[15] Y. Iriyama, T. Abe, M. Inaba and Z. Ogumi, *Solid State Ionics*, **135**, 95 (2000).

[16] V. Srinivasan and J. Newman, *J. Electrochem. Soc.*, **151**, A1517 (2004).

[17] A. Yamada, H. Koizumi, S. Nishimura, N. Sonoyama, R. Kanno, M. Yonemura, T. Takamura and Y. Kobayashi, *Nature Mater.*, **5**, 357 (2006).

[18] L. Laffont, C. Delacourt, P. Gibot, M. Y. Wu, P. Kooyman, C. Masquielier and J. M. Tarascon, *Chem. Mater.*, **18**, 5520 (2006).

[19] K. Mizushima, P. C. Jones, P. J. Wiseman and J. B. Goodenough, *Mat.*

Res. Bull., **15**, 783 (1980).

[20] K. Y. Chung, W.-S. Yoon, J. McBreen, X.-Q. Yang, S. H. Oh, W. H. Ryu, J. L. Lee, w. I. Cho and B. W. Cho, *J. Power Sources,* **163**, 185 (2006).

[21] Y. Iriyama, H. Kurita, I. Yamada, T. Abe and Z. Ogumi, *J. Power Sources,* **137**, 111 (2004).

[22] H. Kobayashi, S. Emura, Y. Arachi and K. Tatsumi, *J. Power Sources,* **174**, 774 (2007).

[23] P. Kalyani and N. kalaisevi, *Sci. Tech. Adv. Mater.,* **6**, 689 (2005).

[24] C. Delmas and I. Saadoune, *Solid State Ionics,* **53-56**, 370 (1992).

[25] I. Saadoune and C. Delmas, *J. Solid State Chem.,* **136**, 8 (1998).

[26] T. Ohzuku and Y. Makimura, *Chem. Lett.,* **30**, 744 (2001).

[27] Z. H. Lu, Z. H. Chen and J. R. Dahn, *Chem. Mater.,* **15**, 3214 (2003).

[28] T. Ohzuku and Y. Makimura, *Chem. Lett.,* **30**, 642 (2001).

[29] T. Ohzuku and R. J. Brodd, *J. Power Sources,* **174**, 449 (2007).

[30] H. Kobayashi, H. Sakaebe, H. Kageyama, K. Tatsumi, Y. Arachi and T. Kamiyama, *J. Mater. Chem.,* **13**, 590 (2003).

[31] H. Kobayashi, Y. Arachi, H. Kageyama and K. Tatsumi, *J. Mater. Chem.,* **14**, 40 (2004).

[32] N. Yabuuchi and T. Ohzuku, *J. Power Sources,* **119-121**, 171 (2003).

[33] Y. Koyama, Y. Makimura, I. Tanaka, H. Adachi and T. Ohzuku, *J. Electrochem. Soc.,* **151**, A1499 (2004).

[34] J. Choi and A. Manthiram, *Electrochem. Solid-State Lett.,* **8**, C102 (2005).

[35] T. Ohzuku, M. Kitakawa and T. Hirai, *J. Electrochem. Soc.,* **137**, 769 (1990).

[36] C. Sigala, D. Guyomard, A. Verbaere, Y. Piffard and M. Tournoux, *Solid State Ionics,* **81**, 167 (1995).

[37] (a) K. Amine, H. Tsukamoto, H. Yasuda and Y. Fujita, *J. Power Sources,* **68**, 604 (1997). (b) Y. Ein-Eil, W. F. Howard, H. L. Sharon, S. Mukerjee, J. McBreen, J. T. Vaughey and M. Thackeray, *J. Electrochem. Soc.,* **145**, 1238 (1998).

[38] Q. Zhong, A. Bonakdarpour, M. Zhang, Y. Gao and J. R. Dahn, *J.*

Electrochem. Soc., **144**, 205 (1997).
[39] G. T. Fey, C. Lu and T. Kumar, *J. Power Sources,* **115**, 332 (2003).
[40] (a) S. T. Myung, S. Komaba, N. Kumagai, H. Yashiro, H. T. Chung and T. H. Cho, *Electrochim. Acta.,* **47**, 2543 (2002). (b) K. Kanamura, W. Hoshikawa, T. Umegaki, *J. Electrochem. Soc.,* **149**, A339 (2002).
[41] G. Blasse, *Philips Res. Rep. Suppl.,* **3**, 1 (1964).
[42] G. T. K. Fey, W. Li and J. R. Dahn, *J. Electrochem. Soc.,* **141**, 2279 (1994).
[43] G. T. K. Fey and D. L. Huang, *Electrochim. Acta.,* **45**, 295 (1999).
[44] A. K. Padhi, W. B. Archibald, K. S. Nanjundaswamy and J. B. Goodenough, *J. Solid State Chem.,* **128**, 267 (1997).
[45] (a) A. K. Padhi, K. S. Nanjundaswamy, C. Masquelier, S. Okada and J. B. Goodenough, *J. Electrochem. Soc.,* **144**, 1188 (1997). (b) A. K. Padhi, K. S. Nanjundaswamy and J. B. Goodenough, *J. Electrochem. Soc.,* **144**, 2279 (1997).
[46] K. Amine, H. Yasuda and M. Yamaji, *Electrochem. Solid-State Lett.,* **3**, 178 (2000).
[47] S. Y. Chung, J. T. Bloking and Y. M. Chiang, *Nature Mater.*, **2**, 123 (2002).
[48] A. K. Padhi, K. S. Nanjundaswamy and J. B. Goodenough, *J. Electrochem. Soc.,* **144**, 1188 (1997).
[49] G. H. Li, H. Azuma and M. Tohda, *Electrochem. Solid-State Lett.,* **5**, A135 (2002).
[50] S. Okada, S. Sawa, M. Egashira, J. Yamaki, M. Tabuchi, H. Kageyama, T. Konishi and A. Yoshino, *J. Power Sources,* **97-98**, 430 (2001).
[51] M. Nakayama, S. Goto, Y. Uchimoto, M. Wakihara, Y. Kitajima, T. Miyanaka and I. Watanabe, *J. Phys. Chem. B,* **109**, 11197 (2005).
[52] F. Zhou, M. Cococcioni, C. A. Marianetti, D. Morgan and G. Ceder, *Phys. Rev. B,* **70**, 235121 (2004).
[53] A. Manthiram and J. B. Goodenough, *J. Power Sources,* **26**, 403 (1989).
[54] K. S. Nanjundaswamy, A. K. Padhi, J. B. Goodenough, S. Okada, H. Ohtsuka, H. Arai and J. Yamaki, *Solid State Ionics,* **92**, 1 (1996).

[55] A. K. Padhi, K. S. Nanjundaswamy, C. Masquelier and J. B. Goodenough, *J. Electrochem. Soc.,* **144**, 2581 (1997).

[56] A. Nyten, A. Abouimrane, M. Armand, T. Gustafsson and J. O. Thomas, *J. Mater. Chem.,* **16**, 2266 (2006).

제 6 장

음 극

전지의 음극은 방전 전위가 낮을수록 바람직하며, 현재 시판되고 있는 리튬이온전지에 사용되고 있는 탄소 음극의 방전 전위는 표준 수소 전극 전위에 대해 약 -3V로 매우 낮은 방전 전위를 가진다. 양극 재료의 방전 전위는 수용액계 이차전지에 사용되는 양극 재료의 방전 전위와 큰 차이가 없으며, 고전압, 고에너지밀도 등의 리튬이온 전지가 가지는 큰 장점은 탄소 음극에 의한 것이라고 해도 과언이 아니다.

이 장에서는 시판되는 리튬이온 전지에 사용되고 있는 흑연 음극은 물론이고 그 외에도 여러 가지 탄소 음극의 특성 및 충방전 기구를 소개하며, 아울러 충방전 특성에 큰 영향을 주는 표면 부동태 피막, 탄소내의 리튬 이온 확산 거동에 관하여 설명한다. 또한, 고용량 및 고내구성을 겨냥한 미래의 음극으로 기대하고 있는 리튬금속 음극, 리튬합금 음극, 산화물 음극, 질화물 음극의 특성과 이러한 재료들이 극복해야 할 과제에 관해 개략적으로 설명한다.

6.1 탄소재료와 음극특성

6.1.1 탄소재료

전지의 음극 물질로는 방전 전위가 낮으며 단위 중량 및 단위 체적당 끄집어낼 수 있는 에너지가 큰 재료가 요구된다. 이와 같은 관점에서 보면 리튬금속은 환원 전위가 매우 낮고(표준 수소 전극에 대해 -3.045V) 중량 및 체적에 대한 비용량(specific capacity)이 커서(각각 3860mAh/g, 2062mAh/cm^3) 음극 재료로써 매우 좋은 특성을 가지고 있으며, 이미 일차전지의 음극 재료로써 실용화되어 있다. 그렇지만 리튬금속을 이차전지의 음극재료로 사용할 경우, 3.5절에서 설명한 것과 같이 충전(석출) 과정에서 수지상(樹枝狀)으로 리튬이 석출되는데 이것이 성장하여 격막을 뚫고 나가 양극에 접촉하여 단락의 원인이 되기도 하며, 방전(용해) 과정에서는 리튬의 탈락에 의해 고립 리튬이 생성되어 사이클 특성이 저하되는 등의 문제점이 있어 현재까지 실용화되지 못하고 있다. 이런 이유로, 현재 시판되고 있는 리튬이온 전지에서는 리튬금속 대신 탄소 재료가 음극으로 이용되고 있고, 리튬 이온의 흡장·방출 반응이 음극 반응으로 이용되고 있다.

$$\mathrm{C} + x\mathrm{Li}^+ + xe^- \underset{\text{방전}}{\overset{\text{충전}}{\rightleftarrows}} \mathrm{Li_xC}$$

탄소 재료는 리튬금속과 비교하여 비용량은 작지만(흑연의 경우, 372mAh/g, 855 mAh/cm^3) 리튬금속에 필적하는 낮은 전위에서(0.07~0.23V) 충방전 반응이 진행되며, 아울러 뛰어난 사이클 특성을 나타낸다.

탄소에는 전형적으로 sp^3 구조의 탄소인 다이아몬드와 sp^2 구조를 가지는 흑연의 두 종류가 있지만, 리튬이온 이차전지의 음극으로써 이용되고 있는 것은 후자의 흑연 또는 흑연의 유사체(저결정성 탄소, 탄소 나노튜브, 플라렌 등) 이다.

흑연은 sp^2 혼성궤도를 가지는 탄소가 규칙 바르게 배열되어 평면을 구성하고, 이러한 평면이 적층된 결정이다. 흑연의 결정 구조를 그림 6.1에 나타낸다. 혼성궤도에 의해 공유결합이 평면상으로 펼쳐져 육각형 모양의 눈을 가지는 그라펜 시트(graphene sheet)를 형성한다. 흑연은 그라펜 시트가 판데르발스 힘에 의해 적층된 전형적인 층상 화합물이다. 일반적으로 흑연은 그림 6.1에 나타낸 것과 같이 기저면(basal plane)이 ABABAB....의 순서로 적층된 육방정계에(공간군 : $P6_3/mmc$) 속하는 결정 구조를 가진다. 기저면내의 격자상수 a_0와 적층방향의 격자상수 c_0는 실온에서 각각, a_0 = 2.4614Å, c_0 = 6.708Å이고, 기저면내의 C–C 원자간 거리는 1.421Å, 기저면의 층간 거리는 3.354Å 이다.

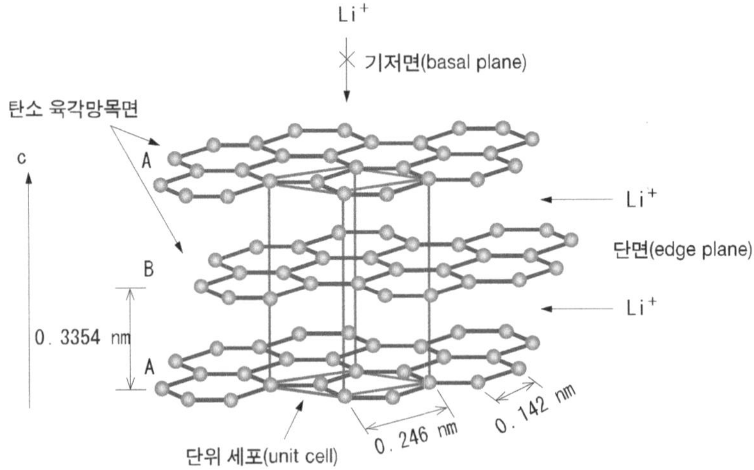

그림 6.1 흑연의 결정구조

흑연은 천연적으로 얻어지지만 열분해 탄소를 3000℃ 이상에서 열처리하여 인공적으로 제조하는 것도 가능하다. 구조적으로는 단결정이 얻어지는 경우도 있지만, 일반적으로는 결정자의 크기가 서브 ㎛ 에서 수 ㎛ 정도인 다결정체 흑연이 얻어진다. 이와 같은 흑연은 기저면내 및 적층방향으로의 결정자 크기인 L_a 및 L_c와 층간거리 d_{002}를 이용하여 평가한다. 실제로 얻어지는 대부분의 흑연은 결정자에 불완전성이 크게 존재하며, 그라펜 시트가 무질서하게 적층된 「난층구조 (turbostratic disorder)」 라고 불리는 부분을 가지는 것이 보통이다.

인조흑연 외에도 카본블랙, 활성탄, 탄소섬유, 코크스, 유기전구체를 불활성 분위기 중에서 열처리하여 합성한 탄소 등 다종다양의 탄소 재료가 제조되고 있다. 열처리 온도가 충분하지 않아 흑연화가 진행하지 않은 탄소 재료는 비정질에 유래하는 X선회절 패턴을 나타낸다. 그러나 X선회절로는 동일하게 보이는 비정질 탄소도, 고온에서 열처리하는 것에 의해 흑연화 되는 탄소와 흑연화 되지 않는 탄소로 분류할 수 있다. 흑연화 되는 탄소를 이흑연화성 탄소(易黑煙化性 炭素, soft carbon), 흑연화 되지 않는 탄소를 난흑연화성 탄소(難黑煙化性 炭素, hard carbon) 라고 부른다. 각각의 탄소에 대한 모식도를 그림 6.2에 나타낸다. 이흑연화성 탄소에서는 미소 결정자가 거의 같은 방향으로 배열되어있기 때문에, 열처리 과정 동안 탄소가 근거리를 확산하는 것에 의해 흑연화가 진행한다. 한편, 난흑연화성 탄소에서는 결정자가 매우 무질서한 구조를 취하고 있기 때문에, 고온에서 열처리 하여도 흑연화는 진행하지 않는다.

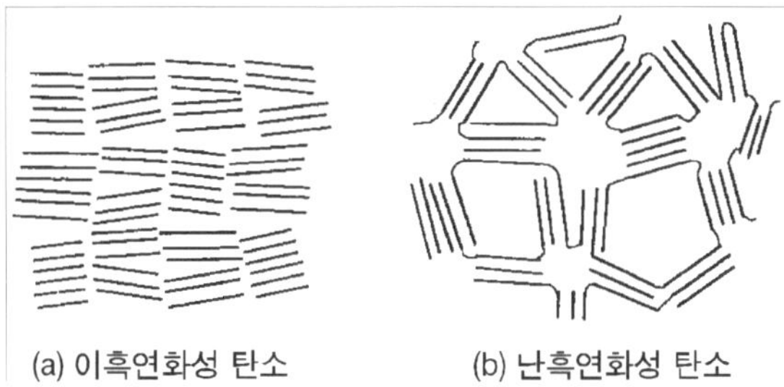

그림 6.2 이흑연화성 탄소와 난흑연화성 탄소의 구조 모델

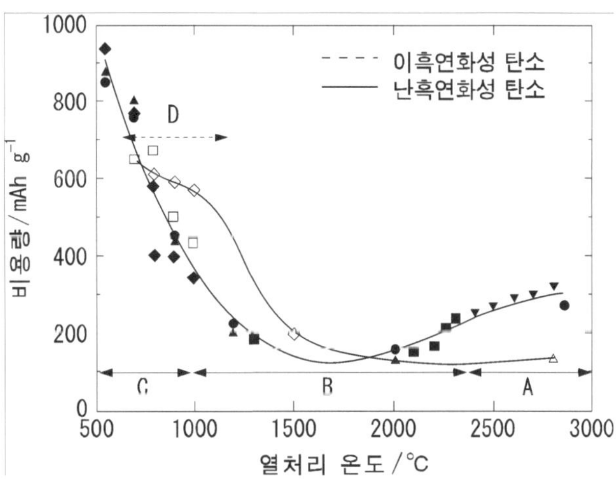

그림 6.3 이흑연화성 탄소와 난흑연화성 탄소의 소성 온도와 가역 용량의 비교
[출전 : 참고문헌 1), The American Association for the Advancement of Science 의 허가를 얻어 게재함. 영역 A~D는 저자가 가필함.]

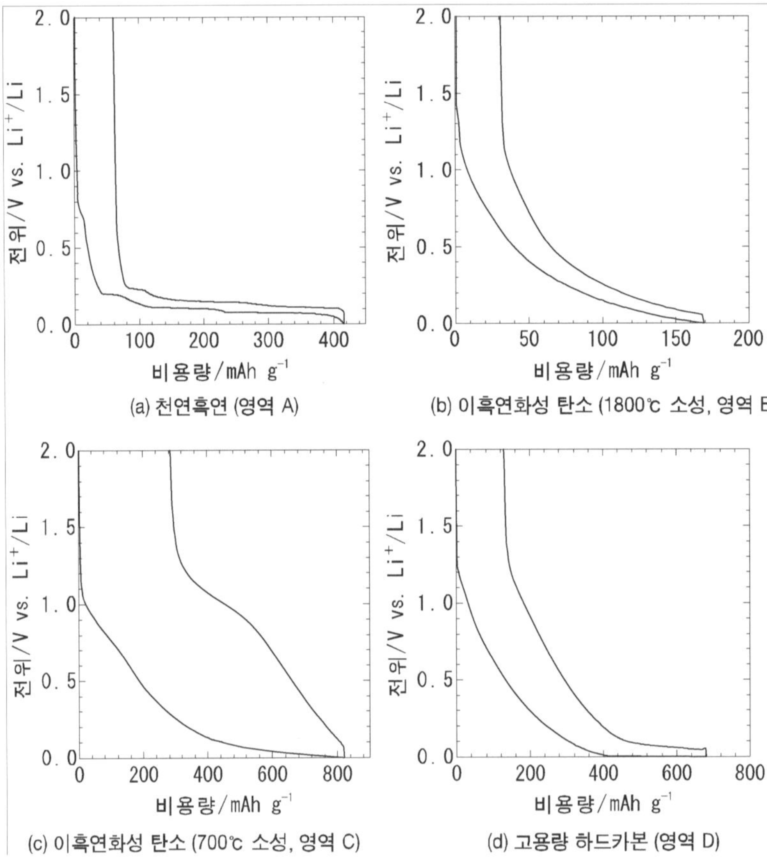

그림 6.4 대표적인 4영역에서의 탄소재료 충방전 특성
전해액 : 1 M $LiClO_4$/EC+DEC (1:1)

탄소 재료의 음극 특성은 결정성, 배향성, 형상 등의 구조인자에 의해 크게 영향을 받는 것으로 알려져 있으며, 음극 특성을 체계적으로 이해하기 위해서는 이흑연화성 탄소와 난흑연화성 탄소를 서로 나누어서 생각하는 것이 좋다. 그림 6.3에 Dahn 그룹에 의해 규명된 이흑연화성 탄소와 난흑연화성 탄소에 있어서의 소성 온도와 가역 용량과의 관계를 나타낸다[1]. 용량이 큰 음극 재료로서 유용하다고 생각되는 탄소 재료는, 그림 6.3에 나타낸 이흑연화성 탄소의 세 군데 영역 (A, B, C) 및 1000℃ 부근에서 소성한 난흑연화성 탄소(영역 D) 이다. 이들 네 군데 영역의 탄소 재료에 대한 충방전 곡선의 예를 그림 6.4에 나타낸다. 그림에서 알 수 있듯이, 탄소 재료는 어느 영역에 속하는지에 따라 단지 가역 용량이 다른 것뿐만 아니라, 각각 특징적인 충방전 특성을 나타낸다.

이흑연화성 탄소를 2400℃ 이상에서 소성하여 고도로 흑연화시킨 재료는 300~370mAh/g의 가역용량을 가진다(흑연, 영역 A). 소성 온도가 보다 낮아짐에 따라 가역용량은 일단 감소하여 1800~2000℃ 부근에서 최소값을 나타낸 후, 온도의 저하와 함께 용량은 다시 증가한다(탄화물, 영역 B). 또한, 1000℃ 이하에서 소성하여 얻어지는 저온소성 탄소에서는(미탄화물, 영역 C) 소성 온도가 저하함에 따라 가역용량이 급격하게 증가하여 500~1000mAh/g라는 큰 값을 가진다.

한편, 난흑연화성 탄소는 이흑연화성 탄소와 비교하여 일반적으로 가역용량이 작지만, 1000℃ 부근의 한정된 온도 영역에서 소성된 일부 난흑연화성 탄소는(영역 D) 400~700mAh/g의 큰 가역용량을 가지는 것이 알려져 있다. 이후의 설명에서는 탄소 재료의 음극 특성을 체계적으로 이해하기 위해, 앞서 언급한 네 가지 영역의 탄소에 대한 충방전 특성 및 각 탄소에 있어서의 리튬 삽입·탈리 기구에 관하여 언급하도록 한다[2,3,4].

6.1.2 흑연의 음극 특성

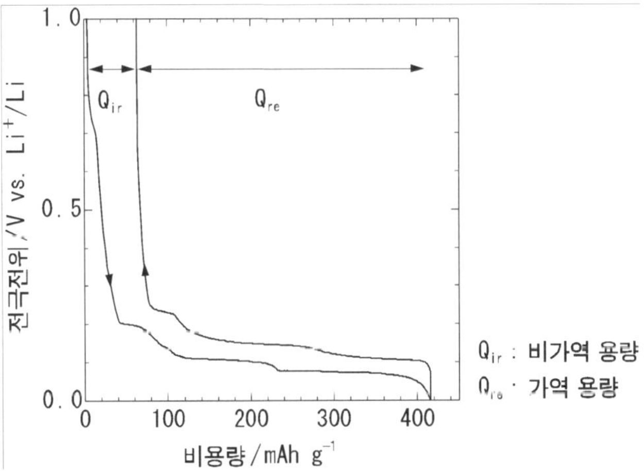

그림 6.5 천연흑연 분말의 충방전 곡선

영역 A에 속하는 흑연의 일예로 천연흑연 분말의 충방전 곡선을 그림 6.5에 나타낸다. 흑연 음극으로의 리튬 이온 삽입은 리튬 전극에 대해 0.25V 이하의 전위 영역에서 진행하고, 충방전 곡선 상에 여러 개의 전위평탄 영역을 수반하면서 300~370mAh/g의 가역용량(Q_{re})을 나타낸다. 한편으로는 1회의 충방전 사이클에 있어서, 충전에 사용된 전기량 중 방전을 통해 끄집어낼 수 없는 비가역용량(Q_{ir})

이라고 불리는 용량이 존재한다. 이러한 비가역용량의 원인에 관해서는 나중에 설명하도록 한다. 흑연 음극은 2회의 사이클 이후에 높은 가역성과 함께 우수한 사이클 특성을 나타낸다. 낮은 전위에서 방전을 하고 그때의 전위가 평탄하다는 특성과 더불어 우수한 사이클 특성을 나타내기 때문에, 현재 시판되고 있는 소형 리튬이온전지의 대부분은 영역 A의 흑연을 음극 재료로 이용하고 있다.

흑연으로의 리튬 이온 삽입 반응은 X선회절과 Raman 분광법에 의해 상세하게 조사되어 있고, 리튬-흑연 층간화합물(Lithium-Graphite Intercalation Compound, Li-GIC)을 형성함으로 인해 리튬이온이 흑연 층의 사이에 흡장된다는 사실이 알려져 있다. 흑연 층간화합물이란 문자 그대로 흑연 층의 사이에 이종원자나 분자가 전하이동을 수반하며 삽입된 화합물로, 삽입된 정도에 따라 여러 종류의 stage 구조를 가지는 것이 특징적이다.

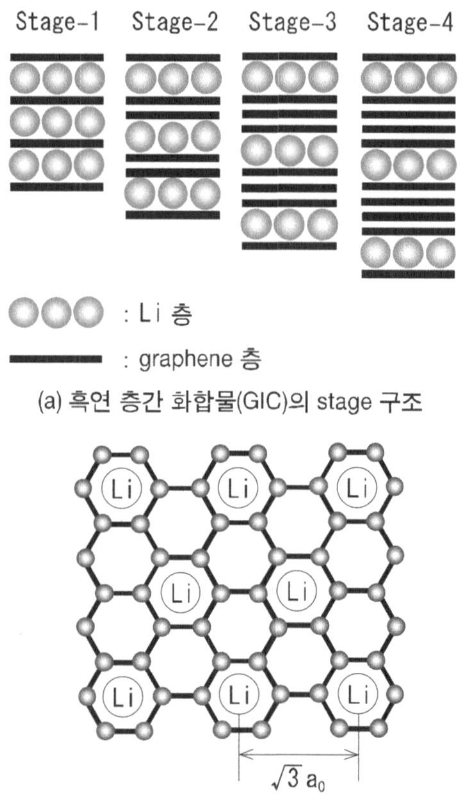

(a) 흑연 층간 화합물(GIC)의 stage 구조

(b) Stage 1 Li-GIC의 면내 초격자 구조

그림 6.6 흑연 층간 화합물(GIC)의 stage 구조와 stage 1 Li-GIC의 면내 초격자 구조

그림 6.6에 나타낸 것과 같이, stage 구조는 삽입된 물질에 의해 형성된 두 개의 층 사이에 존재하는 그라펜 시트의 수로 정의되는 stage 수 n을 이용하여 표기한다. 리튬이 흑연과 층간화합물을 형성하는 것은 예전부터 알려져 있는 현상으로, 기상 합성된 Li-GIC에서는 stage-1에서 stage-4까지의 GIC를 형성한다. GIC의 또 한 가지 특징은 흑연의 탄소원자 배열에 대해 삽입된 물질이 면의 내부에서 규칙적인 구조를 가지는 초격자(super lattice) 구조를 가진다는 것이다. 그림 6.6(b)에 stage-1의 Li-GIC에 있어서의 면 내부 구조를 나타낸다. 리튬은 면 내부에서 $\sqrt{3}\times\sqrt{3}$ 구조로 불리는 초격자 구조를 취한다.

충방전 과정에서의 체적변화에는 이방성이 있고 stage-1까지 리튬을 삽입시키면 축 방향으로 10% 정도의 팽창이 일어난다. 흑연의 충전(전기화학적 리튬 삽입)에 수반되어, stage-4에서 stage-1까지의 Li-GIC가 나타나지만, 실온 부근에서는 각 stage 수의 화학양론 조성에서의 리튬 고용영역이 좁으며, 이렇게 매우 좁은 조성범위를 제외하고는 서로 다른 2개의 상(stage)이 공존하는 2상공존 상태를 취한다. 2상공존 영역에서는 각 상(stage)의 리튬이온 농도가 고정되며 충방전 심도에 따라 각 상의 비율이 변한다. 따라서 전위는 일정한 값으로 결정이 되고, 그림 6.5에 나타낸 것과 같이 충방전 곡선 상에 3개의 전위평탄 영역이 나타난다. 각 전위평탄 영역에서는 다음과 같이 stage 구조가 변하고 있다고 생각되어지고 있다.

random stage	↔	stage-4 (약 210 mV)
stage-2L	↔	stage-2 (약 120 mV)
stage-2	↔	stage-4 (약 90 mV)

여기서 random stage는 리튬이온이 모든 층의 사이에 무작위로 삽입된 상(dilute stage-1이라고 불리기도 한다)을 의미하고, stage-2L이란 흑연 층 사이에서 면 내부의 리튬 이온의 배치가 액체와 같이 무질서한 상태의 stage-2구조(liquid-like stage-2)를 의미한다. 최종적으로는 흑연 음극에 최대 LiC_6의 조성으로 표시되는 stage-1까지 리튬을 삽입시킬 수 있으며, 이것을 비용량으로 환산하면 흑연의 이론용량 372mAh/g이 얻어진다.

6.1.3 저결정성 이흑연화성 탄소의 음극 특성

그림 6.3에 나타낸 것과 같이 2500℃ 이상에서 소성한 이흑연화성 탄소는 충분하게 흑연화가 진행되어 300mAh/g 이상의 비교적 큰 비용량을 가지지만, 소성 온도가 낮아짐에 따라 가역 용량도 작아져 1800~2000℃에서 일단 최소값을 나타낸 후에, 소성 온도가 더욱 낮아지면 거꾸로 가역 용량이 커지는 것이 관찰된다. 소성 온도는 가역 용량에 영향을 줄뿐만 아니라 충방전 곡선의 형상에도 영향을 미친다. 예를 들면, 그림 6.4(b)에 나타낸 1800℃에서 소성된 이흑연화성 탄소의 충방전 곡선에는 전위평탄 영역이 관찰되지 않고, 리튬 삽입・탈리와 함께 전위가 단조롭게 변한다. 충분히 흑연화되지 않은 탄소는 그 구조 중에 앞서 설명한 난층구조 및 적층구조가 충분히 발달되지 않은 미조직화 탄소(unorganized carbon)를 함유하고 있다. 이흑연화성 탄소에서는 2000℃에서의 소성으로 미조직화 부분이 소실되고, 그 이상의 온도에서 난층구조가 서서히 제거되며 흑연화가 진행된다. 그러므로 소성 온도에 따라 미조직화 탄소의 비율이 변하게 된다. 영역 B의 탄소에 대해 탄소 중에 포함되는 불완전성 부분의 비율을 구조인자화하고, 탄소의 구조인자를 이용하여 가역용량(x_{max})을 잘 표현할 수 있다는 것이 보고되어 있다.

$$x_{\max} = g\{(1-P)1 + Px_r\} + (1-g)x_u$$

여기서 g, P, x_r, x_u는 각각 조직화 탄소(흑연구조+난층구조)의 비율, 난층구조의 존재 비율, 난층구조를 가지는 부분의 가역용량, 미조직화 부분의 가역용량을 나타낸다.

실측된 값과의 비교를 통해 $x_r = 0.3, x_u = 0.9$ 정도의 값인 것이 구해져 있다. 그림 6.1에 나타낸 것과 같이 일반적인 흑연에서는 기저면이 ABAB...의 순서로 적층(stacking)되어 있지만, stage-1까지 리튬 이온이 삽입되면 이러한 적층구조가 AAAA...로 변한다. 그러나 난층구조를 가지는 부분에서는 일그러짐에 의한 핀닝효과(pinning effect)에 의해, stage-1의 AAAA... 적층으로의 변화가 일어나기 어렵게 된다. 때문에 난층구조를 가지는 부분에 삽입되는 리튬 이온의 양이 적어진다($x_r = 0.3$). 한편, 미조직화 탄소 부분에서는 리튬 이온이 삽입되는 공간이 크기 때문에 많은 양의 리튬 이온 삽입이 가능하다($x_u = 0.9$)고 생각되어지고 있다.

2000℃ 이하에서 소성한 경우에는, 미조직화 탄소 부분의 비율이 증가하여 명확한 stage 구조를 가진 GIC를 형성하지 않는다. 때문에 충방전 곡선 상에 전위평탄 영역이 나타나지 않고 전위가 단조롭게 변한다.

1000℃ 미만의 저온에서 열처리된 이흑연화성 탄소(그림 6.3의 영역 C에 해당)는 400~900mAh/g의 매우 큰 가역용량을 나타낸다. 예를 들면, 700℃에서 소성한 이흑연화성 탄소의 충방전 곡선[그림 6.4(c)]에 나타냈듯이 초기 충방전 사이클에서는 큰 비가역용량이 나타나지만 약 500mAh/g이라는 큰 방전용량을 얻을 수 있는 것을 알 수 있다. 한편, 이 영역에 포함되는 탄소의 충방전 곡선은 큰 히스테리시스를 나타내는 것이 특징적인데, 리튬 이온의 삽입 반응이 0V 부근에서 진행하는 것에 비해 탈리 반응은 약 1V 부근에서 일어난다. 이렇게 영역 C에 속하는 탄소는 고용량 음극으로서 기대되어 1990년대 중반에 활발하게 연구되었는데, 진밀도가 1.5g/cm^{3}로 작다는 것, 초기 쿨롱 효율이 50~70%로 낮다는 것, 사이클 열화가 크다는 것, 또한 히스테리시스가 커서 충방전 과정에서 큰 에너지 손실을 초래하는 것 등의 과제가 있어서 아직 실용화에 이르지 못하고 있다.

영역 C에 속하는 이흑연화성 탄소의 가역용량은 흑연의 이론용량 372mAh/g을 크게 넘어서며, 흑연과는 다른 기구로 리튬 이온이 흡장된다고 생각되어지고 있다. 앞에서 설명했듯이 충방전 곡선 상에 큰 히스테리시스를 가지는 것이 영역 C에 속하는 탄소의 특징이다. 이와 같은 사실은 이 영역에 속하는 탄소의 리튬 흡장 반응이 흑연 층 사이로의 단순한 리튬 이온의 삽입 반응이 아니라, 그림 6.7에 나타낸 것과 같이 리튬 이온의 삽입 후에 큰 활성화 에너지를 필요로 하는 후속 반응(또는 어떤 특정 사이트로의 이동)을 수반한다는 것을 나타내고 있다[5].

지금까지 영역 C에 속하는 이흑연화성 탄소의 리튬 흡장 기구로써 다음과 같은 모델이 제안되어 있다.

① LiC_2 모델

이온성 리튬 및 분자성 리튬이 탄소층 사이에 LiC_2의 배열을 취하며 고밀도로 흡장되는 모델이다. 그러나 층 사이에 LiC_2까지 삽입된다는 생각은 전자론적으로 무리가 있다고 여겨진다.

② 캐비티(cavity) 모델

1000℃ 미만에서 소성된 구상의 피치계 탄소(Meso Carbon Micro Beads, MCMB)의 단위체적당 공극량(Cavity Index)과 방전용량 사이의 상호 관련성이 높다는 것으로부터 제안된 모델로 탄소 중에 존재하는 공극에 리튬이

흡장된다고 생각하는 모델이다.

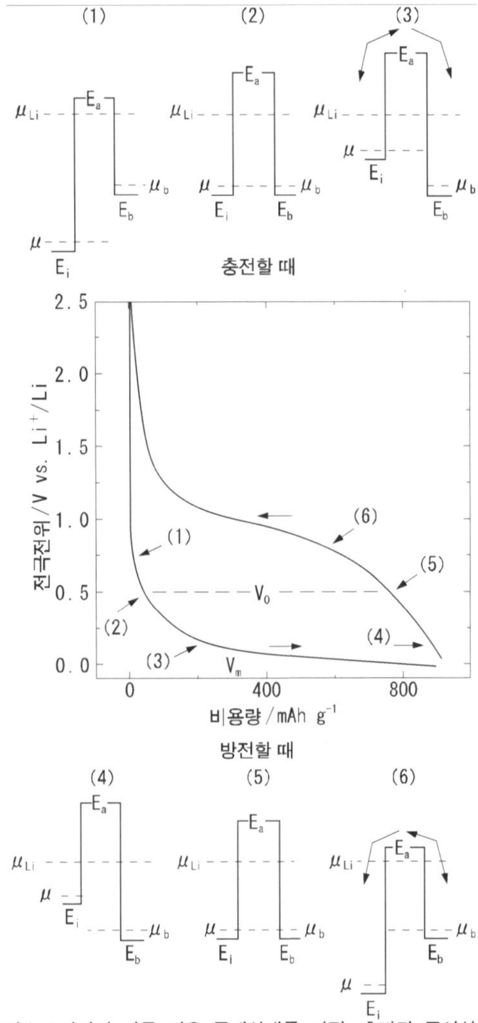

삽입 장소와 결합 장소 2가지의 리튬 이온 존재상태를 가정. 충방전 곡선상의 (1)~(6)은 각각 에너지 상태 (1)~(6)에 대응한다. *Ei* : 삽입 장소의 에너지, *Eb* : 결합 장소의 에너지, *Ea* : 활성화 에너지, μ : 삽입 장소에서의 리튬 이온의 전기화학 포텐셜, μb : 결합 장소에서의 리튬 이온의 전기화학 포텐셜, μLi : 금속 리튬 전극 중의 리튬 이온의 전기화학 포텐셜

그림 6.7 저온 소성 이흑연화성 탄소의 충방전 곡선과 그에 대응하는 에너지 상태 모델

[출전 : 참고문헌 5), The Electrochemical Society, Inc.의 허가를 얻어 게재]

③ 방향환-리튬이온 착체 모델

적외선분광법에 의한 해석 결과로부터 제안된 모델로 이온성이 높은 리튬이 방향환상에 수납되어 가역적으로 흡장·방출하기 때문에 고용량이 발현된다

고 하는 모델이다.

④ 수소 말단과의 화학반응에 의한 모델

1000℃ 미만의 저온에서 소성한 탄소에는 상당량의 수소가 함유되어 있다. 이러한 잔류 수소량(H/C 비율)과 리튬 이온의 흡장용량이 비례하는 것으로부터 수소가 결합된 탄소에 리튬이 부가된다고 생각하는 모델이다.

이처럼 영역 C에 속하는 탄소의 리튬 흡장기구에 대해서 많은 모델이 제안되어 있지만 어느 모델이 흡장기구를 가장 잘 표현하고 있는지에 관해서는 결론이 나와 있지 않다.

6.1.4 난흑연화성 탄소의 음극 특성

그림 6.2에 나타낸 것과 같이 난흑연화성 탄소는 비정질에 가깝고 결정자가 작으며 적층된 층의 수가 몇 개 되지 않는다. 또한, 층간거리(d_{002})도 0.37nm 이상으로 흑연과 비교하여 넓다. 일반적으로 난흑연화성 탄소의 가역용량은 흑연보다 상당히 작지만, 특정 종류의 유기전구체를 100℃ 부근의 좁은 온도 영역에서 소성하여 얻어지는 난흑연화성 탄소는 특이하게도 500~700mAh/g 정도의 큰 가역용량을 나타낸다(그림 6.3의 영역 D).

그림 6.4(d)에 나타냈듯이 이와 같은 고용량 난흑연화성 탄소에서는 리튬 삽입 및 탈리의 상당한 부분이 리튬금속의 석출전위인 0V와 매우 가까운 전위에서 진행한다. 또한, 충방전 곡선에 큰 히스테리시스는 관찰되지 않지만 초기 충방전 과정에서의 비가역용량은 크다. 1000℃ 근방에서 소성된 등방성 석유피치 소성 탄소, 푸르푸릴 알코올(furfuryl alcohol) 수지 소성 탄소, 페놀계 수지 소성 탄소 등이 이 영역에 속한다. 그 외에 설탕, 전분, 목재 등과 같이 천연에 존재하는 탄수화물의 소성품도 동일한 특성을 나타내는 것이 알려져 있다.

난흑연화성 탄소는 가역용량이 크기 때문에 고에너지밀도의 음극재료로써 기대되고 있지만, 진밀도가 작다는 것(1.5~1.7g/cm^3), 비가역용량이 크다는 것, 충전전위가 낮아서 급속 충전시에 리튬금속의 석출이 일어나기 쉽다는 것 등이 문제점으로서 남겨져 있다. 한편, 충전심도(State of Charge, SOC)가 50% 정도의 영역에서는 전위가 조성에 의존하여 변하기 때문에 전지의 SOC 상태를 검출하기 쉽다는 것, 충방전에 수반되는 체적변화(~1%)가 작다는 것, 충방전 속도 특성이 양호하다는 것 등의 장점이 있어 최근에는 고입출력의 하이브리드 자동차용 리튬이온전지의 음극으로써 기대되고 있다.

영역 D의 탄소도 영역 C의 탄소와 마찬가지로 흑연의 이론용량을 크게 능가하는 가역용량을 나타내는데, 충방전 곡선으로부터 명백하게 알 수 있듯이 두 영역의 탄소에 있어서 리튬 흡장 메커니즘은 서로 다를 것이 예상된다. 영역 D의 난흑연화성 탄소는 적층구조를 거의 가지지 않기 때문에 그라펜 시트의 양면에 리튬이 흡착되는 모델이 제안되어 있다(카드하우스 모델). 한편, ^{7}Li-NMR을 이용하여 리튬의 chemical shift를 측정하면 두 종류의 리튬이 흑연 내부에 존재하는 것을 알 수 있다. 즉, LiCl의 Li을 기준(0ppm)으로 하여 20ppm까지 shift한 이온성 리튬과 120ppm까지 shift하여 전하밀도가 낮아졌다고 생각되는 리튬이 관찰된다. 전자는 흑연층의 사이에 삽입되어 존재하는 리튬 이온이고, 후자는 영역 D의 탄소 중에 존재하는 미세한 세공에 클러스터의 형상으로 수납된 리튬으로 귀속된다고 생각되어지고 있다.

6.1.5 그 밖의 탄소재료와 음극 특성

가역용량의 증대를 목적으로 탄소 중에 탄소 이외의 이종 원자를 첨가하는 시도도 이루어지고 있다. 이러한 연구의 일예는 탄소 원자의 일부를 B, N, P 등의 원자로 치환하는 것에 의해 탄소재료의 전자적 성질을 바꾸어, 이를 통한 용량의 증가를 도모하는 것이다. 아세트니트릴과 BCl_3의 기상 열분해에 의해 합성된 BC_2N의 경우 Li_xBC_2N으로 나타내는 x가 0.58까지 리튬 이온의 삽입이 가능하다는 것이 알려져 있다. 또한, 벤젠과 BCl_3를 원료로 한 기상 열분해법에 의해 합성된 B_zC_{1-z} ($z = 0 \sim 0.17$)는 붕소의 함유량이 증가함에 따라 충방전 전위가 높아지고 용량도 증가한다. 이것은 3개의 가전자를 가진 붕소 원자로 치환하는 것에 의해 탄소재료의 전자구조가 변했기 때문으로 생각되어지고 있다. 한편, 5개의 가전자를 가진 질소 원자로 치환한 N_zC_{1-z}에서는 붕소의 치환에서와 같은 전자구조의 영향보다도 질소 원자와 리튬과의 반응성의 영향이 현저하게 나타나 질소 함유량이 증가함에 따라 비가역용량이 증가한다.

새로운 재료인 탄소 나노튜브(Carbon Nanotube, CNT)도 리튬이온전지의 음극재료로써 기대되고 있다. CNT에는 단층(Single Walled Nanotube, SWNT), 복층(Multi Walled Nanotube, MWNT)이 있는데, 두 가지 재료 모두에서 리튬 이온의 삽입·탈리반응이 진행된다. 충방전 특성은 합성법의 종류에 따라 크게 다르며, 일반적으로는 200~300mAh/g 정도의 방전 용량이 얻어지지만 500mAh/g을 넘어서는 방전 용량을 나타내는 예도 있다. 그러나 이러한 모든 경우에 있어서 비가역 용량이 매우 커서(500~2000mAh/g) 실용화하는데 있어서 커다란 장해가 되고 있다. 일반적인 CNT의 충방전 곡선은 흑연과는 달리, 커패시터와 같이 전위에 대해 직선적으로 변한다. 이것은 CNT의 리튬 이온 흡장기구가 흑연 음극과 다르다는 것을 의미하는 것으로 제일원리계산에 의한 흡장기구의 해석이 시도되고 있다.

6.1.6 전해액의 영향 및 표면피막 형성

탄소 음극으로의 전기화학적인 리튬 삽입반응은 리튬금속의 산화・환원전위에 가까운 매우 낮은 전위에서 진행한다. 때문에 높은 내환원성을 가진 전해액이 요구된다. 흑연 층의 사이에 화학적으로 리튬 이온을 삽입시킬 수 있다는 것은 오래전부터 알려져 왔으나, 전기화학적으로 리튬 이온을 흑연에 삽입시키려는 시도는 1980년대 초기부터 시작되었다. 그러나 당시에는 일차전지에 이용되었던 탄산프로필렌(Propylene Carbonate, PC)을 주성분으로 하는 전해액을 이용하였는데, 이 경우에는 그림 6.8에 나타낸 것과 같이 리튬 이온이 삽입되는 전위에 도달하기 이전인 1V 부근에서 전해액의 분해가 진행됨으로 인해 전기화학적으로 리튬 이온을 삽입・탈리시키는 것이 불가능하였다. 그런데 1980년대 후반에 탄산에틸렌(Ethylene Carbonate, EC)을 주성분으로 하는 전해액을 이용하면 전기화학적으로 리튬 이온을 흑연에 삽입시킬 수 있다는 것이 발견되었다. 이후에 리튬이온전지에서는 EC를 주성분으로 한 전해액의 이용이 일반적인 것이 되었다. EC는 융점이 낮아서 용매 단독으로는 실온에서 고체인 화합물이다. 또한, 리튬염을 용해시킨 경우에도 점도가 높기 때문에 이온전도도가 낮아서 EC 단독으로 용매로 이용하기에는 어렵다. 그래서 직쇄(直鎖) 구조를 가지는 저점도의 에테르 또는 에스테르를 혼합하여 융점 및 점도를 낮추는 동시에 전도성을 향상시켜 이용하는 것이 일반적이다.

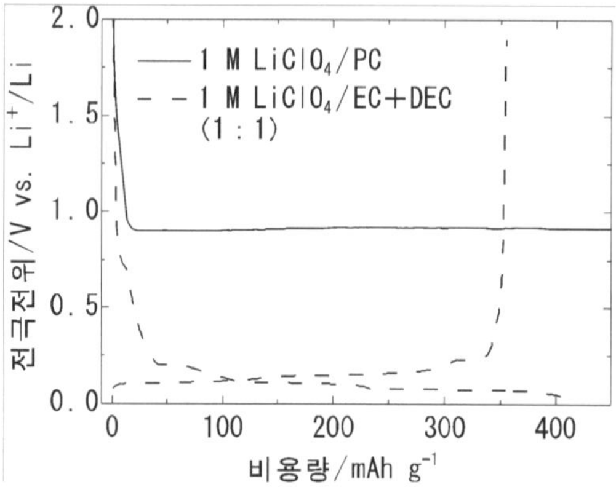

그림 6.8 PC 전해액 및 EC 전해액 중에서 흑연 전극의 충방전 거동

2000℃ 미만에서 소성한 저결정성 탄소에서는 PC계 전해액을 이용하여도 전기화학적으로 리튬 이온을 삽입 및 탈리시키는 것이 가능하고, 리튬금속도 PC계 용매 중에서 전석이 가능하다. 또한, 여러 가지의 첨가물이나 공용매(co-solvent)를 넣어 혼합용매화하는 것에 의해 PC계 전해액 중에서도 흑연에 리튬을 삽입시킬 수 있다는 것이 알려져 있다. 아울러 리튬염의 농도가 매우 높아지면 첨가물이나 공용매를 포함하지 않는 순수한 PC계 전해액 중에서도 흑연에 리튬을 삽입시킬 수 있다는 것이 보고되어 있다. 이러한 사실로부터 흑연 음극에 전기화학적으로 리튬을 삽입시킬 수 있는지 아닌지의 여부는 용매의 내환원성만으로 단순하게 결정할 수 없다는 것을 알 수 있다.

열역학적으로는 리튬 이온이 삽입되는 전위에서는 거의 모든 용매가 환원될 것이 확실하며 이것은 EC계 용매를 사용하여도 예외가 아니다. 그러나 그림 6.8에 나타냈듯이 EC를 주성분으로 하는 전해액을 이용하면 리튬 이온을 삽입시킬 수가 있다. 그 이유는 다음과 같이 설명되어지고 있다. PC계 전해액도 EC계 전해액도 초기 충방전 과정에서 1V 부근의 전위 영역에서 분해가 되는데, 분해된 전해액에 의한 흑연 표면에의 피막 생성 거동에는 두 종류의 전해액이 큰 차이를 나타낸다. PC계 전해액 중에서는 유효한 부동태 피막이 형성되지 않고 충전 전류가 용매 분해에 소비되어 그림 6.8에 나타낸 것과 같이 전극 전위가 1V 부근에서 거의 일정하게 유지된다. 그렇지만 EC계 전해액 중에서는 환원분해에 의해 흑연 표면에 유효한 부동태 피막이 형성되며, 이 피막이 계속되는 전해액의 분해를 억제한다. 이와 같은 피막의 작용으로 인해 전극 전위가 0.25V 이하까지 낮아져 리튬 이온의 삽입이 가능하게 된다.

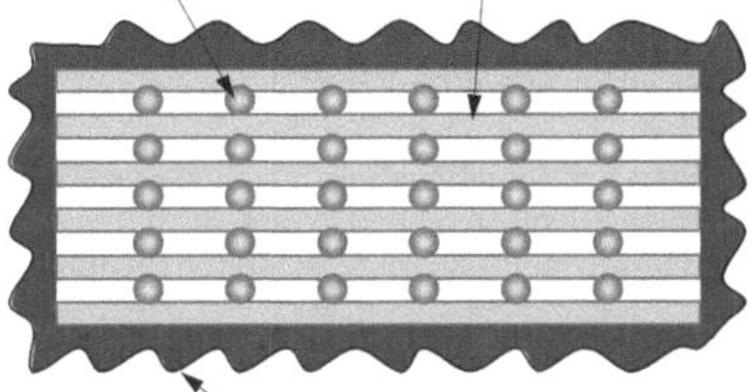

그림 6.9 흑연 전극에 생성되는 표면피막(SEI)의 개념도

그림 6.9에 흑연 음극의 표면에 생성되는 부동태 피막을 도식적으로 나타낸다. 다음 절인 6.1.7절에서 설명하고 있듯이 흑연에서의 리튬 이온 삽입·탈리 반응은 흑연의 기저면(basal plane)이 아닌 단면(edge plane)에서 진행된다. 따라서 리튬 이온이 피막을 통과하여 흑연 층의 사이에 삽입되기 위해서는 적어도 단면상에 생성된 피막은 리튬 이온 전도성을 가져야만 한다. 한편, 이 피막이 전자전도성을 가진다면 피막의 바깥쪽 표면에서 용매의 분해가 계속하여 진행하기 때문에, 안정된 충방전 반응이 진행되기 위해서는 표면피막이 전자전도성을 가지지 않을 필요가 있다. 이러한 부동태 피막은 리튬금속을 음극으로 이용하는 경우에도 생성되는 것으로 알려져 있으며 총칭하여 고체전해질계면(Solid Electrolyte Interface, SEI)으로 불리고 있다.

부동태 피막은 위에서 언급했듯이 전해액의 환원분해에 의해 생성된다. 흑연 음극을 비롯하여 대부분의 탄소 음극에서는 초기 충방전 사이클에 비가역용량이 관측되는데, 이것은 초기 충방전에 필요한 전기량의 일부가 전해액의 환원분해에 소비되기 때문이다. 이 비가역용량은 흑연의 표면상태에 크게 영향을 받는다는 것이 알려져 있다. 예를 들면, 흑연을 분쇄하여 미립자화 시키면 표면적이 증가하게 되는데 이로 인하여 피막 생성에 소비되는 전기량이 증가하기 때문에 비가역용량이 증가한다. 탄소 분말의 표면에는 다양한 작용기가 존재하며 내부와는 다른 구조를 가지는 표면층으로 덮여있는 경우가 많다. 표면 작용기의 존재는 초기 충방전 과정에서 용매와 반응을 하여 비가역용량의 원인이 된다. 또한, 표면에 결정성이 낮은 층이 존재하면 가역용량을 저하시킨다. 온화한 조건에서 산화처리한 후에 열처리하는 것에 의해 이러한 표면층을 제거하거나 작용기를 제거하여 비가역용량을 감소시킬 수가 있고, 동시에 사이클 특성도 향상되게 된다.

1990년대에 처음으로 리튬이온전지가 시판되기 시작했을 때부터 탄소 음극상에 표면피막이 형성되는 것은 추측되어 왔지만, 당시에는 피막의 조성, 형상, 형성기구에 관한 대부분을 알 수가 없었다. 그러나 현재에 이르기까지 활발한 연구에 의해 표면피막 형성과 관련된 많은 부분이 밝혀졌다.

표면피막의 조성에 관해서는 푸리에변환-적외선분광법(Fourier Transformation Infrared Spectroscopy, FT-IR), X선 광전자 분광법(X-ray Photo electron Spectroscopy, XPS), 기체 크로마토그래피-질량분석법(Gas Chromatography-Mass Spectroscopy, GC-MS) 등의 분석 수법에 의해 해석이 실시되어 왔다.

초기에는 XPS에 의한 분석 결과로부터 LiF, Li_2CO_3, Li_2O, LiOH 등으로 구성된 무기화합물의 얇은 층이 생성되며, 이것이 피막의 주성분으로 SEI의 역할을 하고 있다고 생각되어졌었다. 그러나 이와 같은 무기화합물이 충분한 리튬 이온 전도성을 가진다고 생각하는 것은 과학적으로 부자연스럽다. 한편, 적외선분광법을 이용한 표면층의 분석으로부터, 용매의 환원에 의해 리튬알킬카보네이트($ROCO_2Li$)와 리튬알콕사이드 등이 생성된다는 것이 보고되었다. 또한, GC-MS를 이용한 분석을 통해서는 피막 중에 에틸렌옥사이드($-CH_2-O-$) 단위를 가진 올리고머가 검출되었음이 보고되어 있다.

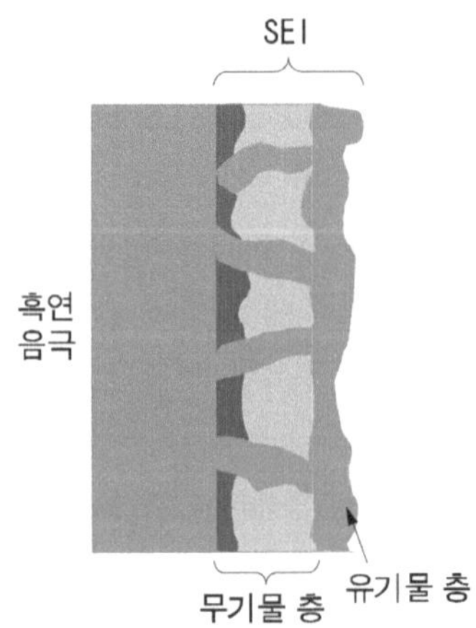

그림 6.10 흑연 음극에 생성되는 SEI의 모델

이러한 결과를 종합하여 생각하면, SEI의 형태는 그림 6.10에 나타낸 것과 같이 생각하는 것이 타당할 것이다. 즉, 전해질로부터 생성된 LiF, Li_2O, Li_2CO_3와 같은 무기화합물이 다공성의 층을 구성하고, 그러한 구멍 안에 리튬알킬카보네이트나 리튬알콕사이드가, 또는 EC의 환원분해에 의해 생성된 짧은 사슬의 폴리에틸렌옥

사이드와 같은 고분자가 메워져 있다. 유기적인 부분을 리튬 이온이 통과하여 리튬 이온의 전도성이 유지된다.

흑연 음극에서는 충전 초기에 그림 6.11에 나타낸 것과 같이 용매화된 리튬 이온이 흑연 층의 사이에 삽입되는 것이 알려져 있다. 이 현상은 Besenhard 그룹에 의해 최초로 발견되었으며 「용매 공삽입 모델(solvent co-intercalation model)」로 불리고 있다. 즉, SEI 생성에는 용매화된 리튬 이온의 삽입이 피막 형성의 초기과정으로 진행된다. 전해액 중에서 분극시킨 고배향성 열분해 흑연(Highly Oriented Pyrolytic Graphite, HOPG)의 전극 표면을 주사형 터널 현미경(Scanning Tunnelling Microscopy, STM) 또는 원자간력 현미경(Atomic Force Microscopy, AFM)으로 관찰하는 것에 의해서도 용매의 공삽입 과정에 관하여 상세하게 검토되어 있다[7].

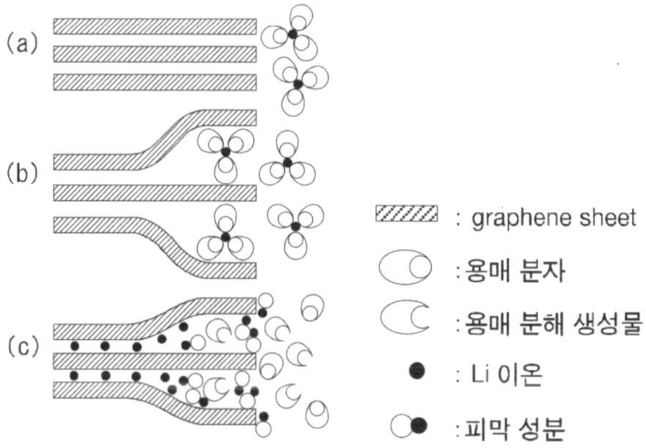

그림 6.11 표면피막 형성에 대한 용매 공삽입 모델
[출전 : 참고문헌 6), Elsevier Ltd.의 허가를 얻어 게재]

SEI 생성 과정과 관련하여 STM 및 AFM에 의한 연구 결과를 근거로 하여 제안되어 있는 모델을 그림 6.12에 나타내었다. EC계 전해액 중에서는 EC에 의해 용매화된 리튬 이온이 1.0V 부근에서부터 흑연 중에 미량 삽입된다(용매의 공삽입). 용매화된 리튬 이온의 삽입에 의해 흑연 층의 간격은 1nm 정도 넓혀진다. 전극의 전위가 더욱 낮아지면 공삽입된 EC가 환원에 의해 분해되고, 이 생성물이 흑연 내부의 단면 부근에 축적된다. 흑연 층 사이에서 EC가 분해되면 HOPG의 표면에 10nm~수십nm 높이의 융기구조(Blister)가 생성된다. 이렇게 흑연 층 사이에 생성된 분해 생성물은 일종의 SEI로서 간주할 수가 있는데, 이 부분을 용매화된 리튬 이온이 통과하려고 하면 탈용매화(de-solvation)가 일어나기 때문에, 용매가 계속해서 HOPG에 들어갈 수가 없게 되고, 결국에는 리튬 이온만이 흑연 내부에 삽입되게 된다.

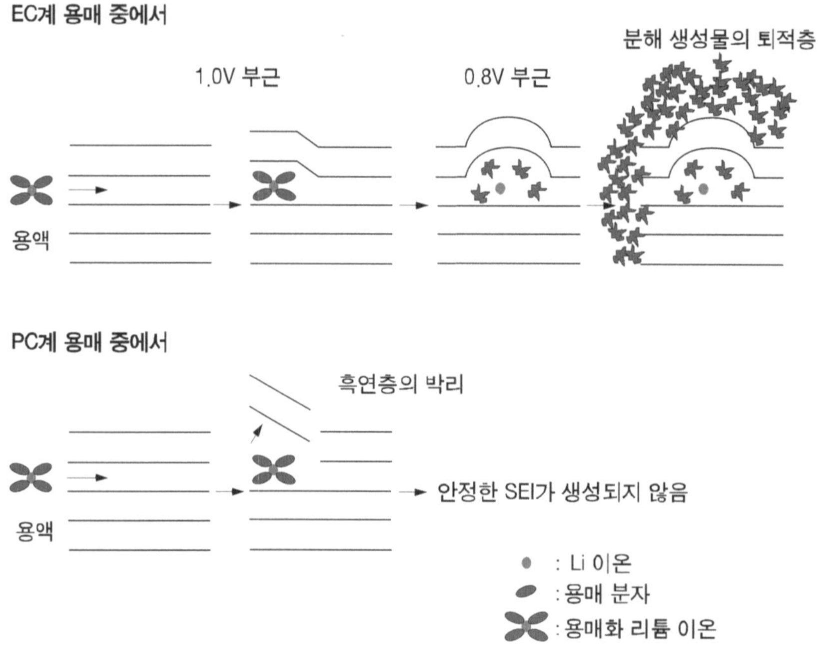

그림 6.12 EC계 용매 중에서의 피막 형성 기구 및 PC계 용매 중에서의 흑연층 박리 기구

0.8V 이하의 전위 영역에서는 흑연 표면에서 용매 분자가 직접 환원분해되어 분해 생성물이 단면과 기저면을 덮게 되어 표면피막이 형성된다. HOPG의 기저면에 생성된 표면피막의 AFM 이미지를 그림 6.13에 나타내었다[8]. AFM 이미지의 중앙 부분에 점선으로 표시된 직사각형의 부분은 AFM 탐침을 반복적으로 주사하여 분해 생성물을 물리적으로 제거한 부분을 나타낸다. 직사각형 내부에 흑연 층 사이에서 용매화된 리튬 이온이 분해되어 생성된 것으로 생각할 수 있는 융기구조가 다수 관찰된다. 또한, 직사각형 바깥쪽에는 전해질의 분해 생성물이 표면에 20~40nm 정도의 두께로 쌓여있는 모습이 관찰된다. 기저면 위에 생성된 피막은 리튬 이온의 삽입 반응에는 관여하지 않지만, 용매 분자가 직접 흑연 표면에 접촉하는 것을 막아서 계속되는 용매의 분해반응을 억제하는 역할을 하고 있다고 생각되어지고 있다.

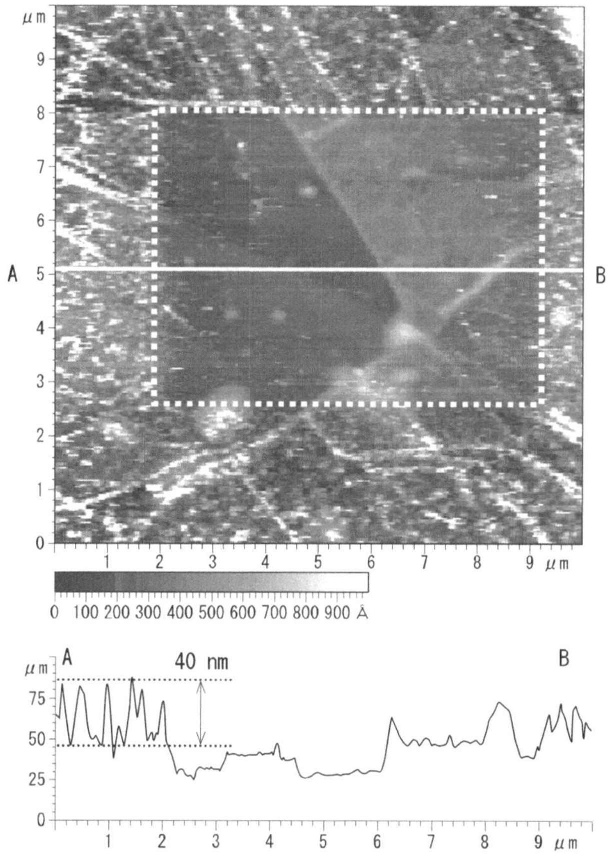

점선으로 나타낸 중앙의 장방형 부분은 반복되는 AFM 관찰 중에 AFM의 탐침에 의해 표면피막이 깎여서 제거된 부분이며 아래의 그림은 직선 AB를 따라 측정한 높이

그림 6.13 HOPG 음극의 기서면에 생성된 SEI와 in-situ AFM 이미지

[출전 : 참고문헌 8), The Electrochemical Society, Inc.의 허가를 얻어 게재]

이 상태에서 전위를 낮추어 리튬 이온을 단시간 삽입시킨 후에 다시 관찰하면 표면상태에는 변화가 보이지 않는다. 이와 같은 사실로부터 AFM 탐침으로 제거 가능한 피막은 진짜 SEI가 아니라 단지 환원분해 생성물이 침전된 층으로, 이 층의 밑에 매우 얇은 SEI 층이 존재한다고 생각할 수도 있는데 이와 관련된 상세한 것은 아직 명확하지가 않다.

장시간 동안 낮은 전위를 유지하면 표면 퇴적물은 서서히 성장하여 두꺼워진다. 특히 60℃ 정도의 고온에서는 피막 성장이 현저하게 진행되어 내부저항이 높아지는데 이것은 리튬이온전지가 열화되는 한 가지 큰 원인이 된다. 이것은 표면

퇴적물이 고온에서 용해되어 팽윤되는데 이로 인하여 용매의 차단성이 저하되기 때문으로 생각되어진다. 피막의 성장을 억제하여 고온 특성을 향상시키기 위해서는 비닐렌카보네이트(Vinylene Carbonate, VC) 등의 첨가물이 효과적이라는 것이 알려져 있다.

한편, PC계 전해액 중에서는 PC 분자로 용매화된 리튬 이온이 EC 분자로 용매화된 리튬 이온과 마찬가지로 1V 부근에서 삽입되기 시작하지만, 이러한 용매화된 리튬 이온의 삽입에 수반되어 표면층의 박리(exfoliation)가 진행된다. 왜 PC계 용매 중에서만 박리가 일어나는지에 관해서는 명확하지 않지만, 흑연 층 사이에서 용매가 분해될 때 기체가 발생하여 이것이 흑연 층 사이에 큰 뒤틀림을 유발하는 것 등이 한 가지 원인으로 생각되어진다. 이와 같은 표면층의 박리와 전해액의 분해는 계속적으로 진행하며, 이로 인하여 PC계 전해액 중에서는 효과적인 SEI가 생성되지 않아 리튬 이온이 삽입되지 않는 것이라고 생각되어진다.

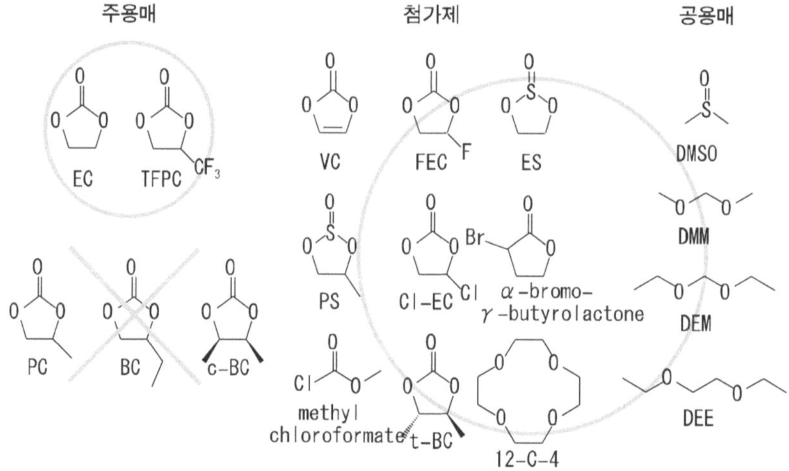

그림 6.14 흑연 음극을 PC계 전해액 중에서 충방전이 가능하도록 하는 첨가제 및 공용매

위에서 설명했듯이 EC계 용매는 SEI 형성의 관점으로부터는 우수한 용매이지만, 저온에서의 특성을 향상시키기 위해서는 융점이 낮은 PC계 용매의 사용이 바람직하다. 그림 6.14에 PC계 용매의 사용을 가능하게 하는 몇 가지 공용매와 첨가물의 예를 나타낸다. 비닐렌카보네이트(Vinylene Carbonate, VC), 플로오로에틸렌카보네이트(Fluoroethlene Carbonate, FEC), 에틸렌설파이트(Ethylene Sulfite, ES)

등의 첨가물은 1.1~1.3V(*vs.* Li^+/Li)에서 환원분해되어 효과적인 SEI를 형성하며, 흑연 층 사이로의 PC 분자 공삽입 반응(약 1V)을 억제할 수가 있다. 따라서 PC계 전해액을 이용하더라도 리튬 이온의 삽입이 가능하게 된다. 한편, 주게수(donor number)가 큰 에테르계 용매인 디메톡시메탄(Dimethoxy Methane, DMM), 디메톡시에탄(Dimethoxy Ethane, DME), 디에톡시에탄(Diethoxy Ethane, DEE), 크라운에테르(12-Crown-4)를 사용하는 경우, PC 분자를 대신하여 에테르계 용매가 리튬 이온에 선택적으로 배위함으로 인해 PC 분자의 층간 공삽입을 억제하는 효과를 가지는 것으로 생각되어지고 있다.

6.1.7 탄소 음극 중의 리튬 이온 확산

전기화학적 반응에 의해 삽입된 리튬 이온은 탄소재료 내부에서의 리튬 이온 농도구배에 따라 확산하게 되며 이를 통해 축전 반응이 진행된다. 전지 성능의 관점으로부터는 전지로부터 꺼낼 수 있는 최대의 전류값이 탄소재료 중의 리튬의 확산속도에 의존하기 때문에 탄소 중의 리튬 이온의 확산 거동을 이해하는 것은 매우 중요하다.

흑연 재료에서는 단면(edge plane)과 기저면(basal plane)이 존재하는데 이들 2개 계면에서의 반응성은 아주 다르다. 그림 6.15에 HOPG의 기저면만을 전해액에 접촉시켰을 때와, 블록 전체(기저면+단면)를 침적시켰을 때의 전위주사 곡선을 나타낸다[9]. 단면이 전해액에 접촉하는 후자의 경우에는 리튬 이온의 삽입・탈리에 수반되어 흘러가는 전류값이 기저면만이 접촉하는 경우보다도 상당히 크며, 이를 통해 흑연 음극에서의 리튬 이온의 삽입・탈리반응이 기저면에서는 진행하지 않고 단면에서만 진행하는 것을 알 수 있다. 이것으로부터 리튬 이온은 단면으로부터 삽입되어 기저면을 따라 확산하는 것이라고 생각하는 것이 타당하다. 따라서 리튬의 확산을 생각할 때에는 이와 같은 탄소재료의 이방성을 고려할 필요가 있다. 예를 들면, 탄소섬유는 제조방법에 따라 방사상(radial), 동심원상(onion), 또는 무규칙적인 단면(cross section)의 조직구조를 가지는 것이 얻어지게 되며, 충방전 용량 등의 특성에 그러한 단면의 조직구조에 의한 영향이 나타난다.

제6장 음극

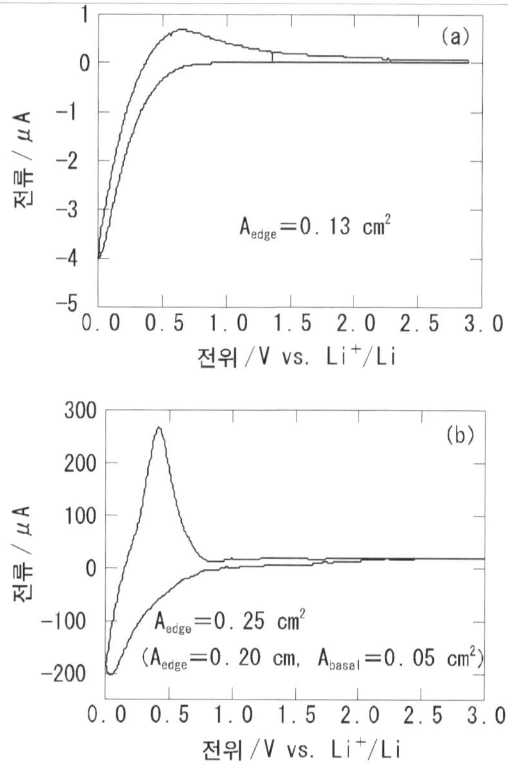

전해액 : 1 M $LiClO_4$/EC+DEC (1 : 1), 주사속도 : 0. 1 mV s^{-1}

그림 6.15 HOPG 블록의 기저면(a, 0.13cm^2) 및 전체 (b, 0.25cm^2)의 전위주사 곡선

[출전 : 참고문헌 9), Elsevier Ltd.의 허가를 얻어 게재]

탄소재료 내부에서 리튬 이온의 확산계수를 측정하는 방법에는 정전류 간헐적정법(Galavanostatic Intermittent Titration Technique, GITT), 전류펄스 완화법(Current Pulse Relaxation, CPR), 포텐셜 스텝법(Potential Step Chronoamperometry, PSCA), 전기화학적 교류 임피던스법(Electrochemical Alternative Current Impedance Spectroscopy, EIS) 등이 이용되고 있다. 다양한 방법에 의해 구해진 탄소 중의 리튬 이온 화학확산계수를 표 6.1에 나타낸다.

표 6.1 탄소 내부에서의 리튬 이온의 확산계수

시 료	시료조성 (x in Li_xC_6)	확산계수 (cm^2/s)	측정방법
석유 코크스 분말	$0 \leqq x \leqq 0.6$	1.5×10^{-7}~1×10^{-8}	GITT
천연흑연 분말	$0 \leqq x \leqq 0.6$	1×10^{-6}~1×10^{-9}	임피던스
천연흑연 분말	$0 \leqq x \leqq 1$	10^{-7}~10^{-10}	임피던스
피치계 탄소섬유	$0 \leqq x \leqq 0.5$	1×10^{-10}~2×10^{-11}	임피던스
피치계 탄소섬유	$0 \leqq x \leqq 0.6$	2×10^{-10}~4×10^{-13}	CPR, PSCA
피치계 탄소섬유	$0 \leqq x \leqq 0.4$	3×10^{-8}~1×10^{-9}	CPR, PSCA
MCMB2800 단일입자	$0 \leqq x \leqq 1$	10^{-6}~1×10^{-10}	임피던스
MCMB1000 단일입자	(0–1.2V)	10^{-6}~1×10^{-12}	임피던스

보고되어 있는 리튬 이온의 확산계수는 측정법 및 측정에 사용된 탄소재료의 종류에 따라 $10^{-6}cm^2/s$부터 $10^{-13}cm^2/s$에 걸쳐 큰 차이를 나타낸다. 앞서 언급한 모든 방법에서는 확산계수를 산출하기 위하여 정확한 시료의 표면적 및 조성에 대한 개회로 전위의 변화(dE/dx)를 미리 알 필요가 있다. 그렇지만 이러한 것들을 정확하게 평가하는 것은 어려우며, 이 때문에 얻어지는 값에 큰 차이가 생기는 것으로 생각되어진다. 차이는 있지만 탄소 음극 내부에서의 리튬 이온의 확산계수는 대략 $10^{-8}cm^2/s$ 정도의 값이 중앙에 있다. 다양한 양극재료(리튬-전이금속 산화물) 중에서의 리튬의 확산계수는 $10^{-10}cm^2/s$보다 작은 값을 가진다고 간주되고 있는데, 이 값과 음극재료 중에서의 확산계수 값을 비교하면 양극재료의 내부보다는 탄소재료 내부에서 리튬 이온이 매우 빠르게 움직일 수 있다고 생각할 수 있다. 이와 같은 비교적 큰 확산계수 값은 4장에서 설명했던 stage 변화에 관한 Daumas-Herold 모델의 설명을 지지한다 하겠다.

이용하는 탄소재료의 종류와 측정법에 따라 얻어지는 확산계수의 차이가 큰 이유의 하나로, 각 측정법에서 측정의 시간 스케일에 따라 탄소재료 내부의 어떤 부분에서 확산되고 있는 리튬 이온을 측정하고 있는지가 각 경우에 있어서 서로 다른 것을 들 수 있다. NMR에 의한 측정에서는 임의의 시간에 리튬 이온이 존재하는 장소와 매우 가까운 곳에서의 리튬 이온의 움직임을 측정하며, 장시간 측정을

하게 되면 결정 입자로부터 입계를 가로질러 움직이는 리튬 이온의 속도를 측정하게 된다. 아래에서 설명하듯이 리튬 이온의 확산계수는 리튬 이온의 농도, stage 구조에 크게 의존한다. 실제 전지의 음극에서는 탄소 입자 전체에서의 물질이동 속도(확산 속도)가 전지 특성을 결정한다.

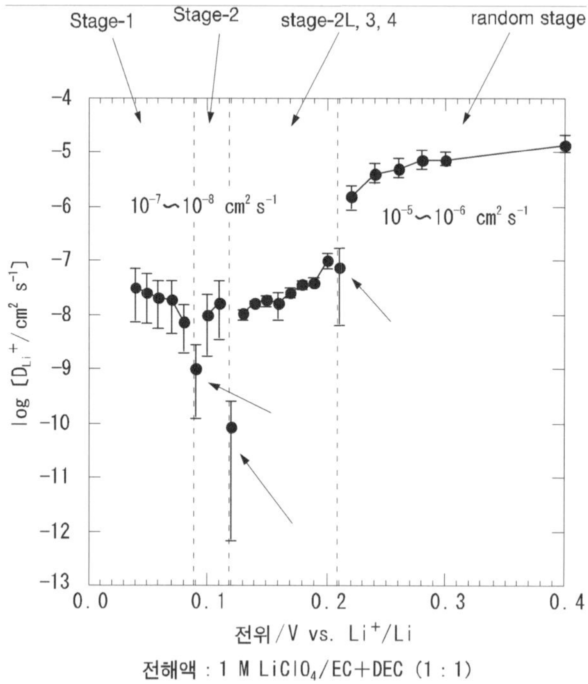

그림 6.16 교류 임피던스법으로 구한 흑연 분말 음극 중에서의 리튬 이온의 화학 확산 계수

[출전 : 참고문헌 10), The Electrochemical Society, Inc.의 허가를 얻어 게재]

흑연 분말 내부에서의 리튬의 확산계수를 임피던스법에 의해 측정한 예를 그림 6.16에 나타낸다. 이 그림에 보이는 것처럼 리튬 이온의 확산계수는 전위가 낮아짐에 따라, 즉 삽입되는 리튬 이온의 양이 증가함에 따라 작아진다. 단일 구조(stage -1, 2, 2L)를 취하는 흑연 음극 내부에서의 리튬 이온의 확산계수는 $10^{-8}cm^2/s$ 정도의 값을 가지게 되는데, 특이하게도 0.21V, 0.12V, 0.09V의 전위에서는 겉보기 확산계수가 작아진다. 6.2.1 항에서 설명했듯이 이들 전위에서는 stage 사이의 상전이가 일어나며, 충방전 곡선 상에서는 전위가 평탄한 영역으로 관측되는 2상공존 영역에 해당한다. HOPG 음극을 이용하여 충전 중의 stage 변화에 수반되는 상경계의 이동을 광학현미경으로 측정한 예를 그림 6.17에 나타낸다. 따라서 흑연 음극에서는 단일 상 내부의 확산계수만을 가지고 흑연 음극 내부에서의 리튬 이온의 이동을 논할 수 없고, 각 상 내부에서의 확산계수와 더불어 상경계의 이동속도를 고려한 해석이 필요하다.

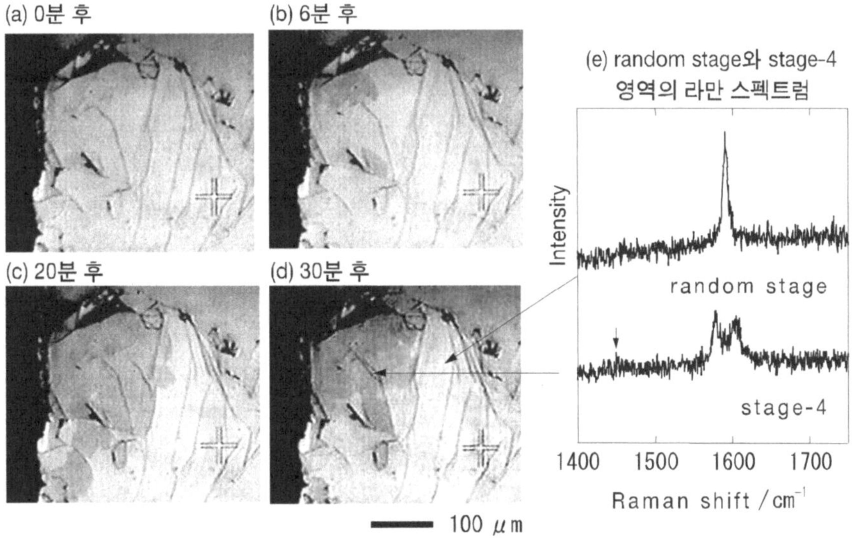

potential step : 0.22V→0.20V, (a) 0분 후, (b) 6분 후, (c) 20분 후, (d) 30분 후, (e) random stage와 stage 4 영역의 라만 스펙트럼

그림 6.17 HOPG 기저면의 random stage(색깔이 옅은 부분)로 부터 stage-4 (색깔이 진한 부분)로의 stage 변화에 수반되는 상경계의 이동

[출전 : 참고문헌 11), Elsevier Ltd.의 허가를 얻어 게재]

또한, 그림 6.16에 나타낸 것과 같이 0.21V 이상의 전위 영역에서 나타나는 random stage에서는 리튬 이온이 $10^{-5}cm^2/s$ 정도의 매우 큰 확산계수를 가진다. Random stage는 리튬 이온이 모든 층의 사이에 무작위로 삽입된 상(리튬 이온과 흑연의 고용상)이다. 이것은 흑연의 층 사이에 미량의 리튬 이온이 삽입된 상태에서는 수용액 내부에서와 동일한 정도의 빠른 확산이 가능하다는 것을 나타내는 결과로 흥미 깊은 현상이다.

6.2 리튬금속 음극과 과제

리튬금속 음극은 용량(3861mAh/g, 2062mAh/cm^3)이 매우 크며, 충방전 전위가 낮기(−3.045V *vs.* SHE) 때문에 전지의 음극으로서 실용화가 가장 기대되었던 재료이다. 실제로 리튬 일차전지에서는 리튬박이 음극으로서 이용되고 있으며 이미 시판된지 25년 이상 경과되고 있다. 이차전지로서는 1970년대부터 연구가 시작되어 1987년부터 휴대전화용으로 Li/MoS_2 이차전지가 실용화된 적도 있지만 현재는 시판되고 있지 않다. 이것은 다음에서 설명하는 리튬금속의 두 가지 문제점 때문이다.

① 충방전의 쿨롱효율이 낮고 충분한 사이클 특성이 얻어지지 않는다.
② 충방전 과정에서 수지상 리튬 석출물인 덴드라이트가 생성되어 전지의 안전성이 낮다.

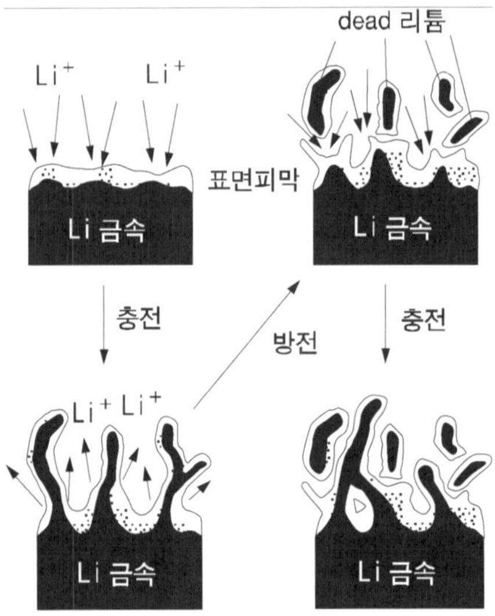

그림 6.18 리튬 덴드라이트와 dead 리튬의 생성 기구

흑연 음극은 흑연이라는 호스트 내부로 리튬 이온이 삽입 또는 탈리하는 것에 의해 전극으로서의 기능을 하는데 비해, 리튬금속 음극에서는 호스트가 존재하지 않고 리튬금속의 용해·석출반응에 의해 음극으로서 기능한다. 따라서 수 백회 이상의 양호한 사이클 특성을 얻기 위해서는, 방전과정에서는 리튬금속 표면으로부터 균일하게 이온으로 용해시키고 충전과정에서는 균일하게 금속으로 석출시킬 필요가 있다. 석출이 불균일하게 일어나면 석출물이 성장하여 반복되는 충방전에 의해 표면에 요철이 생긴다. 이러한 요철 부분으로의 전류 집중이 일어나, 그림 6.18에 나타낸 것과 같이 덴드라이트가 생성되거나 표면으로부터 유리된 극소량의 금속편(dead lithium)이 생성된다. 이것이 사이클 특성의 저하와 함께 심각한 안전상의 문제를 일으킨다.

리튬금속 표면에는 지속적으로 표면피막이 존재한다고 생각하는 것이 타당하다. 피막을 통해 리튬을 석출시키면 피막의 두께가 얇은 곳과 이온전도성이 높은 곳으로부터 석출이 시작되어 이것이 성장하게 된다. 이러한 성장과정을 거치면 수지상보다도 사상(stringy)의 석출이라고 하는 편이 타당한 석출 형태를 취한다.

리튬금속은 환원력이 매우 강한 재료이며 흑연 음극과 마찬가지로 표면에 보호피막이 생성된다. 리튬금속 표면에 생성되는 보호피막의 모델로서 다음과 같은 4개의 모델이 제안되어 있다[12).

① Solid Electrolyte Interface (SEI) : 무기화합물에 의한 단일 층
② Polymer Electrolyte Interface (PEI) : 리튬염을 포함하는 고분자
③ Solid Polymer Layer (SPL) : PEI 중에 무기화합물 입자가 분산
④ Compact-stratified Layer (CSL) : 서로 다른 2층으로 이루어져 내부는 무기화합물층, 외부는 무기화합물 또는 고분자. CSL에는 2층 이상의 모델도 생각되어진다.

시판되고 있는 리튬은 통상적으로 Li_2O, LiOH, Li_2CO_3 등의 무기 보호피막(native film)으로 덮여있다. 이 성분들은 각각 공기 중의 O_2, H_2O, CO_2와 반응하여 생성된다. 유기 전해액 중에서 충방전을 한 후의 표면피막은 여러 가지 분석법에 의해 해석되고 있다. 6.1.6 항에서 설명한 흑연 음극과 마찬가지로 XPS 등의 분석으로부터 무기물인 Li_2O, LiOH, Li_2CO_3와 더불어 리튬염과 LiF 등이 검출되고 있다. 한편, FT-IR 등의 분석으로부터는 리튬알킬카보네이트와 리튬알콕사이드를 주성분으로 하는 유기물이 검출된다. 이러한 결과는 앞에서 서술한 4개의 표면피막 모델 중 SPL 또는 CSL 모델을 지지하는 것이다.

이와 같은 표면피막의 존재에 의해 전해액과 리튬금속이 직접 접촉하는 것이 방지되기 때문에 리튬금속은 유기 전해액 중에서 높은 안정성을 나타낸다. 실제로 리튬금속을 이용하는 리튬 일차전지는 자기방전이 작다는 것이 한 가지 특징이다. 그러나 이차전지의 경우에는 리튬의 용해와 석출이 반복되기 때문에 충방전에 의

해 큰 체적변화가 일어나고 형태가 변하게 되는데, 이것은 표면피막의 붕괴를 유발하게 되어 결과적으로 석출된 리튬금속 위에 또다시 피막이 형성된다. 이와 같은 표면피막의 붕괴 및 재형성이 반복되는 것에 의해 피막의 형상과 두께가 불균일해져 앞서 설명한 덴드라이트와 dead 리튬의 형성이 일어난다.

리튬금속의 문제점인 사이클 특성과 안전성의 향상을 위해서는 표면피막의 형태와 성질을 제어하거나 개질하는 것이 중요하다. 리튬염으로서 $LiPF_6$가 존재하는 경우, $LiPF_6$의 분해 생성물인 HF(미량으로 존재)와 리튬금속이 반응하여 치밀한 LiF 층을 형성하여 사이클 특성이 향상된다고 알려져 있는데, 리튬 이온의 전도성이 낮은 LiF가 그와 같은 기능을 감당하는 것이 가능할지는 의문이다. 또한, $LiN(SO_2C_2F_5)_2$와 같이 불소를 함유한 전해질을 사용한 경우에도 LiF 층이 형성되어 사이클 특성이 향상된다고 알려져 있다. 아울러, 저온(-20℃)이나 고온(80℃)에서 충방전을 하면 생성되는 피막의 저항이 작아지기 때문에 사이클 특성이 향상된다고 보고되어 있지만 상세한 이유는 규명되지 않고 있다.

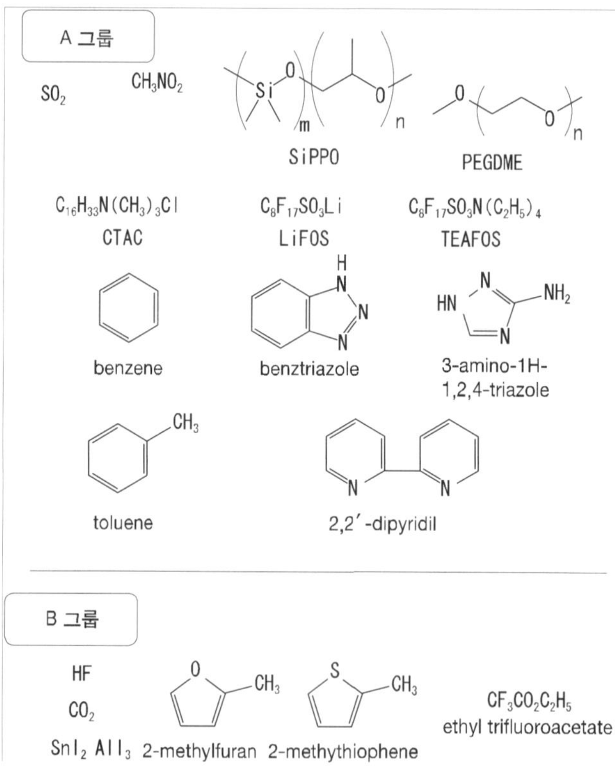

그림 6.19 금속 리튬 음극의 사이클 특성 향상에 효과적인 첨가제의 예

표면피막을 개질하기 위하여 다양한 첨가물이 검토되고 있다. 이러한 첨가제는 그림 6.19에 나타냈듯이 두 가지로 분류할 수 있다[13]. 하나는 리튬금속 표면에 흡착되어 분해되지 않고 첨가물 자신이 보호피막으로서 작용하는 것이고(A 그룹), 또 하나는 리튬금속 표면에서 환원분해되어 효과적인 표면피막을 형성하는 것이다(B 그룹). 또한, 6.1.6 항에서 설명한 흑연 음극용의 우수한 SEI 형성 첨가제 중에서는 FEC가 사이클 특성의 향상에 효과적이지만 VC, ES의 효과는 크지 않다. 이것은 FEC의 분해에 의해 생성된 유기 피막이 유연하여 리튬의 용해・석출에 수반되는 체적변화에 의해서도 쉽게 피막이 붕괴되지 않기 때문인 것으로 생각되어지고 있다. 리튬에 대해 높은 내환원성을 가지는 이온액체를 전해액으로 이용하여 리튬을 석출・용해시키면 덴드라이트의 생성이 억제된다는 것도 보고되어 있다.

위에서 설명한 표면피막의 개질은 수십 사이클에서 수백 사이클 정도까지의 사이클 특성 향상에는 효과적이지만, 현 시점에서는 그 이상의 사이클 특성을 기대하기는 어렵다. 소형 이차전지로서 실용적인 1000 사이클 이상의 사이클 특성을 얻기 위해서 중요한 것은 1 사이클 당의 리튬금속 표면형태 및 피막형태의 변화가 사실상 무시할 수 있어야 한다는 것이다. 리튬금속을 음극으로 이용하는 이차전지는 에너지밀도가 크며 궁극의 이차전지라 할 수 있지만, 실용화를 위해서는 아직 커다란 돌파구가 필요한 상황이다.

6.3 리튬합금 음극

6.3.1 리튬합금 음극과 과제

탄소(흑연)를 음극으로 이용하는 리튬이온전지는 1991년에 상품화된 이후에 에너지밀도가 2배 이상 향상되었는데, 이것은 전지 내부에 넣을 수 있는 활물질의 양을 최대한 증가시킴으로 인해 달성한 결과로, 현 상황에서는 에너지밀도 향상이 거의 한계에 도달한 것으로 인식되고 있다. 휴대폰과 노트북 컴퓨터 등과 같은 휴대 전자기기의 고성능화에 수반되어 보다 큰 에너지밀도의 향상이 요구되고 있는데, 앞 절에서 설명했듯이 리튬금속 음극은 고용량이지만 현재로서는 앞 절에서 설명했듯이 몇 가지 문제점을 안고 있으며 그러한 문제가 해결되지 않는 이상은 이차전지의 음극으로서 사용하는 것이 어려운 상황이다.

이와 같은 배경에서 최근 주목받고 있는 것이 다음 식으로 나타낸 것과 같은 합금화・탈합금화 반응에 의해 충방전 반응이 진행되는 리튬합금 음극이다.

$$x\mathrm{Li}^+ + \mathrm{M} + xe^- \leftrightarrow \mathrm{Li}_x\mathrm{M}\ \text{(M은 금속)}$$

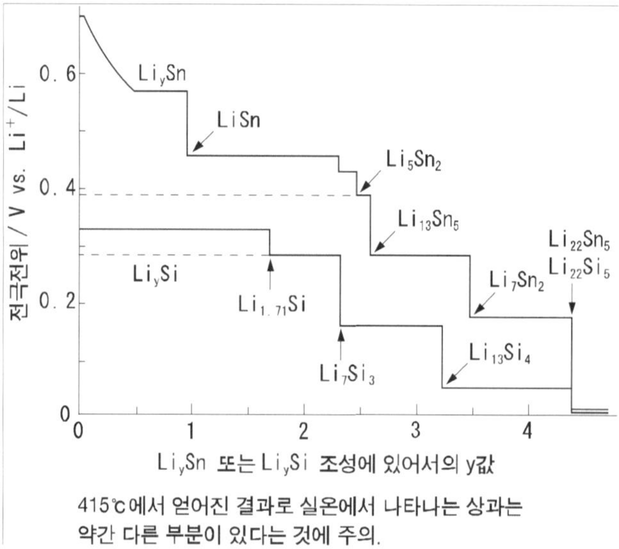

그림 6.20 Li-Sn 및 Li-Si계에서의 전극전위의 조성 의존성[16)]

[출전 : 참고문헌 14), Elsevier Ltd.의 허가를 얻어 게재]

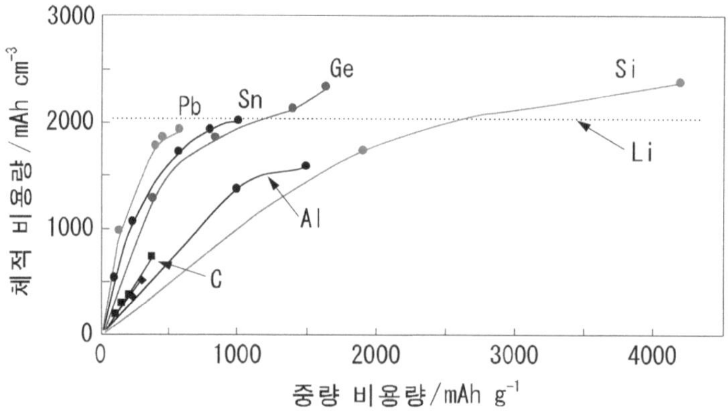

그림 6.21 리튬 합금의 질량 및 체적 비용량

[출전 : 참고문헌 15), (사)일본금속학회의 허가를 얻어 게재]

한 가지 예로써 Sn 및 Si의 리튬합금 형성 과정과 그때의 전위 변화를 그림 6.20에 나타낸다[14)]. 합금화 과정에서 몇 개의 리튬-금속간화합물 형성을 경유하여 최종적으로는 $Li_{4.4}Sn$ 및 $Li_{4.4}Si$의 합금 조성까지 리튬을 흡장할 수가 있다. 또한, 흑연 음극만큼은 아니지만 리튬이온전지의 음극으로서 충분히 낮은 전위에서 합금화·탈합금화 반응이 진행된다.

리튬금속과 합금을 형성하는 금속은 많은데, 예를 들면 Mg, Ca, Al, Si, Ge, Sn, Pb, As, Sb, Bi, Ag, Au, Zn, Cd, Hg 등의 금속이 리튬금속과 합금을 형성한다. 이 중 몇 개의 리튬합금에 대한 중량 및 체적 비용량을 그림 6.21에 나타낸다. 중량 비용량은 Si가 가장 크며 그 외의 금속도 흑연에 비해 큰 값을 가진다. 한편, 전지의 소형화에 중요한 특성인 체적 비용량에 있어서는 많은 리튬합금 음극이 리튬금속의 2062mAh/cm^{3}에 필적하는 체적 비용량을 가지고 있어 매력적인 재료임을 알 수 있다.

합금 음극은 1980년에 Al 등을 중심으로 검토되어 충방전 심도가 얕은 메모리 백업용 코인 전지로서 Wood metal(Bi-Pb-Sn-Cd 합금) 및 Li-Al 합금을 음극으로 사용한 이차전지가 1980년대부터 상품화되어 있다. 그러나 충방전에 수반되는 체적의 변화가 크고(100~300%), 충방전 사이클과 함께 미분화(微粉化)되어 사이클 수명이 짧다는 문제점이 있어, 충방전 심도가 깊은 휴대용 전자기기의 이차전지용 음극으로서 이용하는 것은 곤란하다고 생각되어 왔다.

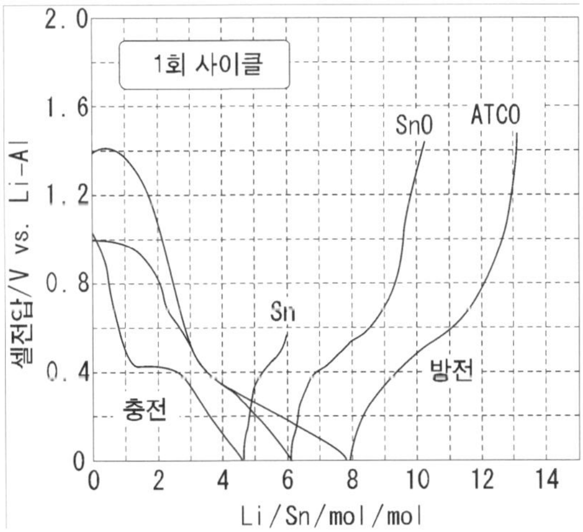

그림 6.22 Sn, SnO, ATCO의 1회 충방전 곡선

[출전 : 참고문헌 16), (사)전기화학회의 허가를 얻어 게재]

1996년에 후지필름(주)에 의해 높은 방전용량(650mAh/g)과 양호한 사이클 특성을 가지는 비정질 주석 복합산화물[ATCO, $SnB_xP_yO_z$, x=0.44-0.6, y=0.6-0.4, z=(2+3x+5y)/2]이 발표되었다. ATCO의 충방전 곡선을 그림 6.22에 나타낸다[16].

이러한 ATCO에서는 초기 충방전 과정에서 나노 사이즈의 Li-Sn 합금 미립자가 상분리되고 나머지 산화물이 비정질 매트릭스 중에 분산되는 것에 의해, Li-Sn 합금화에 수반되는 체적변화를 흡수하며 미립자가 다시 응집되는 것을 막기 때문에 우수한 사이클 특성을 나타낸다고 생각되어지고 있다.

6.3.2 리튬합금 음극의 가능성

그림 6.15의 ATCO는 유감스럽게도 충방전에 수반되는 큰 체적변화와 초기의 큰 비가역용량 때문에 실용화에는 이르지 못했지만, 합금화에 관여하지 않는 물질을 첨가하는 것에 의해 전극 전체의 팽창·수축을 억제할 수 있으며, 매트릭스를 첨가하여 리튬합금 미립자의 재응집을 방지할 수 있다는 것을 밝혀, 이와 같은 수법에 의한 사이클 향상의 방향성을 제시하였다. 현재 이러한 방향으로 고용량을 가지며 사이클 특성이 양호한 주석 또는 실리콘의 합금 및 금속간 화합물(정비 조성을 가지는 합금)의 개발이 진행되고 있다. 이와 같은 재료에서의 반응은 다음에 나타내는 것과 같이 크게 3가지로 분류된다.

① 리튬 삽입형(topotactic 반응)

리튬합금 형성 과정에서 원래 합금(금속간 화합물)의 결정구조가 변하지 않고 호스트 내부의 비어있는 사이트에 리튬을 흡장하는 재료이다.

$$x\mathrm{Li}^+ + \mathrm{MM}'_y + x\mathrm{e}^- \leftrightarrow \mathrm{Li}_x\mathrm{MM}'_y$$

이와 같은 형태의 반응에서는 리튬이 삽입될 수 있는 비어있는 사이트 수가 한정되어 있어 용량이 작다. 한편, 리튬의 흡장·방출 과정에서 호스트 결정구조의 변화가 작고, 체적변화가 작기 때문에 양호한 사이클 특성이 얻어지는 것이 특징이다. Cu_6Sn_5가 리튬을 흡장하는 초기단계(Li_2CuSn 상이 될 때까지)의 반응이 그러한 형태의 한 예이다. 단, 그 이상 리튬을 흡장시키면 Cu와 Li_xSn으로 분해된다. Mg_2Si에서도 동일한 메커니즘으로 반응이 진행된다.

② 치환형(displacement 반응)

합금(금속간 화합물)의 한 가지 성분이 리튬과 합금화되며, 또 하나의 성분은 상분리되어 석출되는 것에 의해 리튬을 흡장하는 재료이다.

$$xLi^{+}+MM_{y}^{'}+xe^{-}\leftrightarrow Li_{x}M+yM^{'}$$

또한 다음 식과 같이 상분리 반응이 비가역인 경우도 있다.

$$xLi^{+}+MM_{y}^{'}+xe^{-}\rightarrow Li_{x}M+yM^{'}\leftrightarrow xLi^{+}+M+yM^{'}+xe^{-}$$

Sn_2Fe, Ni_xSn, Co_xSn, NiSi, FeSi, Mg_xNi 등의 합금 또는 금속간 화합물이 이 형태에 속한다. 불활성인 성분을 함유하기 때문에 비용량은 작아지지만, 상분리되어 석출된 M' 상이 매트릭스로써 작용하기 때문에 충방전 과정에서의 체적변화가 작다. 또한, M이 Sn인 경우에는 생성된 리튬합금 미립자의 재응집을 막기 때문에 양호한 사이클 특성이 얻어진다. 이 형태의 음극으로서 2005년에는 SONY에 의해 Co_xSn계 합금을 탄소와 복합시킨 음극을 이용한 이차전지가 시판되었다.

③ 축차적 합금 형성형

합금(금속간 화합물) 중 한 성분이 먼저 합금화되며 상분리되어 매트릭스로서 작용하고, 계속하여 또 하나의 성분이 합금화되는 것에 의해 리튬을 흡장하는 재료이다.

$$\begin{aligned}(x+y)Li^{+}+MM_{z}^{'}+(x+y)e^{-}&\leftrightarrow Li_{x}M+zM^{'}+ye^{-}\\&\leftrightarrow Li_{x}M+zLi_{y/z}M^{'}\end{aligned}$$

합금화 반응에 의해 2종류의 미세한 리튬합금 복합체가 된다. SnSb, InSb, Ag-Sn-Sb 등의 합금이 그러한 종류의 반응을 한다. 이 종류의 반응에서는 합금의 성분 각각이 리튬 흡장에 관여하기 때문에 비용량이 크다. 또한, 먼저 생성된 리튬합금이 매트릭스로서 작용하기 때문에 양호한 사이클 특성이 얻어진다.

리튬을 흡장하고 방출할 때의 체적변화에 의한 미분화를 막기 위하여, 합금을 형성하는 금속을 미립자화하거나, 또는 박막을 이용하여 팽창과 수축에 수반되는 응력을 완화시키는 것도 사이클 특성의 향상에 효과적이다. 전자는 전지 안전성의 관점에서 문제가 남아있지만, 후자는 어느 정도의 두께(5~20㎛)를 가지며 충방전 특성이 양호한 박막이 개발된다면 실용화도 불가능하지는 않다.

탄소재료와의 복합화에 의해 사이클 특성을 향상시키는 것도 가능하다. CVD를 이용하여 Si 분말에 탄소를 코팅하면 약 800mAh/g의 방전용량을 나타내며, 코팅된 탄소층에 의해 Si의 미분화가 억제되기 때문에 30사이클까지 안정되게 충방전이 가능하다. 한편, CVD에 의해 흑연 분말에 10nm 정도의 입경을 가진 Si를 담지시켜 복합화하면, 100회 정도의 사이클 후에도 높은 용량 유지율을 나타내는데, 그 이유는 흑연 분말에 담지된 Si 나노 입자의 밀착성이 좋고, 또한 Si 나노 입자들끼리 잘 응집되기 않기 때문이다.

리튬합금 음극의 대부분이 1V(*vs.* Li^+/Li) 이하의 전위 영역에서 충방전 반응이 진행되기 때문에, 앞서 설명한 탄소 음극, 리튬금속 음극과 마찬가지로 리튬합금 음극의 표면에도 보호피막(SEI)이 형성된다. 따라서 초기의 큰 비가역용량은 미분화 이외에도 SEI 형성과도 관련되어 있을 것으로 예상된다. 그러나 미분화에 의한 비가역용량과 SEI 형성에 의한 비가역용량을 구분하는 것은 어려우며, 팽창・수축에 의해 SEI가 파괴되는 경우도 있어서, 리튬합금 음극 표면에서의 SEI 형성에 관해서는 많은 이해가 부족한 상황이다.

아울러 리튬합금계 음극의 사이클 특성은 극판 제조에 사용되는 결착제(binder)에 의해 크게 다르다는 것이 보고되어 있다. 예를 들면, Si 합금계 음극에서는 폴리불화비닐리덴(Polyvinylidene Fluoride, PVdF)에 비해 카르복시메틸셀룰로스(Carboxymethly Cellulose, CMC) 결착제가 양호한 사이클 특성을 나타내지만 그 이유는 명확하지가 않다.

6.4 그 밖의 음극 재료

6.4.1 산화물 음극

산화물 음극은 호스트가 되는 금속 산화물의 결정구조 중에 리튬 이온이 삽입・탈리되는 것에 의해 충방전 반응이 진행되는 형태의 음극이다. 제 5장에서 설명한 양극재료와 반응은 동일하지만 리튬 삽입・탈리 반응이 진행되는 전위가 낮은 경우에는 음극으로 사용하는 것이 가능하다. 이와 같은 형태의 대표적인 재료에는 Nb_2O_5, TiO_2, $Li_{4/3}Ti_{5/3}O_4$, WO_2, MoO_2, Fe_2O_3 등이 있다. 양극과 마찬가지로 리튬 이온의 삽입・탈리 사이트가 결정구조에 의해 결정되기 때문에, 일반적으로 고용량은 기대하기 어렵지만 사이클 특성이 좋은 경우가 많다. 리튬 전극을 기준으로 하여 1.5~2.0V 영역의 충방전 전위를 가지는 산화물 음극은 4V급 양극과 조합하는 것에 의해 수용액계의 1.5V급 전지를 대체할 수 있는 이차전지이다. 또한, 이 전위 범위에서 작동하는 음극을 이용하면, 충방전 과정에서 SEI를 형성하지 않기 때문에 안전성과 수명을 비약적으로 향상시킬 수 있는 가능성을 가지게 되어 하이브리드 자동차용과 전력저장용 등의 대형 이차전지용 음극으로서의 용도에 적합하다.

Nb_2O_5는 화학식량당 2몰의 리튬 이온을 삽입·탈리하는 것이 가능하며, 이론용량은 200mAh/g이고 실제용량도 150~200mAh/g 정도가 된다. 사이클 특성이 좋고 V_2O_5(3V vs. Li^+/Li) 양극과 조합시킨 코인전지가 실용화되어 있다. 공칭전압은 1.5V이고 2000사이클 이상의 충방전이 가능하다.

스피넬 구조를 가지는 리튬-티탄 복합산화물 $Li_{4/3}Ti_{5/3}O_4$는 화학식량당 1몰의 리튬 이온의 삽입·탈리가 가능하며 이론용량은 175mAh/g 이다. 그림 6.23에 $Li_{4/3}Ti_{5/3}O_4$의 충방전 특성을 나타낸다. 1.65V(vs. Li^+/Li) 부근에 평탄한 방전 전위를 가지며, 거의 이론용량에 가까운 충방전 용량이 얻어진다. $Li_{4/3}Ti_{5/3}O_4$의 결정구조는 리튬 이온이 삽입되고 탈리되어도 거의 팽창과 수축이 일어나지 않고 매우 양호한 사이클 특성을 나타낸다. 이러한 $Li_{4/3}Ti_{5/3}O_4$를 음극으로 사용하고 양극에는 3V급의 리튬-망간 복합산화물을 사용한 코인전지가 실용화되어 있다.

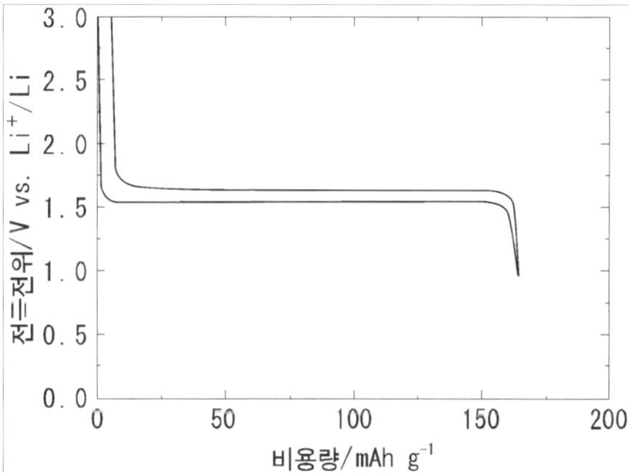

그림 6.23 $Li_{4/3}Ti_{5/3}O$의 충방전 특성

이산화티탄(TiO_2)에는 서로 다른 결정구조를 취하는 것이 몇 가지 있다. 이들 중에 루틸(rutile)형, 아나타제(anataze)형에 대해서는 오래전부터 리튬 이온의 삽입·탈리 반응에 관한 연구가 진행되어 왔다. 이론용량은 335mAh/g으로 높지만 실제 충방전 용량은 이것보다 훨씬 작은 100mAh/g 이하이다. 이것은 루틸형, 아나타제형이 치밀하게 채워진 결정구조를 가지기 때문이다. 루틸형과 아나타제형의 TiO_2도 나노 사이즈의 입자를 이용하면 비교적 큰 용량이 얻어진다. 또한, 루틸형과 아나타제형 이외의 결정구조를 가진 것으로는, 수열합성법에 의해 얻어지며 결정

격자 중에 공극이 많은 TiO_2(B)형의 나노와이어(nano-wire)와 나노튜브(nano-tube, 밀도 : 3.72g/cm^3)가 250~300mAh/g 정도의 실용량을 나타내는 것이 발견되었다. 수열합성법으로 제조된 TiO_2(B) 나노와이어의 충방전 특성을 그림 6.24에 나타낸다. 고상법을 경유하여도 동일한 성능을 나타내는 TiO_2(B)도 합성되어 있다. 티탄 산화물계 음극은 앞에서 설명한 $Li_{4/3}Ti_{5/3}O_4$와 함께 안전성이 높은 전력저장용 및 하이브리드 자동차용 리튬이온전지의 향후 음극재료로써 기대되는 재료이다.

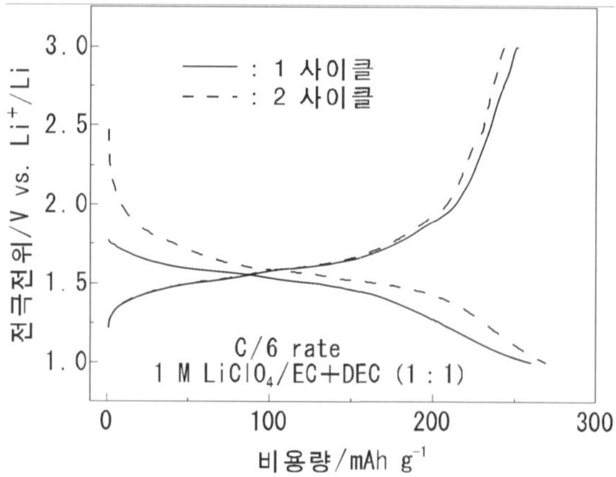

그림 6.24 TiO_2(B) 나노 와이어의 충방전 특성

산화물 음극 중에는 앞에서 설명한 형태 이외에도 충방전 과정에서 산화물이 환원분해되며 생성된 금속이 리튬과 합금화・탈합금화 반응을 일으키는 것에 의해 충방전이 진행되는 재료도 있다. 6.3.1절에서 설명한 비정질 주석 복합산화물[ATCO, $SnB_xP_yO_z$, x=0.44~0.6, y=0.6~0.4, z=(2+3x+5y)/2]과 실리콘 저차산화물(SiO)이 이와 같은 형태의 음극의 속한다. 합금화 반응이 진행되기 위하여 충방전 전위가 낮으며(〈1V *vs.* Li^+/Li), 용량이 큰 것이 특징이다. 예를 들면, ATCO는 640mAh/g, SiO는 1200mAh/g의 방전용량을 가진다. 6.3.1절에서 설명했듯이, 이러한 음극들은 초기 충방전 과정에서 나노 사이즈의 합금 미립자로 상분리되어 나머지의 비정질 산화물(Li_2O) 매트릭스 중에 분산됨으로 인하여, 합금화에 수반되는 체적변화를 흡수하는 동시에 미립자의 재응집을 막아 우수한 사이클 특성을 나타낸다. 그러나 산화물의 환원에 비가역적으로 전하가 소비되고 이로 인한 비가역용량이 크다는 것이 문제점이다. 앞에서 설명했듯이 ATCO 음극과 $LiCoO_2$ 양극을 조합시킨 원통형 전지의 시제품이 1996년에 출시되었지만 실용화에는 이르지 못했다. SiO 음극은 리튬-망간 복합산화물(전지전압 : 3V) 및 리튬-티탄 복합산화물(전지전압 : 1.5V)과 조합시킨 코인전지가 실용화되어 있다.

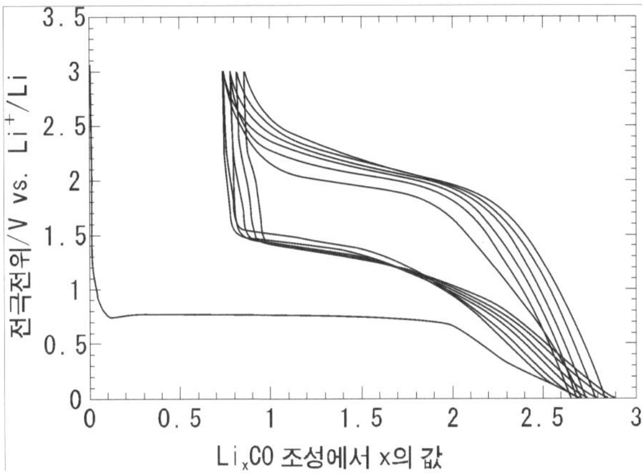

그림 6.25 CoO 음극의 충방전 곡선

[출전 : 참고문헌 18), The Electrochemical Society, Inc.의 허가를 얻어 게재]

리튬의 삽입・탈리반응도 합금화 반응도 수반하지 않으며 저전위에서 충방전이 가능한 산화물 음극도 연구되고 있다. 이와 같은 형태의 산화물 음극으로 최초로 보고된 것은 산화코발트(CoO)로 이 화합물의 충방전 곡선을 그림 6.25에 나타낸다. 산화코발트의 결정구조 중에는 리튬 이온이 삽입되지 않는 것이 알려져 있는데, 매우 낮은 전위(0V 부근)까지 전위를 내리는 것에 의해 다음과 같은 반응이 진행하는 것으로 생각되어지고 있다.

$$CoO + 2Li^+ + 2e^- \underset{\text{방전}}{\overset{\text{충전}}{\rightleftarrows}} Co + Li_2O$$

코발트 산화물의 환원에 의한 금속 코발트의 생성과 그 역반응에 의해 충방전 반응이 진행한다. 실온에서 이와 같은 고체간 반응이 용이하게 진행한다는 것은 놀랄만한 사실이지만, Li_2O 매트릭스에 분산된 나노 사이즈의 금속 미립자에 의해 이 반응이 가능하다고 설명하고 있다. 리튬과 합금 반응이 진행하지 않는 NiO와 FeO 등의 금속산화물 대다수가 이와 같은 형태의 반응이 가능한데, 초기 비가역용량이 크며 충전곡선과 방전곡선에 히스테리시스 또한 크고 사이클 특성이 나쁘다는 문제점이 있어 실용화되기 위해서는 무엇인가 돌파구가 필요하다.

6.4.2 질소화합물 음극

리튬과 전이금속이 복합된 질소화합물 중에 LiN형 구조를 가지는 $Li_{3-x}M_xN$(M = Co, Ni, Cu)는 1V(*vs.* Li^+/Li) 이하의 낮은 전위에서 리튬 이온의 삽입・탈리반응이 진행되어 음극으로써 사용할 수 있는 가능성을 가진다. 이들 중에 x=0.4 부근의 $Li_{2.6}Co_{0.4}N_3$가 가장 큰 충방전 용량(900mAh/g, 1890mAh/cm^3)을 나타낸다[19]. 그림 6.26에 $Li_{2.6}Co_{0.4}N_3$의 충방전 곡선을 나타낸다. 초기 충방전 과정에서는 1V(*vs.* Li^+/Li) 부근에서 전위 평탄 영역이 나타나는데, 결정성의 $Li_{2.6}M_{0.4}N_3$로부터 리튬 이온이 탈리되며 비정질상으로 변한다. 이 비정질상은 이후의 충방전 과정에서 변하지 않으며, 이러한 이유로 충방전에 있어서의 전위도 초기 과정과는 달리 조성에 따라 연속적으로 변한다. 또한, 충전 곡선과 방전 곡선이 큰 히스테리시스를 나타내는 것도 특징적이다. 900mAh/g의 용량으로부터 계산하면 전체 리튬 이온의 2/3가 탈리 및 삽입반응에 관여하는 것이 된다. 방전 반응이 비정질상으로 진행하여 해석이 어렵기 때문에 지금까지 명확한 반응기구는 얻어지지 않고 있다.

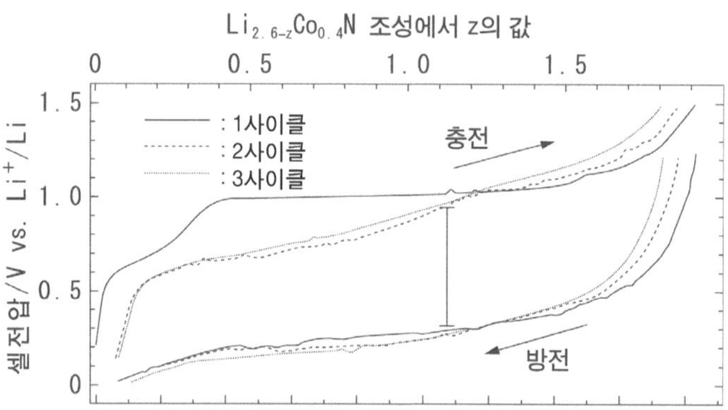

그림 6.26 Li/$Li_{2.6-z}Co_{0.4}N$ 셀의 충방전 특성

[출전 : 참고문헌 11), Elsevier Ltd.의 허가를 얻어 게재]

$Li_{2.6}M_{0.4}N_3$는 화합물 중에 리튬 이온을 포함하기 때문에 양극으로는 리튬을 함유하지 않는 V_2O_5, Cr_3O_8 등의 재료와 조합하여 리튬이온전지를 구성할 수 있다는

장점을 가진다. 한편, 양극재료로서 주류가 되어있는 $LiCoO_2$ 등과 조합하여 리튬 이온전지를 구성하기 위해서는 미리 리튬 이온을 탈리시킨 후에 사용하여야 하는 단점이 있다.

〈참고문헌〉

[1] J. R. Dahn, T. Zheng, Y. Liu and J. S. Xue, *Science*, **270**, 590 (1995).

[2] Z. Ogumi and M. Inaba, *Bull. Chem. Soc. Jpn.,* **71**, 521 (1998).

[3] 小久見善八, 稲葉 稔, 最新二次電池の技術, 小久見善八監修, シーエムシー, 東京, pp. 54-72 (1999).

[4] Z. Ogumi and M. Inaba, Advances in Lithium-Ion Batteries, W. van Schalkwijk and B. Scrosati, eds., Kulwer Academic/Plenum Publishers, New York, pp. 79-101 (2002).

[5] T. Zheng, W. R. McKinnon and J. R. Dahn, *J. Electrochem. Soc.,* **143**, 2137 (1996).

[6] J. O. Besenhard, M. Winter, J. Yang and W. Biberacher, *J. Power Sources,* **54**, 228 (1995).

[7] M. Inaba and Z. Ogumi, Lithium-Ion Batteries : Solid-Electrolyte Interphase, P. B. Balbuena and Yixuan Wang, eds., Imperial College Press, London, pp. 198-226 (2004).

[8] S.-K. Jeong, M. Inaba, T. Abe and Z. Ogumi, *J. Electrochem. Soc,* **148**, A989 (2001).

[9] A. Funabiki, M. Inaba and Z. Ogumi, *J. Power Sources,* **68**, 227 (1997).

[10] A. Funabiki, M. Inaba, Z. Ogumi, S. Yuasa, J. Otsuji and A. Tasaka, *J. Electrochem. Soc.,* **145**, 172 (1998).

[11] A. Funabiki, M. Inaba, T. Abe and Z. Ogumi, *Carbon,* **37**, 1591 (1999).

[12] J. G. Thevenin and R. H. Muller, *J. Electrochem. Soc.,* **134**, 273 (1987).

[13] M. Morita, S. Aoki and Y. Matsuda, *Electrochim. Acta.,* **37**, 119 (1992).

[14] R. A. Huggins, *J. Power Sources,* **81-82**, 13 (1999).

[15] 樽井久樹, 藤谷 伸, まてぃあ (日本金属学会), **42**(9), 631 (2003).

[16] 井戸田義雄, 峯尾 泰, 松藤明博, 宮坂 力, 電気化学, **65**, 717 (1997).

[17] M. Wachtler, M. Winter and J. O. Besenhard, *J. Power Sources,* **105**, 151 (2002).

[18] S. Laruelle, S. Grugeon, P. Poizot, M. Dolle, L. Dupont and J-M. Tarascon, *J. Electrochem. Soc.,* **49**, A627 (2002).

[19] Y. Takeda, M. Nishijima, M. Yamahata, K. Takeda, N. Imanishi and O. Yamamoto, *Solid State Ionics,* **130**, 61 (2000).

제 7 장

전해질

리튬이온전지의 최대 특징은 작동 전압이 높다는 것이다. 때문에 전해질로는 전위창이 넓은 유기계의 전해액이 사용되고 있다. 전해질은 전극이 최대의 성능을 발휘하기 위해서뿐만 아니라 전지의 안전성, 고출입력 특성, 수명에 큰 영향을 준다.

본 장에서는 유기 전해액에 관하여 개략적으로 설명한 후에, 전지의 안전성을 비약적으로 향상시킬 수 있는 차세대 전해질로써 기대되고 있는 고체 전해질, 이온액체에 관하여 최근의 연구개발 동향을 포함하여 기재하였다.

7.1 전해질의 역할

전지와 같은 전기화학 디바이스를 구축하기 위해서는 두 개의 전극과 이 전극들 사이를 연결하는 전해질이 필수이다. 전극에서는 전자가 전하를 운반하고, 전해질에서는 이온이 전하를 운반하는 담체가 된다. 4장에서도 설명했듯이 전극 반응은 전극 재료와 전해질 재료와의 계면에서 전극의 전자전도와 전해질의 이온전도가 교환될 때에 일어나는 반응으로 간주할 수 있다. 따라서 전해질은 전지의 필수적 구성요소이다. 전기화학 디바이스에서는 전극 재료가 주목받는 경우가 많지만, 고성능 전지가 되기 위해서는 전극 못지않게 우수한 전해질이 필요하다.

우수한 전해질은 다음과 같은 조건 등을 만족시키는 것이 바람직하다.

① 이온전도성이 높다.
② 전기화학적으로 안정하다.(산화・환원에 대해 안정, 즉 전위창이 넓다)
③ 화학적으로 안정하다.
④ 열적으로 안정하다.
⑤ 안전하다.
⑥ 환경부하가 작다.
⑦ 가격이 싸다.
⑧ 취급하기 쉽다.

상기 조건 이외에 부가적으로 다음 조건도 필요하다.

⑨ 전해질과 활물질 사이에서 양호한 계면을 형성해야 한다.

리튬 이차전지는 전지 전압이 3~4V나 되기 때문에 우수한 전지를 개발하기 위해서는 전해질의 연구・개발이 매우 중요한 과제이다.

대전류를 흘려 큰 파워를 내는 것도 이차전지의 용도에 요구된다. 대전류를 흘리기 위해서는 높은 이온전도성을 가진 전해질이 요구된다. 또한, 디바이스를 이용하는 환경에 따라, 예를 들면 고온에서는 전해질 재료가 분해될 가능성도 있다. 따라서 전해질의 열적・화학적 안정성이 높을 필요가 있다는 것은 말할 것도 없다.

전해질은 이온의 통로이어야 하는 것이 본래 요구되는 기능이다. 이 기능이 발현되기 위해서 「양(量)」은 요구되지 않기 때문에 전해질 층은 얇아도 좋다. 얇으면 저항이 작아지며 결과적으로 전지의 내부저항 또한 작아지게 된다. 그러나 전해질에 전자전도성이 있으면 양극과 음극이 단락(短絡)된다. 예를 들면, 전해질 층의 전자전도성이 10^{-8}S/cm이고 두께가 10㎛라 하면, 전해질의 전자전도 저항은 $10^{5}\Omega$이 되는데 전지의 기전력이 2V인 경우에는 내부단락으로 인하여 $1cm^{2}$당 20μA의 전류가 계속하여 흐르게 된다(자기방전을 한다).

한편, 전해액이 다른 기능을 감당하는 경우가 있다. 예를 들면, 납축전지의 경우에는 황산이 전지반응에 직접 관여하는데 충방전이 진행됨에 따라 황산의 농도가 변한다. 따라서 전해질 중의 황산 농도를 높게 하여야만 한다. 이처럼 전해질 성분의 일부가 전지의 충방전에 직접 관여하는 경우에는 전해질이 저장소의 역할을 하게 되어 「양(量)」이 요구되게 된다.

7.2 전해질의 특성

전해질은 앞 절에서 설명한 모든 특성을 갖추는 것이 바람직하다. 그러나 그러한 특성 모두를 만족하는 전해질을 제조하는 것은 어렵다. 그 중에서도 특히 전해질의 안정성은 큰 과제이다. 왜냐하면 리튬 이차전지에서는 전압이 높아지기 때문이다.

7.2.1 전해질의 안정성

전지의 구성에 불가결한 전해질의 안정성은 중요한 특성이다. 그렇기 때문에 전기화학적으로 안정하다는 것에 관하여 상세히 설명하도록 하겠다. 전지가 나타내는 전압은 이용하는 두 개의 전극인 양극과 음극의 산화・환원전위의 차이이다. 바꾸어 말하면 양극의 산화력과 음극의 환원력의 차이가 전지의 전압이 된다. 전해질은 그와 같은 두 개의 전극에 접촉하기 때문에 양극에 의해 산화되거나 음극에 의해 환원되어서는 안된다.

전해질의 산화에 대한 안정성의 지표로서 최고피점준위(Highest Occupied Molecular Orbital, HOMO), 환원성에 대한 안정성의 지표로서 최저빈준위(Lowest Unoccupied Molecular Orbital, LUMO)를 고려한다. LUMO와 HOMO에 대해 양극과 음극의 산화・환원전위를 각각 E_{pos}, E_{neg}라 했을 때, 이들 간의 상호관계가 그림 7.1에 나타낸 것과 같다면 전해질은 안정하다. 즉, 음극으로부터 LUMO로의 전자이동(전해질의 환원)과 HOMO로부터 양극으로의 전자이동(전해질의 산화)은 일어나지 않는다.

HOMO와 LUMO는 분자(또는 이온)가 진공 중에 놓인 고립계에서의 전위를 나타낸다. 실제 전지에서 이용되는 전해질은 용액 또는 고체와 같은 응축계이다. 응축계의 에너지 준위는 고립계와는 다르기 때문에 고립계의 HOMO와 LUMO에서 전해질의 안정성을 논하는 데에는 한계가 있다. 예를 들면, 리튬이온전지에 이용되는 유기 전해액의 경우에는 카보네이트계의 용매가 이용되는데, 카보네이트계의 용매끼리 안정성을 비교하는 경우에는 HOMO와 LUMO의 값이 어느 정도 유효할 수도 있지만, 카보네이트계의 용매와 에테르계 또는 나이트릴계 등의 용매를 이용하는 전해액에서 그 안정성을 상호 비교하는 경우에는 반드시 HOMO와 LUMO의 값이 반영되지 않는 경우가 있다는 것에 유의해야만 한다.

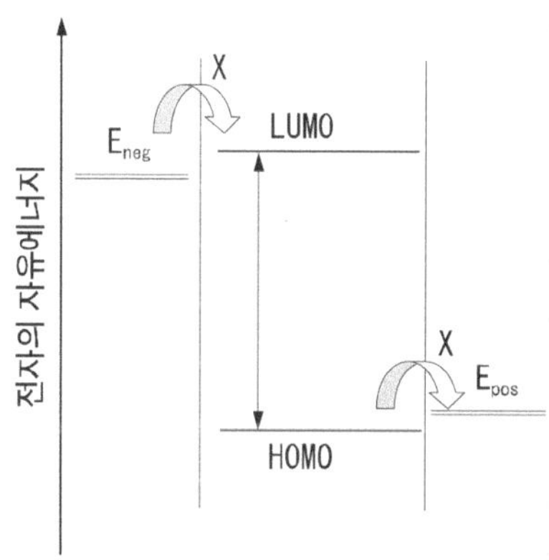

음극의 환원전위의 위치가 전해질의 LUMO의 위치보다도 높은 에너지 상태에 있으면 전자는 음극으로부터 전해질로 이동하여 전해질의 환원 반응이 일어난다. 마찬가지로 양극의 경우도 양극의 산화전위가 전해질의 HOMO보다도 낮으면 전해질의 산화반응이 일어난다.

그림 7.1 양극과 음극의 전자상태와 전해질의 전위창과의 관계도

그림 7.1에 나타냈듯이 넓은 전위창을 가진 전해질이 있으면 양극재료와 음극재료가 충분히 성능을 발휘할 수 있게 된다. 만약 용매의 HOMO가 E_{pos}보다 높으면 용매가 산화되고, LUMO가 E_{neg}보다 낮으면 용매가 환원된다.

7.2.2 실용 전해질의 안정성

전해질의 안정성에 관한 앞 절에서의 논의는 열역학적인 관점에서 설명한 것으로, 보다 실제적인 고찰을 하기 위해서는 속도론의 개념을 도입해야만 한다.

일반적으로 널리 이용되는 알칼리 건전지에서는 공칭전압이 1.5V이고, 납축전지에서는 2V 이상의 전압을 나타낸다. 이와 같은 전지의 전해액으로는 수용액이 이용되고 있다. 물의 이론 분해전압은 1.23V이며 열역학적인 관점에서는 1.5V나 2V에서는 수용액이 안정하게 존재할 수 없다. 즉, 물이 분해되어 양극에서 산소가 발생하거나 음극에서 수소가 발생할 것임에 틀림없다. 실제로 알칼리 건전지에서는 아연 음극에서 수소가 발생하고, 납축전지에서는 납 음극에서 수소가 이산화납 양극에서는 산소가 발생한다. 그렇지만 알칼리 건전지도 납축전지도 실용화되어 널리 사용되고 있다. 이것은 이러한 전지가 일반적으로 사용되는 조건에서는 수소발생 반응과 산소발생 반응의 속도가 매우 느려서, 수소발생과 산소발생이 거의 문제되지 않기 때문이다. 다시 말해 그렇게 되도록 적절히 설계된 후에 비로소 실용전지가 될 수 있었음을 의미한다.

예를 들면, 알칼리 건전지에서는 분말 형태의 아연 음극이 이용된다. 이것을 판상의 아연 음극을 이용하는 망간 건전지의 경우와 비교하면 알칼리 건전지에서의 아연 표면적이 월등하게 크다. 따라서 망간 건전지에서는 큰 문제가 아니었던 음극의 수소발생에 의한 자기방전이 알칼리 건전지에서는 큰 문제가 된다. 이것을 극복하기 위하여 아연 분말의 표면을 수소과전압이 큰 수은 박막으로 코팅하여 수소발생을 억제하는 방법이 채택되었었다. 그 후에 수은을 이용하지 않는 방향으로 기술개발이 진행된 결과, 아연을 안티몬과 인듐 등과 합금화 시키는 것에 의해 수소발생의 억제에 성공하여 알칼리 건전지로부터 수은이 없어지게 되었다.

한편, 납축전지에서는 납의 수소과전압과 이산화납의 산소과전압 모두가 크기 때문에 물의 분해반응 속도가 느리다. 그러나 납축전지를 방치해 두면 방전이 되어 버려 사용할 수 없게 되는 것이 널리 알려져 있다. 이것은 서서히 진행하는 산소발생과 수소발생에 의해 자기방전이 일어나 활물질이 소실되기 때문이다. 즉, 장기간 충전상태로 보존해야만 하는 용도로는 납축전지가 적합하지 않다(실제로는 정전을 대비하여 장시간 대기시켜야만 하는 백업용 전원으로도 납축전지가 사용되고 있는데, 이것이 가능한 이유는 납축전지에 자기방전에 상당하는 정도의 미소 충전을 지속적으로 실시하기 때문이다).

수용액계에서는 산소발생과 수소발생의 과전압이 커지도록 궁리를 하면 1.23V

의 이론 분해전압을 넘어 2V 가까이까지 전압을 나타내는 전지에 이용할 수가 있다. 이것은 열역학적으로 불안정한 전해질의 분해반응(자기방전)을 속도론적으로 억제하여 사용할 수 있도록 하는 것이다.

7.3 유기 전해액

현재 시판되고 있는 리튬이온전지에서는 전해질로서 유기 용매에 리튬염을 용해시킨 유기 전해액을 이용하고 있다. 소형 휴대기기용 전원으로 시판되는 리튬이온전지는 주로 코발트산리튬계를 양극재료로, 흑연화탄소를 음극재료로 이용하고 있는데, 각각의 전위는 리튬금속을 기준(Li^+/Li)으로 충전 과정에서 4.2V 이상 및 0.03V 이하가 되기 때문에 이용하는 전해액의 전위창이 넓을 필요가 있다.

리튬이온전지의 전해질은 전기이중층 커패시터에서와는 다르게 리튬 이온이 양극으로부터 음극 또는 음극으로부터 양극으로 이동할 때의 통로이기만 하면 된다. 그러나 충방전 반응이 원활하게 진행되기 위해서는 리튬이온전지가 사용되는 환경에서 전해질이 높은 이온전도성을 가질 필요가 있다. 또한 안전해야 하고 가격이 싸야만 한다. 이와 같은 제한이 있어서 현재 사용되는 리튬이온전지에서는 지지전해질로 $LiPF_6$를 1mol/dm^3 정도 용해시킨 탄산에틸렌(Ethylene Carbonate, EC)계 전해액이 이용되고 있다.

7.3.1 용매의 종류와 성질

리튬이온전지의 전해액은 리튬 이온의 통로이다. 전지가 충전되거나 방전할 때 전해액이 반응하면 전지의 충방전 성능을 저하시킨다. 이것을 피하기 위해서는 전해액이 일절 반응해서는 안된다. 따라서 이용하는 용매는 전극의 산화・환원에 대해 안정해야만 한다. 또한 높은 이온전도율을 부여해야만 한다.

전해액이 높은 이온전도율을 가지기 위해서는 고농도에서 존재하며 전하의 담체로 작용하는 이온의 이동도가 커야 하기 때문에, 용매는 지지전해질인 리튬염을 고농도로 용해시켜야 하는 동시에 그 염을 해리시켜야 하고 점도가 낮을 필요가 있다. 또한, 전지의 작동온도 영역이 넓은 것이 바람직하기 때문에 저온에서 리튬염의 해리도가 높고 점도가 낮을 필요가 있다. 이러한 요구를 만족시키는 용매는 비유전율이 크고, 비점은 높으며 응고점은 낮고, 저점도일 필요가 있다.

상기와 같은 특성을 가지고 환원과 산화에 대해 안정한 용매를 발견하는 것은 쉽지가 않다. 지금까지 리튬이온전지의 연구에서 이용되어 왔던 유기 용매의 물성을 표 7.1에 나타낸다.

표 7.1 리튬이온전지의 연구에서 사용되는 다양한 유기 용매의 물성

유기용매	M.W.	d (g/cm^3)	T_m (℃)	T_b (℃)	T_f (℃)	ε_r	DN	η (cp)
Ethlyene Carbonate (EC)	88	1.32	36.4	248	160	89.6	16.4	1.92
Propylene Carbonate (PC)	102	1.20	-49.2	242	132	64.4	15.1	2.53
γ-Buthylolactam (γ-BL)	86	1.13	-43.5	204	98.3	39.1	18	1.73
Dimethyl Carbonate (DMC)	90	1.07	0.5	90.2	19	3.1	-	0.59
Diethyl Carbonate (DEC)	118	0.98	-43.0	126	25	2.8	-	0.75
Ethlymethly Carbonate (EMC)	104	1.01	-53	110	-	2.96	-	0.65
1,2-Dimethoxyethane (DME)	90	0.87	-58	82	1	7.2	24	0.46
Acetonitrile (AN)	44	0.87	-43.8	81.6	2	35.9	14	0.34

M.W. : 평균분자량, d : 밀도, T_m : 융점, T_b : 비점, T_f : 인화점, ε_r : 비유전율, DN : 주게수, η : 점도를 나타낸다.
[출전 : 상기 데이터는 주로 Organic Solvents-Physical properties and methods of purification 4th edition (Wiley), 신판 용제 핸드북(유기합성화학 협회편), 주게(donor)와 받게(acceptor)(大瀧二志 저)에 실려 있는 값이다.]

용매의 전자공여성에 대한 척도이며 리튬염 용해도의 지표가 되는 Gutmann의 주게수(Donor Number, DN)[1]에 관해서도 함께 기재하였다. 이 표로부터 알 수 있듯이 비유전율이 큰 용매는 용매분자들 끼리의 상호작용도 커지기 때문에 점성도 높다. 이 표에서 AN은 유전율이 비교적 큰 극성용매[일반적으로 비유전율이 큰 용매($\epsilon_r > 15 \sim 20$)는 극성용매라 부른다]임에도 불구하고 점성이 낮다. 그래서 유럽과 미국에서는 비수계 전기이중층 커패시터용 전해액으로써 이용되고 있다. 한편, 일본에서는 AN계 전해액이 안전성의 관점에서 이용되고 있지 않다. 표 7.1에 나타낸 용매 중에서 환상(環狀)의 구조를 가지는 EC와 PC의 경우, 비유전율이 높아서 리튬염의 용해도와 해리도가 높아지고, 산화·환원에 대한 안정성이 높아서 리튬이온전지의 전해질로써 유망한 물질이라는 것을 이해할 수 있다. 이 중에서 6장에서 설명한 흑연계 음극에서의 표면피막(SEI) 생성의 관점으로부터 EC가 이용된다. EC는 실온 부근의 높은 응고점을 가지기 때문에 직쇄계 카보네이트계인 DMC, DEC, EMC 등을 첨가하여 응고점과 점도를 낮춘 혼합용매의 형태로 이용되고 있다.

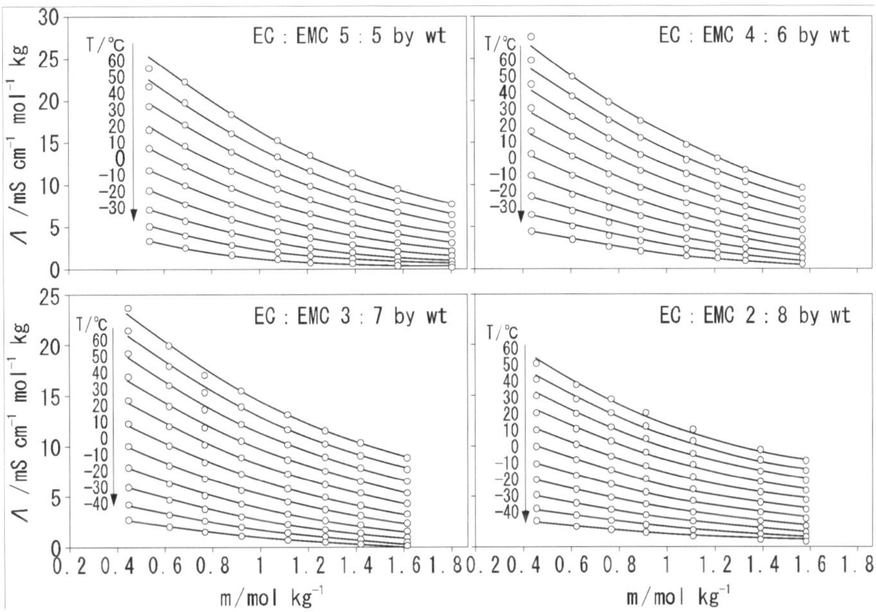

전도율이 사슬상의 카보네이트 혼합비에 의해 변하는 것을 알 수 있다.

그림 7.2 탄산에틸렌(EC)과 탄산에틸메틸(EMC) 혼합용매계 전해액의 이온 전도성에 대한 혼합비 및 $LiPF_6$ 전해질염의 중량 몰농도 의존성

[출전 : M. S. Ding et al., J. Electrochem. Soc., 148, A1196 (2001)]

EC와 직쇄 카보네이트 용매의 비율에 따라 전해액의 성질이 달라지고, 그림 7.2에 나타냈듯이 전도율이 용매의 조성비에 의존한다. 한편, 전해액의 안정성, SEI가 쉽게 생성되는지의 여부와 생성된 SEI의 안정성, 초기 비가역용량 등도 혼합용매의 조성에 의존한다. 그래서 조합이 같더라도 용도에 따라 혼합비가 선택된다. 예를 들면, 출력을 필요로 하는 전동공구용 리튬이온전지에서는 EC에 대한 직쇄 카보네이트의 비율이 높은 전해액이 사용되고 있다.

전해질 용액 중의 용매의 성질을 나타내는 지표로서 루이스 산성과 염기성을 고려할 수 있다. 용매의 루이스 염기성 또는 루이스 산성의 지표로서 Gutmann의 DN과 받게수(Acceptor Number, AN)가 있다. DN은 루이스산인 오염화안티몬($SbCl_5$)과 루이스염기인 유기용매 X와의 반응인 다음 반응의 엔탈피(kcal/mol)로 정의된다.

$$SbCl_5 + :X \rightarrow Cl_5Sb-X \tag{7.1}$$

DN이 클수록 용매의 반응성도 높다. 한편, AN은 루이스 염기인 트리에틸포스핀옥사이드(($(C_2H_5)_3PO$)에 유기 용매를 녹여 ^{31}P의 NMR shift를 측정하여 구한다. 헥산에서의 값을 0, 오산화안티몬에서의 값을 100으로 하여 그 외의 여러 가지 용매에서의 값을 정의한다. DN이 작고 루이스 염기성이 약한 유기용매는 전자공여성이 작다. 일반적으로 DN이 작은 유기용매는 산화되기 어렵다. 표 7.1에 나타낸 용매 중에서는 DME의 DN이 가장 크고, γ-BL, EC, PC의 순서로 그 뒤를 잇는다. $LiCoO_2$ 박막 위에서 에테르계 전해액이 산화되어 분해되기 시작하는 전위는 4.0V 근방이고, EC와 PC가 산화되어 분해되는 전위는 4.0V보다 높다.

DN이란 약한 루이스산(soft acid)인 $SbCl_5$와 용매의 식 7.1의 반응으로 정의되는 양이다. 그러나 리튬이온전지에서는 리튬 이온이라는 강한 루이스산(hard acid)과 강한 루이스염기(hard base)인 용매와의 상호작용을 생각해야만 한다. 따라서 DN을 용매와 리튬 이온과의 상호작용에 관한 척도로 이용하는 것은 반드시 정확하지는 않다.

7.3.2 리튬염

용매에 지지전해질로서 리튬염을 용해시켜 전해액으로 사용한다. 일반적으로 유기용매는 전해질을 용해시키기 어렵기 때문에 리튬염의 선택은 중요하다.

용해도를 높이고 해리되기 쉬운 리튬염은 양이온인 리튬 이온과 음이온과의 상호작용이 작아야 할 것, 즉 염 결정의 격자에너지가 작아야 할 것이 필요하다. 리튬 이온은 강한 루이스산이기 때문에, 상대 이온인 음이온은 크기를 크게 하여 하전이 작은 염기(soft base)가 바람직한데, 이와 같은 음이온은 보통은 1가 이온으로 PF_6^-, ClO_4^-, BF_4^-, $N(CF_2SO_2)_2^-$, $N(C_2F_4SO_2)_2^-$ 등이 있다. 시판되는 리튬이온전지에서는 용해도, 산화·환원 안정성, 음극과의 궁합, 열적 안정성, 안전성, 가격 등의 관점에서 PF_6^-의 리튬염이 지지전해질로 이용되고 있다.

이와 같은 염을 용해시키면 강한 루이스산인 Li^+에 강한 루이스염기인 용매(보통은 용매 분자 중의 산소 원자)가 용매화(배위)하여 염을 용해시킨다. 용매화된 리튬 이온은 그 크기가 크기 때문에 양이온의 운반율(transferenece number 또는 transport number)은 작아진다. $LiPF_6$는 열적 안정성과 미량으로 존재하는 물에 의해 다음과 같은 반응을 하여 HF를 생성하고 이것이 여러 가지의 문제를 야기한다.

$$LiPF_6 + H_2O \rightarrow LiF + POF_3 + 2HF \tag{7.2}$$

$LiPF_6$는 물속에서 그다지 분해되지 않는 안정한 전해질이지만, 비수용매 중에 미량이 물이 있으면 식 7.2와 같이 반응한다. 이 반응의 생성물이 전지의 충방전에 큰 영향을 주어 열화의 원인이 된다.

이와 같은 문제를 극복하기 위하여 다양한 리튬염이 연구・개발되어 왔다. 이렇게 개발된 리튬염 중에 이미드 화합물인 $LiN(CF_2SO_2)_2$와 $LiN(C_2F_4SO_2)_2$이 우수한 특성을 나타내기는 하지만, 두 물질 모두 가격이 비싸며 전자의 경우는 양극 집전체인 알루미늄을 부식시키는 문제가 있다는 것이 보고되어 있다.

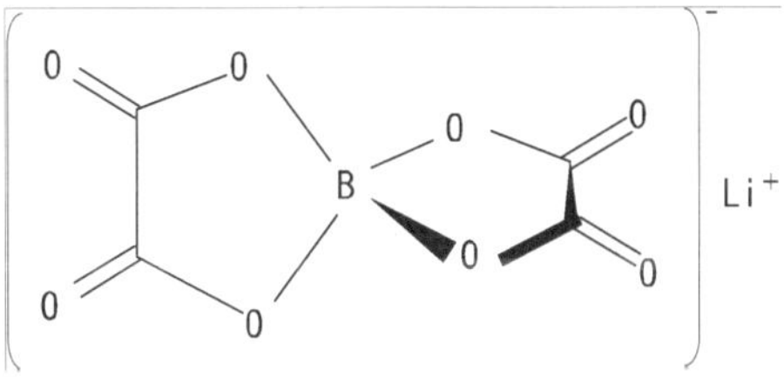

$LiPF_6$를 대체할 리튬염으로써 주목받고 있다.

그림 7.3 LiBOB의 구조식

Xu와 Angel[2)]에 의해 개발된 새로운 전해질로서 그림 7.3에 구조식을 나타낸 LiBOB(lithium bis (oxalato) borate)가 싸고 안정한 전해질로서 주목을 받았다. LiBOB를 이용하는 것에 의해 PC계 전해액을 이용하여도 흑연 음극의 충방전 반응이 양호하게 진행한다는 결과는 특히 많은 관심을 불러일으켰다. 그 이유는 현재 상용화된 전지에 사용되는 EC와 비교하여 PC가 가격이 싸며 저온 특성이 우수하기 때문이다. 본래 PC계 전해액 중에서 흑연 음극을 충전하려고 하면 1V(Li^+/Li) 부근의 전위에서 용매의 분해와 함께 흑연 층의 박리(exfoliation)가 계속적으로 진행되어, 양호한 SEI가 생성되지 않고 리튬 이온이 삽입되는 저전위에 도달되지 않아 충전할 수가 없다(6장 참조). LiBOB를 이용하여 이러한 문제를 극복할 수 있는 가능성이 제기되어 많은 연구가 진행되었다.

LiBOB를 지지전해질로 사용하는 전해액에서는 PC가 환원되는 전위보다 높은 전위에서 LiBOB의 BOB^-가 환원에 의해 분해되고, 이 생성물이 흑연 음극에 석출되어 박층을 형성하게 되는데 이것이 양호한 SEI로서 작용한다. 그렇지만 LiBOB는 용해도가 낮고 산화에 의해 분해되기 쉽다는 문제가 있음이 지적되었다. 시판되는 리튬이온전지에 이용되고 있는 양극 재료의 표면에서 LiBOB가 부분적으로 산화되어 분해된다는 것이 보고되어 있으며 현재 사용되고 있는 $LiPF_6$를 대체하는 것은 어렵다고 판단된다. 그러나 PC-LiBOB는 전위가 낮은 양극을 이용하는 전지계의 전해액으로서는 가능성이 있다. 예를 들면, 자동차 또는 전동공구용의 리튬이온전지로서 최근 활발히 연구가 진행되고 있는 $LiFePO_4$(5장 참조)를 이용한 C(graphite)/PC-LiBOB/$LiFePO_4$의 조합은 가능하다고 생각된다.

7.3.3 유기 전해액의 이온전도성

리튬이온전지에 이용되고 있는 전해액의 이온전도율은 수용액과 비교하여 10배 이상 낮아 10mS/cm 정도의 이온전도율을 가진다. 리튬이온전지에서는 전해액의 이온전도성이 낮기 때문에 전해질 층의 두께를 가능한 한 얇게 하여 옴손실을 작게 하고 있다. 전해액은 다공성 격막의 공극에 함침되기 때문에 전해질 층의 두께는 격막의 두께와 같은 15~50㎛ 정도가 된다. 격막으로는 다공성 폴리올레핀 막이 이용되는데, 이 막은 그 강도가 충분하지 않아서 너무 얇게 하면 전지의 제조 공정에서 불량품이 나오거나 사용 중에 격막에 구멍이 생겨 내부단락이 일어나 이상 발열 등의 전지 성능을 저하시키는 현상이 일어나기도 한다.

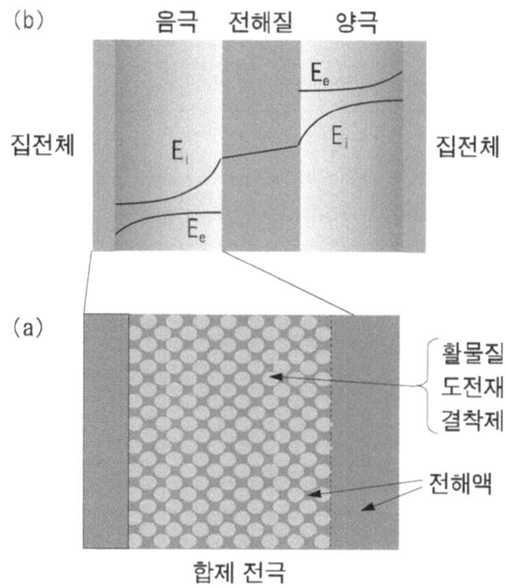

그림 7.4 합제 전극 내부에서의 전위 분포

전해액의 이온전도율이 낮다는 것은 전극합제의 설계에도 큰 영향을 준다. 전극합제는 그림 7.4(a)에 나타낸 것과 같이 활물질 분말, 도전재, 결착제가 혼합되어 이루어진 다공성 전극의 구조를 하고 있으며 이러한 구조 중의 공극에 전해액이 주입된다. 합제전극을 충방전하면 옴손실과 분극 때문에 그림 7.4(b)와 같이 두께 방향으로 전위분포(전류분포)가 생긴다. 활물질의 전자전도성은 도전재를 첨가하여 높일 수가 있기 때문에 합제 내부의 전자전도율에 기인하는 전위분포(E_e)는 작게 할 수 있다. 한편, 합제 내부의 공극에 존재하는 전해액의 저항은 활물질 측의 전기저항에 비교하여 크기 때문에, 전류가 흘러 전지반응이 진행할 때의 용액 측의 전위분포(E_i)는 급경사를 이룬다. 전위분포가 급경사 형태로 되면 그 차이가 합제전극 내부에서는 작아지게 되어 전극반응의 속도가 매우 느려진다. 즉, 합제전극의 활성 부분이 전해질 계면 측의 제한을 받아 유효한 전극의 깊이가 얕아진다. 이온전도성이 낮아지고 전지의 전류가 커지면 전해액 측의 전위분포가 커지게 되어 유효한 두께는 더욱 얇아진다. 이온전도율이 큰 황산 수용액을 이용하는 납축전지의 전극 두께가 2~5mm 정도로 두꺼운 것에 비해 전도율이 낮은 유기 전해액을 이용하는 리튬이온전지에서는 전극합제 층의 두께가 100㎛ 정도로 얇게 되어 있다. 대전류를 흘리는 고출력 리튬이온전지의 경우에는 합제 층의 두께가 20~50㎛ 정도로 더욱 얇아진다.

표 7.2 소형 휴대기기용 전원(18650 형태)과 전동공구용 전원(26650 형태)의 성능비교

셀의 형태	18650 G8	26650 VT
크기	직경 18mm, 높이 65mm	직경 26mm, 높이 65mm
용량 (0.2CmA의 경우)	2550mAh	2500mAh
표준 충전 전압	4.2V~3.0V	4.1V~3.0V
에너지밀도	545Wh/L	250Wh/L(최대출력 50A)
중량	46g	90g

26650 형태에서는 18650 형태보다도 직경이 약 1.5배지만, 용량이 작다.
(출전 : SONY의 HP http://www.sony.co.jp/SonyInfo/News/Press_Archive/200412/04-060)

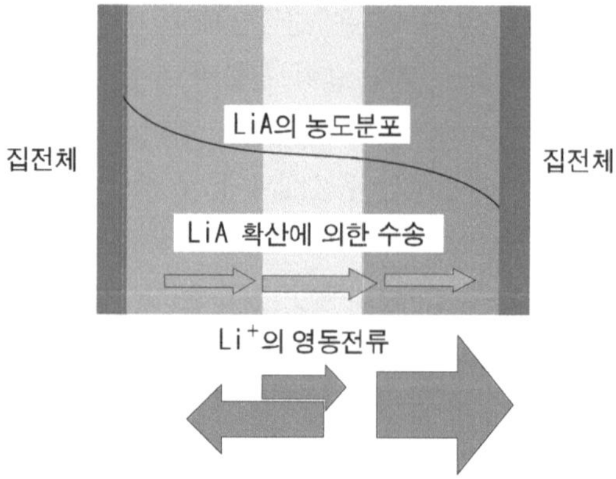

그림 7.5 대전류 방전시의 리튬염(LiA) 농도분포

이와 같은 두께의 차이는 노트북 컴퓨터용의 18650형(직경 18mm, 높이 65mm) 전지와 전동공구용의 26650형(직경 26mm, 높이 65mm) 전지의 사양을 비교하면 정성적으로 이해할 수 있다. SONY의 보도자료에[3] 실려 있는 전지의 사양을 표 7.2에 나타내었다. 이들 두 가지 전지의 용량은 전자가 2550mAh이고, 후자가 2500mAh이다. 직경의 차이로부터 단순하게 생각하면 26650형 전지가 18650형 전지와 동일한 구성을 하고 있다면 약 2배의 용량을 가지게 되지만 실제 두 전지의 용량은 거의 같다. 이것은 합제전극의 두께가 얇기 때문에 결과적으로 집전체와 격막이 차지

하는 총체적의 비율이 커진 것이 하나의 원인이다.

고출력 전지에서는 전해질에 기인하는 다른 요인도 생긴다. 리튬염이 용해된 전해액에서는 용매가 Li^+에 강하게 배위하고 있기 때문에, 크기가 큰 음이온의 염을 이용한다고는 하지만 용매화된 이온 반경은 리튬 이온이 음이온보다 커지게 되며, 전해액의 Li^+ 운반율은 작아서 많은 전해액에서 0.5 보다도 낮아진다.

이와 같은 전해액을 이용하여 리튬이온전지를 대전류로 방전하면 그림 7.5에 나타낸 것과 같이 리튬 이온이 양극 중에 삽입되는 반응이 진행하는 양극 합제 내부에서는 합제 내부에서 리튬 이온이 소비되며, 합제 내부의 전하는 리튬 이온이 우측 방향으로 음이온 X^-가 좌측 방향으로 영동하는 것에 균형이 맞추어진다. 한편, 리튬 이온이 탈리되는 음극 합제의 내부에서는 리튬염의 농도가 증대된다. 이와 같은 농도의 치우침이 생기면 염의 확산에 의해 균일하게 되려고 하지만 대전류를 흘린 조건에서는 염의 확산속도가 충분하지 않아 농도의 불균일이 증대하게 되고, 결과적으로 양극에서는 합제 내부의 리튬 이온이 부족한 상황이 발생한다. 이것이 극단적으로 일어나면 합제 내부에서는 리튬염이 부족한 상황이 되어 반응이 더 이상 일어나지 않게 된다.

7.3.4 유기 전해액의 전위창

7.1절에도 기재하였지만 전해질에는 넓은 전위창이 요구된다. 또한, 3.1절에서 설명했듯이 전해액의 안정성은 Linear Sweep Voltammetry(LSV) 등에 의해 측정되지만, 전위창을 결정하는 것이 쉬운 것은 아니다. 유기 전해액은 정제하여 순수한 용매를 얻는 것이 어려우며 전극반응 또한 복잡하다. 잔여전류, 불순물에 기인하는 전류, 나아가 성제한 부반응 생성물의 상대전극에서의 반응 등이 관련된다. 또한, 리튬이온전지는 용도에 따라 극히 장기에 걸친 수명이 요구되기 때문에 이와 같은 용도의 전지에 사용되는 전해액의 안정성에 관해서는 잔여전류 등을 포함하여 극히 저전류가 문제가 되는 것에 유의하여 검토해야만 한다.

유기물의 반응은 전극재료에 의해 큰 영향을 받는다. 예를 들면, 수용액계에서의 결과이기는 하지만 MnO_2, CoO_x, NiO 등은 유기물 전해산화의 매개체(mediator)로 사용되어 많은 유기물을 산화시키며, 또한 산화선택성이 우수한 경우도 많다. 이것은 이들 산화물이 유기물을 산화시킨다는 것을 나타내는 것으로, 리튬이온전지의 양극재료 대다수는 유기물의 산화에 대해 활성이라는 것을 시사하고 있다. 리튬이온전지의 전해액은 수분량이 20ppm 이하로 매우 낮기 때문에, 산화물과 유기물의

제 7 장 전해질

리튬이차전지

반응활성이 서로 다르다는 것을 고려해야 하지만 양극 산화물에 의한 유기물의 산화는 전해액의 전위창을 평가하는 것을 매우 복잡하게 한다.

리튬이온전지에 사용되고 있는 EC계 전해질의 전기화학적 안정성에 관해 생각해 보기로 한다.

$LiCoO_2$ 전극에서의 EC의 분해는 널리 연구되어 있는데, $LiCoO_2$ 박막 전극에서의 연구 결과를 근거로 4.1V부터 전해질의 산화분해가 일어난다는 보고가 있는가 하면 이것보다 높은 전위에서 분해된다는 보고도 있다. 상용화된 전지를 나타낸 표 7.2에서는 충전전압의 한계가 4.1V 및 4.2V로 되어있다. 충전 과정에서의 음극 전위가 리튬금속 기준으로 0.03V 정도이기 때문에 양극의 전위는 리튬금속 기준으로는 4.2V 정도가 될 것이다. 따라서 적어도 표 7.2에 나타낸 전지계에서는 4.2V 정도까지는 양극에서 전해질이 산화되어 분해되지 않도록 설계되어 있다.

다음으로 음극에 주목하면, EC계 전해질은 흑연 음극에서 약 1.0V(*vs.* Li^+/Li) 근방에서 환원되어 분해된다. 이와 같은 결과를 생각하면 EC의 안정성은 그림 7.6과 같이 정리된다.

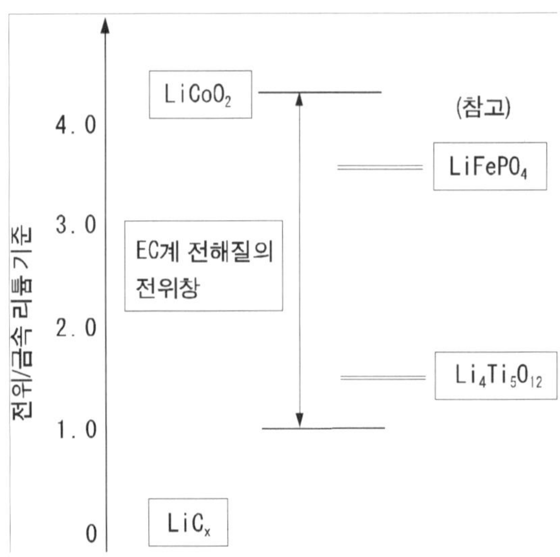

LiC_x는 흑연에 리튬이 삽입된 Li-흑연 층간화합물을 의미한다. LiC_x의 전위가 EC계 전해질의 전위창으로부터 떨어져 있는 것에 주의. 참고로 이러한 전위창 내에 전위를 가진 대표적인 양극과 음극을 나타내었다.

그림 7.6 리튬이온전지의 전극 전위와 전해질의 전위창

EC계 전해질의 전위창 안에 전극전위가 존재하는 양극재료와 음극재료를 사용하면 전해액의 안정성은 보장된다. 그러한 대표적인 것으로서 올리빈형 인산철리튬($LiFePO_4$)과 스피넬형 티탄산리튬($Li_4Ti_5O_{12}$)이 있다. 전지의 장수명화를 달성하기 위해서는 전해질의 전위창 안에 양극과 음극의 전위가 위치하는 것이 바람직하다. 이를 위해서는 전해질의 전위창을 넓히거나 전위가 낮은 양극재료 및 전위가 높은 음극재료를 이용하는 것이 장수명화의 열쇠이다. 그러나 유기 전해액의 전위창을 넓히는 데에는 한계가 있고, 현재 상용화된 전해액보다도 대폭 향상시키는 것은 어렵다. 한편, 저전위 양극과 고전위 음극을 이용하면 기전력이 작아져 에너지밀도의 저하를 가져온다.

7.3.5 표면피막 형성을 위한 첨가제

리튬이온전지의 음극으로는 주로 흑연화 탄소재료가 이용되고 있다. 리튬이온이 흑연에 삽입될 때 생성되는 리튬-흑연 층간화합물은 리튬금속과 거의 같은 전위를 나타내며 매우 강한 환원력을 가진다. 때문에 대부분의 유기 용매는 흑연 음극에서 환원된다고 생각하지 않을 수 없다. 그러나 유기 용매를 이용한 리튬이온전지가 널리 실용화되어 있다. 또한, 리튬이온전지의 제 2사이클 이후의 충방전 효율은 거의 100%이다. 이것은 6장에서 상세하게 설명했듯이, 초기 충방전 과정에서는 전해액이 흑연 음극에서 환원되어 분해되지만 이 분해 생성물이 흑연 표면에 피막을 생성하고, 이 피막(SEI)이 더 이상의 전해액 분해가 진행하지 않도록 억제하는 작용을 하기 때문이다. 이와 같은 SEI는 전자전도성을 가지지 않기 때문에 부동태 피막으로서 작용한다. 나아가 그러한 SEI는 리튬이온 전도성을 가지기 때문에 제 2사이클 이후의 전지반응을 가능하게 함과 동시에 그 이상의 전해액 분해를 억제한다. 이러한 원리에 의해 리튬이온전지는 우수한 사이클 특성을 나타낸다.

SEI가 생성되기 위해 손실되는 리튬은 충전 과정에서 양극으로부터 탈리된 것이고, 일단 SEI 생성에 사용되면 다음 충전에는 사용할 수 없게 되어 결과적으로 용량저하를 초래한다. 때문에 에너지밀도의 향상을 위해서는 소량의 전하량에 의해 고효율로 음극에 SEI를 생성시키는 것이 필요하며, 이와 같은 목적을 달성하기 위해 다양한 첨가제가 검토되어 있다. 시판되는 리튬이온전지에서 가장 널리 사용되고 있는 첨가제는 비닐렌카보네이트(Vinylene Carbonate, VC)이다. VC는 6장의 그림 6.14에 나타낸 것과 같이 EC의 C-C 단일결합 부분이 C=C 이중결합으로 되어 있는 화합물로, 초기 충전 과정에서 전해중합과 같이 중합되어 고분자 사슬을 가지는 SEI를 형성한다. 이와 같은 이유로 작은 비가역용량으로 안정한 SEI가 형성된다.

리튬이온전지의 전해액이 EC계 전해액이라는 것은 앞에서 설명했는데, EC는 1V (*vs.* Li^+/Li) 이하에서 환원분해되어 폴리에틸렌옥사이드(Polyethylene oxide, PEO) 상의 유기물을 생성하며 이것이 SEI의 구성요소가 된다. 따라서 1V 이하의 전위에서 환원분해되어 양호한 SEI를 형성하는 것이 첨가제의 설계 지침이 된다. 또한, 충방전 사이클이 반복됨에 따라 음극 활물질인 흑연의 체적도 팽창 및 수축이 반복되며 이와 같은 과정에서 SEI가 파괴되기도 하는데, 파괴된 SEI가 다시 수복되기 위해서는 전하가 소비되게 되어 비가역용량이 발생한다. 활물질의 체적변화에 수반되어 파괴되지 않는 SEI를 만들면 사이클 과정에서에서의 전지의 충방전 효율 저하를 방지할 수 있다. 아울러 전해액과 마찬가지로 첨가제에 의해 생성되는 SEI가 열적 안정성 및 화학적 안정성을 높일 수 있을 것도 기대된다. 이와 같은 조건을 만족시키는 SEI 형성 첨가제로서는 VC 이외에 에틸렌설파이트(Ethlyene Sulfite, ES) 등 다수의 유기·무기 화합물이 연구되어 있다.

SEI는 부동태 피막으로서 속도론적으로 전해액의 분해를 억제한다는 것을 앞에서 설명했다. 여기서 1시간 충전했을 때 흑연 입자 1개당 몇 개의 리튬 이온이 피막을 통과하는지를 생각해 보도록 한다. 6장에도 기재하고 있지만, 리튬 이온이 흑연에 완전히 충진되면 그 조성은 LiC_6가 된다. 입경 20㎛ 정도의 구상 흑연 입자를 가정하면 밀도 $2.2g/cm^3$로부터 흑연 입자 1개의 질량은 9×10^{-9}g이 된다. LiC_6일 때 리튬 이온의 물질량을 생각해 보면 1초간에 10^{10}개 정도의 리튬 이온이 SEI를 통과한다. 불과 수 nm 정도 두께의 SEI는 이러한 리튬 이온의 흐름에 견디고 있는 것이다.

7.3.6 난연성 전해액

리튬이온전지가 나타내는 높은 전압은 유기계 전해액을 사용하는 것에 의해 실현 가능하다. 한편, 유기계 전해액은 가연성이기 때문에 리튬이온전지는 안전성을 배려하여 설계되어 있다. 리튬이온전지는 전기자동차, 하이브리드 자동차 등의 전원으로서의 용도가 기대되고 있으며, 최근 연구개발이 활발하게 진행되고 있다. 이와 같은 용도에서는 전지가 커짐과 함께 적재량도 많아지기 때문에 안전성 확보는 지금까지 이상으로 중요하다.

난연성 전해액의 개발은 전지의 안전성을 대폭 향상시킬 수 있기 때문에, 이러한 점이 주목되어 연구개발이 진행되어 왔다. 그러한 난연성 전해액의 대표적인 것으로는 인산트리메틸과 유사성을 가진 인산에스테르가 있다. 인산에스테르의 유전율이 낮고, 또한 점성이 높기 때문에 그대로는 전해액으로 사용할 수 없다. 따라서 인산에스테르를 EC계 전해액에 첨가하여 리튬이온전지의 성능을 가능한 한 저하시키기 않으며 난연화를 꾀하는 것이 검토되어 왔다. 유감스럽지만 지금까지 리튬이온전지용의 우수한 난연성 전해액은 발견되지 않고 있다. 난연성 전해액의 연구개발은 향후 점점 더 중요해질 것이다.

7.4 고체 전해질

7.4.1 고분자 전해질

리튬이온전지의 안전성을 비약적으로 향상시키는 가장 유력한 수단으로 리튬이차전지의 전고체화(全固體化)가 있다. 전고체화를 목표로 리튬 이온전도성을 가지는 고분자 전해질이 지금까지 다수 연구되어 왔다. 고분자 전해질이란 PEO, 폴리프로필렌옥사이드(Polypropylene Oxide, PPO)로 대표되는 주게(donor)형 극성기를 가지는 고분자와 전해질염과의 복합재료이다. 고분자 중에 용해된 리튬염의 리튬 이온에 산소 원자 등의 극성 부위가 배위함으로 인해 리튬염이 해리되어 이온전도성이 발현된다.

리튬 이차전지용 고분자 전해질은 다음과 같은 장점을 기대할 수 있다.

① 전기화학적 고체 디바이스가 구축되어 누액(漏液)의 염려가 없으며 구성재료도 부식되기 어렵나.
② 휘발싱 용내를 이용하시 않기 때문에 발화 능의 위험성이 적다.

지금까지 보고되어 있는 고분자 전해질의 이온전도율 최고치는 실온 부근에서 0.1~1.0mS/cm의 범위에 있고, 이 값은 유기 전해액의 이온전도율보다 10배 정도 이상 낮은 값이다. 따라서 리튬 이차전지에 고분자 전해질을 이용하는 경우 전해질의 박막화에 의한 저항의 저감이 중요해진다. 고분자 전해질을 이용하는 전지에서는 전해액을 이용할 때보다 유효 전극의 깊이가 얕아지기 때문에 전해액을 사용할 때보다 전극의 두께를 더욱 얇게 할 필요가 있다.

고분자 전해질 내부에서 이온이 전도성을 발현하기 위해서는 고분자가 전해질

염을 용해 및 해리시키는 것에 의해 가동 이온을 생산해야 한다. 아울러 생성된 가동 이온을 빨리 이동시키는 능력이 요구된다. 이와 같은 능력을 가진 고분자의 특징은 전자공여성기(예를 들면 에테르기, 에스테르기 등)를 고농도로 함유하며, 고분자 사슬의 유연성이 높음으로 인해 낮은 유리전이점(T_g)을 가진다는 것이다.

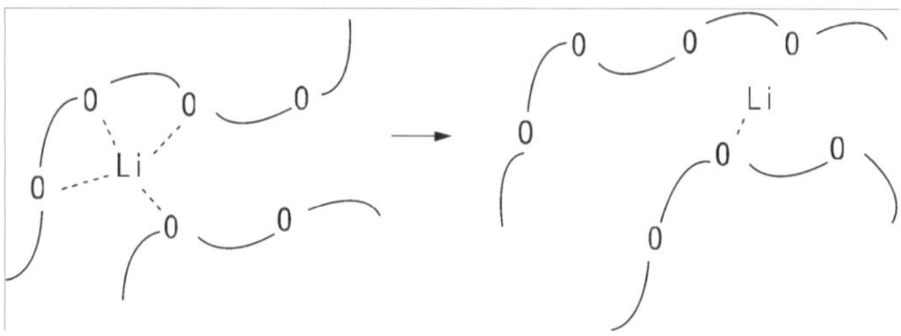

고분자 매트릭스 내에서 리튬 이온은 에테르산소에 의해 용해화된 상태이고, 고분자의 세그멘트 운동에 의해 리튬 이온이 이동된다.

그림 7.7 고분자 중에서의 이온 이동

고분자 전해질 내부에서의 이온 이동은 자유체적 이론을 이용하여 정성적으로 설명할 수 있다. 자유체적 이론에서는 액체의 점성 유동이 생기기 위해서 자유체적이 존재하고 열에너지에 의해 일정 크기의 공극이 유동단위 옆에 생성될 필요가 있으며, 점성율의 온도 의존성은 자유체적의 열팽창에 기인한다고 정의하고 있다.

고분자 전해질 내부에서의 이온 이동은 주로 무정형 점탄성체 상인 고분자 사슬의 열운동에 의해 일어난다. 즉, 양이온의 이동은 고분자 세그멘트의 움직임에 의해 일어난다(그림 7.7 참조). 한편, 결정상의 이온전도도는 작다.

무정형 고분자 전해질 중에서 이온전도도의 온도 의존성은 식 7.3에 나타낸 Vogel-Tammann-Fulcher(VTF) 식과 좋은 상관관계를 나타내는 경우가 많다.

$$\sigma = \frac{A}{\sqrt{T}} \exp\left(\frac{-B}{T - T_0}\right) \qquad (7.3)$$

여기서, σ : 이온전도도

A : 가동 이온의 수에 비례하는 상수

B : 상수

T_0 : 이상적인 유리전이점 T_g

VTF 식은 T_g로부터 T_g+100℃에 걸치는 넓은 온도 범위에서 실험 결과와 잘 일치한다. VTF 식은 본래 과냉각 액체에서 점도의 온도 의존성을 나타내기 위하여 유도된 식이다. 이 식을 고분자 전해질의 이온전도도와 관련지을 수 있다는 것은 이온전도가 자유체적 이론에 근거하고 있다는 것을 의미한다. 무정형 고분자처럼 규칙적으로 배열하고 있지 않을 때에는 커다란 고분자 사슬이 운동을 하여 높은 이온전도도가 얻어진다. 이온의 움직임은 고분자 사슬의 운동에 의해 이루어지기 때문에 보다 유연한 골격, 즉 낮은 T_g를 가지는 무정형 고분자의 개발이 진행되어 왔다.

PEO 이외의 고분자 전해질에 관해서도 많은 연구가 진행되고 있으며, 그 대부분이 높은 이온전도성을 얻기 위하여 결정화를 억제하여 무정형 고분자를 제조하는 것에 초점을 맞추고 있다. 이와 같은 이유에서 불규칙성을 도입한 직쇄상 고분자, 빗살모양 형성 고분자, 무기 골격을 가지는 빗살모양 형성 고분자, 네트워크 구조를 가지는 고분자 등이 검토되어 왔다. 이온전도성은 운반체 밀도와 이동도의 곱에 비례하는 값이다. PEO 등의 에테르기를 가지는 고분자는 일반적으로 비유전율이 작다(예를 들면 표 7.1에서 DME의 비유전율은 7.2이다). 따라서 PEO 등의 에테르기를 가지는 고분자 중에 리튬염을 대량으로 용해시키는 것은 어렵다. 때문에 이온전도성을 향상시키기 위해 이동도를 크게 하는 방향으로 연구가 진행되었다.

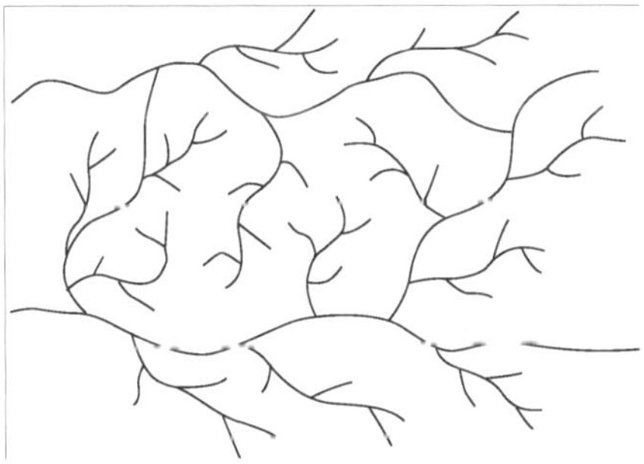

측쇄의 β 완화를 이용하여 리튬 이온의 이동도 향상을 도모한다.

그림 7.8 빗살모양 형성 고분자를 더욱 발전시킨 고분자의 모식도
[출전 : 참고문헌[5] M. Kono, K. Furuta, S. Mori, M. Watanabe, and, N. Ogata, Poly. Adv. Tech., 4, 90 (1993)]

빗살모양 형성 고분자를 더욱 발전시킨 고분자의 모식도를 그림 7.8에 나타낸다. 주쇄가 폴리에테르 구조이고 유연하고 짧은 에테르 측쇄를 가지는 2-(2-methoxyethoxy) ethyl glycidyl ether(MEEGE)와 에틸렌옥사이드를 공중합시킨 고분자는 수지상 측쇄의 도입에 의해 측쇄의 세그멘트 운동이 증가하게 되고 이를 통한 이온전도도의 향상이 기대된다. 이 고분자를 이용한 전해질은 실온 부근에서 10^{-4}S/cm, 0℃에서도 10^{-5}S/cm의 이온전도도를 가진다[5]. 이처럼 고분자 골격의 세그멘트 운동(α완화)으로부터 측쇄의 운동(β완화)을 이용하여 전도성을 향상시키는 것이 고분자 전해질을 설계하는 하나의 지침이 되었다.

고분자 전해질의 이온전도성은 저온에서 급격히 저하된다. 이것을 억제하기 위한 한 가지 방법이 β완화의 이용이다. 또한, 무기 필러를 수 wt% 첨가시키는 것에 의해 저온에서의 급격한 이온전도성 저하를 억제할 수 있다. 대표적인 예로서 Croce의 보고가 있다[6]. 나노 사이즈의 TiO_2를 PEO계의 고분자 전해질에 첨가하는 것에 의해 실온 이하에서의 이온전도성을 대폭 향상시키고 있다. 나노 사이즈의 필러를 도입하는 것에 의해 그 필러의 근방에 이온전도도가 높은 상이 출현한다. 또는, 고분자의 결정화를 억제시키는 것 등이 저온에서의 이온전도성 향상을 유발한다. TiO_2와 같이 리튬 이온전도성을 가지지 않는 것이 아니라 리튬 이온전도성을 가지는 산화물을 필러로서 도입하여 산화물이 이온전도성을 가지도록 하는 것에 의해 전체의 이온전도도 향상을 도모한 보고도 있지만, 대폭적인 이온전도성의 향상을 보고한 예는 없다. 그 이유는 고분자 전해질로부터 리튬 이온전도성 산화물로 리튬 이온이 이동할 때 이에 수반되는 활성화 장벽은 이용하는 고분자에 따라 다르지만, PEO를 이용한 경우에는 95kJ/mol의 큰 장벽이 있기 때문에 산화물의 이온전도성이 전체의 이온전도도에 거의 기여하지 않기 때문이다[7].

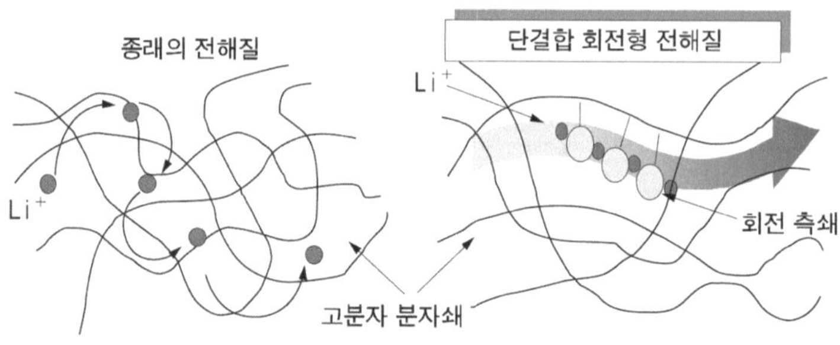

회전 측쇄에 의해 저온에서의 리튬 이온 전도성 저감을 억제하고 있다.

그림 7.9 일반적인 고분자 전해질의 모식도(좌)와 단결합 회전형 전해질(우)

[출전 : Osaka 대학 Yamamoto 교수 제공]

일반적으로 고분자 전해질의 이온전도성은 저온에서 매우 낮다. 그 이유는 앞에서 설명했듯이 고분자 전해질에서는 주쇄의 고분자 움직임에 전도성이 영향을 받기 때문이다. 측쇄의 회전운동을 보다 적극적으로 사용한 고분자 전해질이 보고되어 있다. 그림 7.9에 그 모식도를 나타내었다. 작은 회전 측쇄에 의해 리튬 이온의 전도성은 저온에서도 저감되지 않는다[8]. 이와 같은 이온전도도의 온도 의존성을 그림 7.10에 나타내었다. 일반적인 고분자 전해질에서는 저온 영역에서 매우 큰 활성화 장벽을 나타내지만, 작은 회전 측쇄를 가진 고분자 전해질에서는 저온에서의 활성화 에너지가 11kJ/mol의 매우 작은 값을 나타낸다.

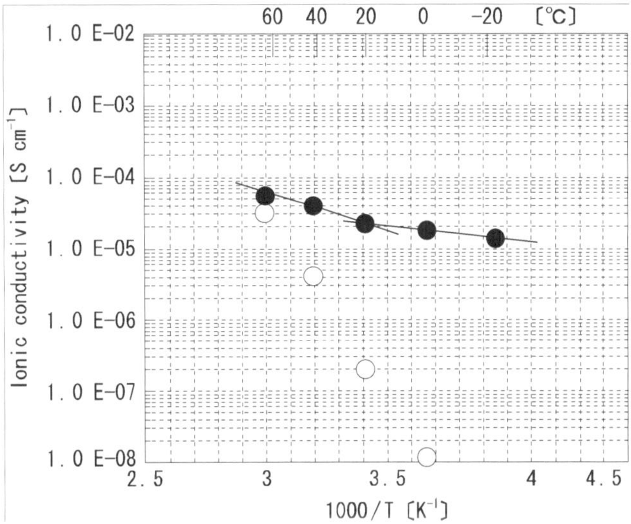

단결합 회전형 전해질에서는 저온에서의 활성화 에너지가 11kJmol^{-1}로 매우 작다.

그림 7.10 그림 7.9의 좌측에 나타낸 고분자 전해질(○)과 우측에 나타낸 단결합 회전형 전해질(●)에 있어서 이온전도도의 온도의존성

무기 골격을 가지는 고분자는 리튬테트라실록시알루미네이트(lithium tetrasiloxy aluminate) 구조를 가지는 고분자 전해질이 보고되어 있다. 이 고분자 전해질에서는 고정 음이온으로 이온 해리형의 산염착물(ate complex)이 이용되고 있으며, 리튬금속 전극 사이의 직류 전장 속에서 시간 경과에 따른 이온전도도의 변화가 적고, 리튬금속에서도 안정하며 리튬 이온에 대한 전도체로써 우수한 특성을 가지고 있다는 것이 확인되었다. 실온에서 약 10^{-5}S/cm의 이온전도성을 나타낸다. 유기 전해액의 리튬 이온 운반율은 0.3 정도인데, 고분자 전해질 중에서는 그 값이 더욱 작아진다. 따라서 리튬 고분자 전지에서는 대전류를 흘렸을 경우 농도 분극이 커지게 되어 고출력을 얻는 것은 곤란하다. 리튬 이온만이 이동하는 단일 이온전도체에서는 음이온이 붙잡혀 있기 때문에 고분자 전해질의 저항을 줄인다면 고속 충방전 반응이 가능하게 된다.

고분자 전해질을 이용한 리튬 이차전지를 제조하기 위해서는 전극과 전해질 사이에 양호한 접합 계면을 구축하는 것이 필요하다. 또한, 음극과 양극에서의 환원 및 산화에 의한 전해질의 분해를 억제할 필요도 있다. 양극으로 $LiFePO_4$, 음극으로는 $Li_4Ti_5O_{12}$을 이용하여 작동 온도를 높게 하면 그러한 조건들을 만족시키는 것이 가능하게 된다. 이와 같은 대표적인 예로서 Scrosati 그룹의 보고가 있다[10]. 그림 7.11에 $LiFePO_4$의 충방전 곡선을 나타낸다. 여기서는 상대 전극으로 리튬금속을 이용하고 있다. 또한, 고분자 전해질에는 지르코니아(ZrO_2) 필러를 첨가하였고 작동 온도는 90℃이다. 고분자 전해질의 산화분해가 일어나지 않는 전위 범위에서 작동하고 있으며, 온도를 실온으로부터 고온으로 가져가는 것에 의해 양호한 전극/전해질 계면이 구축되기 때문에 매우 안정적인 충방전 거동을 나타내고 있다는 것을 이해할 수 있다. 음극으로 $Li_4Ti_5O_{12}$을 이용하면 환원 측에서도 고분자 전해질이 안정하게 존재하여, 보다 안전하며 장수명을 가지는 리튬이온전지의 구축이 가능하다.

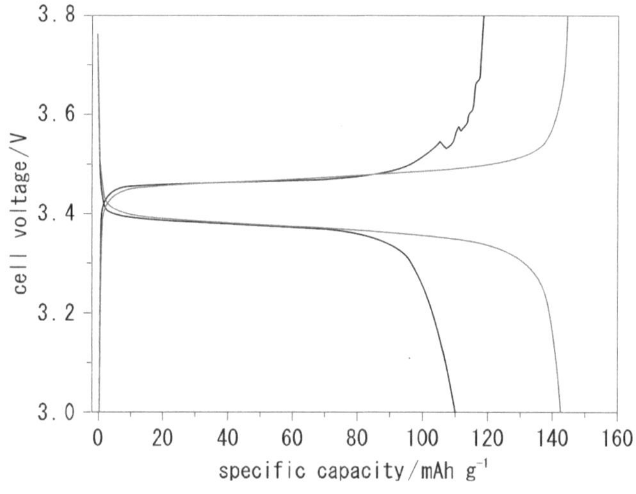

고분자 전해질은 폴리에틸렌옥사이드에 $LiClO_4$을 용해시킨 후 ZrO_2를 필러로 첨가시켜 제조한 [P(EO)$_{20}$LiClO$_4$+5% S-ZrO$_2$]을 사용하고 있다. 작동온도 : 90℃, 충방전 속도는 C/7. 가로축 용량은 양극 용량에 대응한다.

그림 7.11 Li 금속, $LiFePO_4$를 각각 음극과 양극으로 사용한 리튬 고분자 전지의 충방전 곡선

본 절 이후에서 설명하게 되는 무기 고체 전해질에서도 공통의 과제이지만, 고분자 전해질을 이용하는 경우, 전극/전해질 계면은 고체와 고체가 접촉하여 구축된다. 전자는 1nm 정도의 거리까지는 터널링이 가능하지만, 리튬 이온은 전자와 달라서 터널링이 일어나지 않기 때문에 원자 수준에서의 양호한 고체/고체 접합 계면이 필요하다. 양호한 고체/고체 접합면을 구축할 수 없는 경우, 리튬 이온이 전지 활물질에 삽입・탈리 가능한 반응 사이트가 감소하여 큰 전하이동(리튬 이온의 이동) 저항을 나타낸다. 고분자 전해질의 이온전도성은 유기 전해액과 비교하여 10배 정도 낮다. 그러나 고체/고체 접합이 나쁘면 전하이동 저항은 전해질의 저항보다도 큰 값을 나타내고, 작은 전류밖에 얻어지지 않는 리튬 고분자 전지가 된다. 접합 계면을 고려하면 고분자 전해질은 반융(半融) 정도의 상태가 되는 높은 온도에서 사용하는 것이 바람직하다.

7.4.2 고분자겔 전해질

고분자 전해질을 이용한 리튬이온전지의 실용화를 위해 극복되어야만 하는 과제에 관해서는 앞에서 설명한 것처럼 전해질에서의 이온전도성 향상, 전극/고분자 전해질 계면의 접합성 등이 있다. 이러한 문제를 해결하기 위한 장벽은 매우 높다고 할 수 있는데, 이와 같은 이유에서 고분자 내부에 전해액을 가두어 둔 형태인 고분자겔(polymer gel) 전해질의 연구개발이 진행되어 왔다. 현재 리튬 고분자 전지로서 시판되고 있는 것으로 전해질은 7.4.1 절에서 설명한 건조 고분자(dry polymer) 전해질이 아니라 고분자겔 전해질이다. 고분자겔 전해질에서 리튬 이온의 전도도는 유기 전해액에서의 전도도에 가깝지만 고분자 매트릭스 중에 전해액이 존재하기 때문에 누액의 문제가 비약적으로 개선되어 전지의 안전성이 향상된다.

고분자겔 전해질이 호스트 고분자에 관해서 다양한 검토가 이루어져 왔다. 폴리불화비닐리덴(Polyvinylidene Fluoride, PVdF)와 육불화프로필렌(Hexafluoropropylene, HFP)의 공중합체 PVdF-HFP, PEO, 다공성 PVdF 등이 있다. 호스트 고분자로서의 조건은 이온전도성을 높게 하기 위하여 가능한 한 다량의 전해액을 고분자 중에 보유하며, 유연성과 기계적 강도를 가지는 것이다. 건조 고분자 전해질의 이온전도성은 고분자의 세그멘트 운동에 의존하는 것에 비해 고분자겔 전해질에서는 전도를 감당하는 분자 운동이 전해액의 경우와 동일하다. 따라서 전도도는 전해액의 값에 가까워진다.

리튬 고분자 전지의 제조방법에 관해서 설명하도록 한다. 7.4.1 절에서 설명했지만, 전극 합제 중에는 이온 전도의 통로와 전자 전도의 통로가 필요하고, 양극 및 음극 합제의 전극 중에는 고분자겔 전해질이 존재하며, 전극 내부에서는 이온 전도의 연결로(percolation path)를 가질 필요가 있다. 따라서 전극을 제조할 때에는, 예를 들어 양극의 경우 활물질, 고분자겔 전해질, 도전재를 잘 조합할 필요가 있다. 또한, 양호한 접합 계면을 구축할 필요가 있다. 그래서 고분자 전구체의 모노머 용액에 전해액을 첨가한 후, 이 액체를 전극 내부에 주입하고 알루미늄 라미네이트 케이스로 봉지(封止)한 후, 가열 조작에 의해 열중합을 실시하고 있다. 이 방법에 의해 양호한 전극/전해질 계면을 구축함으로 인해 유기 전해액을 이용하여 제조한 전지와 동등한 성능을 내고 있다.

7.4.3 무기 고체 전해질

무기 고체 전해질을 이용한 전고체 리튬 이차전지의 연구개발이 최근 주목을 받고 있다. 이 전고체 전지는 유기 전해액을 이용하는 리튬이온전지보다도 비약적으로 안전성이 향상되기 때문에, 자동차용, 우주용 등 안전성이 특히 중시되는 용도로 주목을 받고 있다. 그러나 실용화를 향한 장벽은 고분자 전해질보다도 높아서 향후 착실한 연구가 요망된다.

무기 고체 전해질을 이용한 전고체 전지에 관해서는 역사가 깊은데, 요오드화은(AgI)을 이용한 전고체 전지가 1950년대에 보고되어 있다. 전고체 전지의 연구가 시작되었을 무렵의 최초 과제는 이온전도성이 낮고 $\mu A/cm^2$ 정도의 전류밖에 꺼낼 수가 없다는 문제를 해결하는 것이었다. 그래서 무기 고체 전해질과 관련된 연구의 중심은 고분자 전해질과 마찬가지로 이온 전도성을 향상시키는 것이었다. 계속하여 이온전도성을 가진 무기 고체 전해질에 관하여 소개한다.

은 이온의 전도체와 동일하게 리튬 이온의 전도체에 관한 연구도 역사가 깊으며 1967년에는 Yao와 Kummer에 의해 요오드화리튬(LiI)의 이온전도성이 보고되어 있다[11]. 실온에서 10^{-7}S/cm의 낮은 이온전도성을 나타내기 때문에 박막화에 의해 수 마이크론 두께의 전도체로 만들어도 단위 면적당의 내부 저항은 높다. 따라서 전고체 리튬 전지를 제조하기 위해서는 전해질의 이온전도성 향상에 의한 내부 저항의 저감이 필요했었다(LiI를 전해질로 이용한 리튬 전지는 실용화되어 심장 박동 조율기용의 장수명형 전지로서 사용되고 있다. 심장 박동 조율기는 저전류로 작동하기 때문에 전해질 저항에 대한 요구가 완화된다).

LiI의 이온전도성이 보고된 이후에 리튬 이온에 대해 전도성을 가지는 고체 전해질에 관해서 많은 연구가 진행되었고, 그 결과로 높은 이온전도성을 가지는 고체 전해질이 발견되어 왔다. 표 7.3[11~18]에 대표적인 리튬 이온전도성 고체 전해질에 관하여 나타내었다.

1980년대에 들어서서 질소화리튬과 설파이드유리로 대표되는 10^{-3}S/cm을 넘어서는 이온전도성을 가진 물질이 발견되었다. 1990년대에 이르러서는 Inaguma 그룹에 의해 10^{-3}S/cm의 이온전도도를 나타내는 산화물계의 결정성 전해질이 보고되었다[14]. 따라서 이러한 전해질을 이용하는 것에 의해 내부저항의 대폭적인 저감이 가능하게 되었다. 아울러 그러한 전해질 중을 리튬 이온이 전도할 때의 활성화장벽은 20~30kJ/mol 정도의 작은 값을 나타낸다. 이것은 저온에서의 이온전도성도 좋다는 것을 의미하며, 무기 고체 전해질을 전지에 이용하는 큰 이점의 하나이다.

표 7.3 리튬 이온전도성 고체 전해질의 실온에서의 이온전도도

Electrolyte	Conductivity [S/cm] at R.T.	Year
LiI[11]	10^{-7}	1967
$Li_{3-x}H_xN$[12]	6×10^{-3} (in-plane)	1983
$0.02Li_3PO_4-0.97(Li_2S-SiS_2)$[13]	7.6×10^{-4}	1993
$Li_{0.35}La_{0.55}TiO_3$[14]	1×10^{-3} (bulk)	1993
$Li_{2.9}PO_{3.3}N_{0.46}$(LiPON)[15]	3.3×10^{-6}	1993
$[Li_{1+x}Ti_2Si_xP_{3-x}O_{12}]$-AlPO[16]	〉 10^{-3}	1997
$(100-x)(0.6Li_2S\cdot0.4SiS_2)\cdot xLi_4SiO_4$[17]	〉 10^{4}	2000
$Li_2S-GeS_2-P_2S_5$[18]	2.2×10^{-3}	2001

무기 고체 전해질 중을 이온이 전도하는 기구는 고분자 전해질에서의 전도 기구와는 다르다. 고분자 전해질은 앞에서 설명한 것처럼 고분자의 주쇄와 측쇄의 움직임에 의해 이온이 전도한다. 이와 같은 계를 커플링(coupling)계라 부른다. 한편, 무기 고체 전해질에서는 결정성 전해질 또는 무정형 전해질에 관계없이 그 골격 구조와 이온의 전도는 연동하지 않으며 디커플링(de-coupling)계라 불린다.

전지에 무기 고체 전해질을 사용하는 경우에도 당연히 전해질의 전위창을 고려할 필요가 있다. 질소화리튬 등은 분해전압이 낮으며, 환원되기 쉬운 원소를 함유하는 전해질에서는 리튬금속 또는 리튬금속과 동등한 정도의 낮은 전위를 가지는 활물질을 사용하는 것이 어렵다. 이러한 예로 표 7.3의 $Li_{0.35}La_{0.55}TiO_3$는 우수한 이온전도체이지만 전이금속을 함유하고 있기 때문에 전해질이 환원되기 쉬워서 고전위 음극으로 이용할 필요가 있다.

표 7.3의 설파이드계 전해질 및 옥시나이트라이드계 전해질(LiPON)은 분해전압이 5V 이상인 것으로 보고되어 있다. 특히 후자의 LiPON은 전도성은 낮지만 박막화하는 것에 의해 실효 저항을 낮출 수 있어 박막 전지의 연구에 많이 이용되고 있다.

리튬이온전지의 전극 내부에는 이온전도와 전자전도의 통로가 필요하다. 충방전 반응이 진행할 때 활물질의 체적팽창이 크면 합제전극 내부에서의 전자전도 통로가 차단되는 것 등에 의해 전지의 성능 열화가 일어난다. 이와 같은 이유에서 현재 시판되는 리튬이온전지의 활물질로는 가능한 한 체적의 팽창과 수축이 적은 재료가 선택되고 있다.

한편, 전고체 전지에서는 앞에서 설명한 합제전극 내부에 더욱 많은 양의 이온전도체를 도입시킬 필요가 있으며 전자와 이온이 전도하는 통로를 확보할 필요가 있다. 또한, 활물질과 전해질의 접합은 고체/고체간의 점접촉에 의해 이루어지므로 리튬 이온의 삽입・탈리(충방전 반응)에 수반되어 활물질의 팽창・수축이 큰 경우에는 고체/고체 계면의 접합을 유지하는 것이 어려워 양호한 접합 계면을 구축하는 것이 매우 곤란하다. 그 결과 전하이동 저항의 증대를 초래하여 이용할 수 있는 유효한 활물질의 양이 급격히 감소한다. 따라서 전해액을 이용하는 리튬이온전지의 활물질보다도 수축・팽창이 더욱 적게 일어나는 재료가 바람직하다.

벌크형의 전고체 전지(현재 시판되는 리튬이온전지와 같이 합제전극을 이용한 전지)뿐만 아니라 박막 전지(활물질을 박막화하여 전극이 활물질만으로 이루어진 전지)의 구축에 있어서도 팽창・수축이 적은 활물질의 선택이 중요하다.

민생형의 리튬이온전지에서는 음극 활물질로서 흑연계 탄소재료가 사용되고 있는데, 흑연 전극은 리튬 이온의 삽입・탈리 반응에 수반되어 흑연 층의 간격이 c축 방향으로 10% 팽창・수축되기 때문에 전고체 전지의 전극으로는 적합하지 않다. 한편, 무정형 탄소로 대표되는 난흑연화성 탄소(hard carbon)에서는 리튬 이온의 삽입・탈리에 수반되는 체적의 변화가 거의 없어 양호한 접합 계면을 구축하기 쉽다.

표 7.4 무기 고체 전해질을 이용한 벌크형 전고체 전지의 대표적인 예

Electrolyte	Systems
B_2O_3-Li_2O	Li/B_2O_3-Li_2O/TiS_2[19)]
Li_3PO_4-Li_2S-SiS_2	In/Li_3PO_4-Li_2S-SiS_2/$LiCoO_2$[20)]
Li_2S-SiS_2-Si_3BO_3	In/95(0.6Li_2S-0.4SiS_2)-5Li_3BO_3/$LiCoO_2$[21)]
Si_2S-GeS_2-P_2O_5	C/LiI-Li_2S-P_2S_5/Li_2S-GeS_2-P_2S_5/$LiCoO_2$[22)]

고전위 음극인 $Li[Li_{1/3}Ti_{5/3}O]_4$는 충방전에 수반되는 격자 크기의 변화가 거의 없다. 난흑연화성 탄소는 무정형이고 $Li[Li_{1/3}Ti_{5/3}O]_4$는 스피넬형의 활물질이기 때문에 리튬 이온의 삽입 및 탈리 사이트는 층상재료와 같은 이방성을 가지지 않는다. 따라서 리튬 이온의 삽입 및 탈리 사이트는 층상재료와 같은 2차원적 사이트가 아니라 3차원적 사이트가 되기 때문에 사이트의 수가 많아진다. 체적변화가 적다는 것과 함께 활물질/전해질의 고체/고체 계면을 구축하는데 있어서 유리하다.

계속하여 양극재료에 관하여 생각해 보도록 한다. 앞에서 설명한 고체 전해질은 환원에 약하지만 산화에는 강한 재료가 많다. 양호한 접합 계면의 구축이라는 관점에서 생각하면 민생용 리튬이온전지에서 주로 사용되고 있는 $LiCoO_2$와 같은 층상재료는 불리하다. 층상재료의 경우에는 리튬 이온의 삽입 및 탈리 반응이 거의 단면에서만 진행하고, 무기 고체 전해질과 층상재료의 단면간의 점접촉에 의해 양호한 접촉 계면을 구축하는 것은 어렵다. 따라서 이와 같은 관점에서는 $LiMn_2O_4$ 등의 스피넬형 산화물을 사용하는 것이 효과적이다.

전고체 전지의 연구 중심은 박막 전지이며 무기 고체 전해질을 사용하는 벌크형의 전고체 전지에 관한 연구는 많지 않다. 표 7.4에 대표적인 벌크형의 전고체 전지에 관해서 나타내었다[19~22)]. 설파이드계 전해질을 이용하고 있는 것이 대부분인데 이것은 앞서 설명한 것과 같이 넓은 전위창을 가지기 때문이다.

음극에 주목해 보면 인듐을 사용하고 있는 계가 많다. 인듐은 리튬과 합금을 형성하며 그 전위가 비교적 낮기 때문에 음극으로서 이용하는 것이 가능하다. 또한 인듐은 금속이기 때문에 전자전도성이 높아서 음극을 합제전극으로 만들 필요가 없다. 게다가 인듐은 부드럽고 연성이 우수하여 전해질과 양호한 계면을 구축하기 쉽다. 전고체형 전지의 합제전극 내부에서는 전지 활물질과 무기 고체 전해질이 점접촉을 하기 때문에, 전지 셀에 압력을 걸어 측정하고 있는 예가 많다. 셀을 개선할 여지는 여전히 남아있지만 표 7.4에 나타낸 전고체형 전지는 양호한 충방전 성능을 나타내는 것이 많다. 높은 이온전도성을 나타내는 설파이드계 전해질을 이용하는 것에 의해 벌크형 전고체 전지의 성능은 확실히 향상되었다고 말할 수 있다. 실용화를 위해서는 기술적인 문제가 남아있지만 종래의 전지와는 다른 제조방법에 의해 벌크형 전고체 전지의 이용이 가능해질 것이라 생각된다.

벌크형 전고체 전지와는 달리 박막 전지의 연구는 일본에서의 연구사례가 적으며 일본 이외의 나라에서 활발하게 진행되었다. 특히 전위창이 넓고 음극과 양극의 계면에서 부반응이 적은 LiPON을 전해질로 이용한 박막 전지의 보고가 많다[23~26]. 박막 전지의 구축에는 r.f. sputtering, 진공증착, laser ablation 등의 물리 증착을 이용하여 그림 7.12에 나타낸 것과 같은 전지를 제조한다.

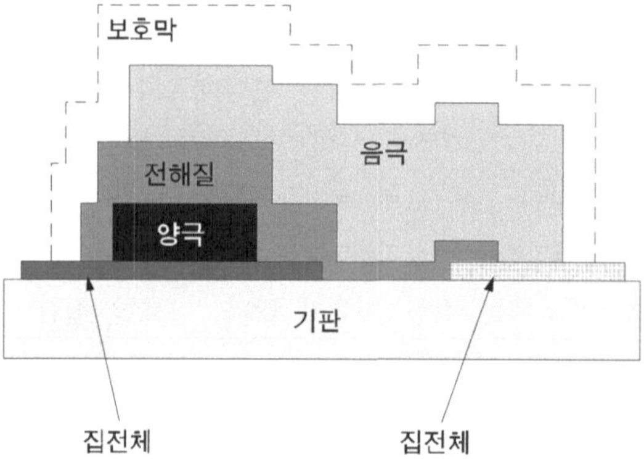

그림 7.12 전고체 박막 전지의 모식도

표 7.5에 대표적인 박막 전지의 셀 구성을 나타내었다. LiPON을 이용한 박막 전지에서는 음극으로 Li 금속을 사용하는 것이 많다. 또한, 방전상태로 구축되어 고속 반응에 의해서도 수천 사이클의 충방전 특성을 나타내는 박막 전지도 보고되어 있다[24].

표 7.5 무기 고체 전해질을 이용한 박막 전지의 대표적인 예

Electrolyte	Systems
LiPON	Li/LiPON/TiS_2[23)]
LiPON	Cu/LiPON/$LiCoO_2$[24)]
Li_2O-V_2O_5-SiO_2	Li/Li_2O-V_2O_5-SiO_2/MoO_{3-x}[25)]
$Li_{1.3}Al_{0.3}Ti_{0.7}(PO_4)_3$	$Li[Li_{1/3}Ti_{5/3}O]_4$/$Li_{1.3}Al_{0.3}Ti_{0.7}(PO_4)_3$/$LiMn_2O_4$[26)]

표 7.5에 나타낸 전해질의 이온전도도는 10^{-5}~10^{-6}S/cm로 매우 낮다. LiPON의 이온전도도는 실온에서 10^{-6}S/cm 정도이기 때문에 r.f. sputtering에 의해 LiPON을 1㎛까지 박막화 시키면, 단위면적당의 전해질 저항은 약 100Ω이 된다. 단순하게 전해질의 내부저항만을 생각하면 여기서 나타낸 전지로부터 1mA/cm^2 정도의 전류를 꺼낼 수 있음에 틀림없지만(양극의 두께에 의존하기는 하지만), 표 7.5에 나타낸 예를 제외하면 10~100μA/cm^2 정도로 작다. 이것은 큰 전하이동 저항이 그 원인일 것으로 생각된다.

7.5 이온액체

실온에서 고체의 염 등을 융해시켜 액체 상태로 만든 물질은 일반적으로 용융염이라고 불린다. 예를 들면, KCl 등의 염은 높은 융점을 가지지만, 실온에서 액체 상태로 존재하는 용융염(실온용융염 : room temperature molten salt, 또는 이온액체 : ionic liquid로 불린다)도 알려져 있으며 이와 같은 용융염이 최근 주목을 받고 있다. 이온액체는 환경부하가 작은 녹색용매로써 활발하게 연구가 진행되고 있으며, 리튬이온전지, 연료전지, 전기이중층 커패시터, 색소증감형 태양전지 등의 에너지 디바이스에의 응용도 검토되고 있다. 이것은 지금까지 사용되었던 전해질과는 다르게 이온액체가 가지는 비휘발성과 난연성의 특성을 이용하여 디바이스의 장수명화, 안전성 향상을 도모하는 것이 가능해지기 때문이다. 여기서는 특히 리튬이차전지의 전해질로서 사용이 가능한 이온액체에 관해서 소개하도록 한다.

이온액체는 양이온과 음이온의 조합에 따라 다양한 종류가 존재한다. 따라서 물리적·화학적 성질도 당연히 조합에 의해 변하게 된다. 지금까지 에너지 디바이스의 연구에서 이용되어 왔던 이온액체는 점성이 낮고 제조가 용이하다는 이유에서 에틸메틸이미다졸륨(Ethylmethyl Imidazolium, EMI) 양이온을 함유하는 것이 주류였다. 그러나 EMI 양이온을 이용한 이온액체는 전위창이 좁다. 특히 음극으로 흑연이나 탄소재료를 이용한 경우에 EMI 양이온이 이들 탄소에 비교적 높은 전위에서 삽입되는 것이 알려져 있다. EMI 양이온이 흑연에 삽입·탈리된다는 것은 비교적 오래전에 Carlin 그룹에 의해 최초로 보고되어 있다[27].

그림 7.13에 전해질로 EMI-$AlClO_4$ 이온액체를 사용하고, 작업전극으로 흑연과 무정형 탄소를 사용했을 때의 전위주사 곡선을 나타내었다. 횡축의 전위는 알루미늄을 기준으로 한 값이다. A가 흑연전극, B가 무정형 탄소전극을 이용하여 얻은 결과이다. A의 전위주사 곡선으로부터 EMI 양이온이 흑연 중에 삽입·탈리되고 있다는 것을 명확하게 확인할 수 있는데 Al 기준에 대해 -1.5V 근방에서 흑연에 삽입되고 있는 것을 알 수 있다.

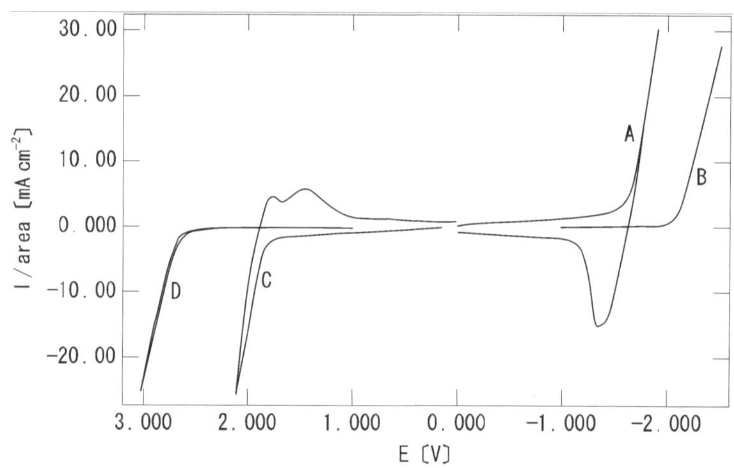

A로부터 흑연에 EMI 양이온의 삽입 반응을 알 수 있다. 또한, C에서는 흑연에 $AlClO_4$ 음이온의 삽입 반응이 진행됨을 알 수 있다. 비정질 탄소에서는 EMI 양이온, $AlClO_4$ 음이온의 삽입 반응이 일어나지 않고, EMI 양이온의 환원분해와 $AlClO_4$ 음이온의 산화분해에 대응하는 전류가 관측되고 있다. 가로축의 전위는 알루미늄 기준이며 주사 속도는 50mVs^{-1}이다.

그림 7.13 이온액체 EMI-$AlCl_4$ 중에서의 흑연(A, C)과 비정질 탄소 (B, D)의 전위주사 곡선

한편, 무정형 탄소전극에서는 탈리반응에 대응하는 피크가 확인되지 않으며 EMI 양이온만이 -2.2V 근방에서 분해된다. 이와 같은 결과는 흑연전극을 이용하면 EMI 양이온의 삽입이 일어나기 때문에 EMI계 이온액체에 리튬염을 용해시켜도 리튬이온전지용 전해질로서 사용하는 것은 어렵다는 것을 의미하며, 환원 측에서도 전위창이 좁다는 것을 알 수 있다.

Matsumoto 그룹은 지방족 4급 암모늄염을 이용하여 지금까지의 이온액체보다 비약적으로 내환원성이 향상된 이온액체를 합성하는데 성공하였다[28]. 이처럼 전위창이 넓혀짐으로 인해 리튬금속의 전석도 가능하게 되었는데, 그림 7.14에 나타낸 양이온과 음이온을 이용한 이온액체 전해질을 제조하여 음극으로 리튬금속을, 양극으로 $LiCoO_2$을 사용하는 리튬 이차전지의 특성이 검토되었다. 그 결과 N-methyl-N-propyl Pyrrolidinium(PP13) 양이온과 리튬이미드염을 이용하면 50사이클까지 안정한 충방전이 가능하다는 것이 보고되었다[29].

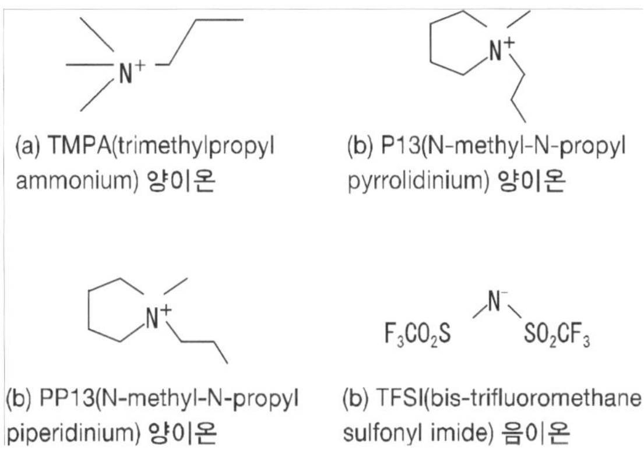

그림 7.14 이온액체에 사용된 양이온과 음이온의 분자구조

리튬 이온전도성을 가진 이온액체를 합성하기 위해서는 이온액체에 리튬염을 첨기할 필요가 있지민, Fujinami 그룹은 리튬염을 액체화하는 것에 성공하여 신규 이온액체를 합성하였다[30]. 수소화리튬알루미늄의 수소 원자를 올리고에테르와 전자 흡인성의 치환기로 바꾸면 올리고에테르의 분자량에 따라서 생성물이 이온액체가 된다. 전자흡인성 치환기에 따라 이온전도성은 다르지만 실온에서 최대 10^{-4}S/cm의 값을 나타낸다. 또한, 전위창도 넓어서 리튬금속에도 안정하다. 이러한 이온액체와 PEO를 조합한 고분자 전해질도 제조되어 있는데, 일반적인 고분자 전해질의 양이온 운반율이 0.1~0.3인 것에 대해 이온액체와 조합시킨 고분자 전해질에서는 양이온 운반율이 0.7 이상인 것으로 보고되어 있다.

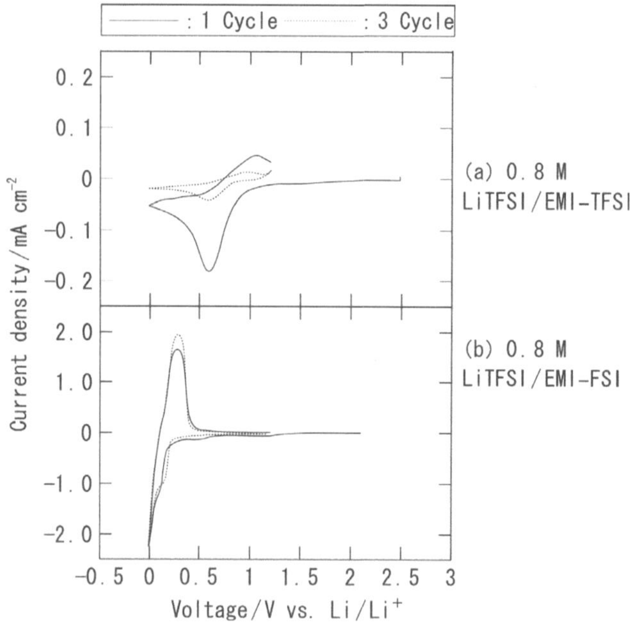

(a)에서는 EMI 양이온의 흑연 삽입에 대응하는 환원전류가 1V 근방에서 관찰되고 있다. (b)에서는 EMI 양이온의 흑연 삽입 반응은 일어나지 않고 리튬 이온의 삽입/탈리에 수반되는 환원 및 산화전류가 관찰된다.

그림 7.15 LiTFSI/EMI-TFSI, LiTFSI/EMI-FSI 이온액체 중에서의 흑연의 전위주사 곡선

[출전 : Kansai 대학 Ishikawa 교수 제공]

Ishikawa 그룹은 이온액체용의 신규 음이온인 bis-fluorosulfonyl imide(FSI)을 이용하는 것에 의해 리튬 이온이 흑연전극에 전기화학적으로 삽입·탈리된다는 것을 보고하고 있다. FSI를 이용한 이온액체 중에서의 흑연전극의 전위주사 곡선을 그림 7.15에 나타낸다. 음이온으로 bis-trifluoromethane sulfonyl imide(TFSI)를 이용한 경우에는 0.5V 이상에서 EMI 양이온의 삽입에 기인하는 것으로 간주되는 환원 피크를 확인할 수 있고 이를 통해 리튬 이온의 삽입·탈리 반응이 일어나지 않는 것을 알 수 있는데, FSI를 이용한 경우에는 리튬 이온의 삽입·탈리 반응이 가역적으로 진행하고 있는 것을 알 수 있다. 이와 같은 결과는 FSI 음이온을 이용한 이온액체에서는, 앞에서 설명한 첨가제의 계와 동일하게, EMI 양이온이 흑연에 삽입·탈리하기 전에 양호한 표면피막이 흑연의 단면에 형성되어 리튬 이온의 삽입·탈리 반응만이 진행되고 있다는 것을 시사하는 것이다. 양이온을 EMI가 아닌 다른 양이온으로 바꾸어도 전위주사 곡선에 거의 변화가 없다는 것과 양이온의 삽입 · 탈리가 억제되고 있다는 것을 생각하면 FSI 음이온이 높은 전위에서 분해하여 양호한 표면피막을 형성하고 있다는 것을 이해할 수 있다.

이온액체를 이용하는 것에 의해 전지의 안전성을 비약적으로 향상시키는 것이 가능해진다. 신규 이온액체는 전지의 전해질로서 매우 유망하며 향후 이 분야의 발전 과정에 주목하고 싶다.

〈참고문헌〉

[1] V. Gutmann, The Donor-Acceptor Approach to Molecular Interactions, Plenum (1978).

[2] W. Xu and C. A. Angell, *Electrochem. Solid State Lett.,* **3**, 366 (2000).

[3] http://www.sony.co.jp/SonyInfo/News/Press_Archive/200412/04-060/

[4] (a) H. Vogel. *Phys. Z.,* **22**, 645 (1921). (b) G. Tamman and W. Hesse, *Z. Anorg. Allg. Chem.,* **156**, 245 (1926). (c) G. S. Fulcher, *J. Amer. Ceram. Soc.,* **8**, 339 (1925).

[5] M. Kono, K. Furuta, S. Mori, M. Watanabe and N. Ogata, *Poly. Adv. Tech.,* **4**, 90 (1993).

[6] F. Croce, GB. Appetecchi, L. Persi and B. Scrosati, *Nature*, **394**, 456 (1998).

[7] T. Abe, M. Ohtsuka, F. Sagane, Y. Iriyama and Z. Ogumi, *J. Electrochem. Soc.,* **151**, A1950 (2004).

[8] A. Sato, T. Okumura, S. Nishimura, H. Yamamoto and N. Ueyama, *J. Power Sources,* **146**, 423 (2005).

[9] M. Mehta and T. Fujinami and T. Inoue, *J. Power Sources,* **81**, 724 (1999).

[10] F. Croce, S. Sacchetti and B. Scrosati, *J. Power Sources,* **162**, 685 (2006).

[11] Y. F. Yao and J. T. Kummer, *J. Inorg. Nucl. Chem.,* **29**, 2453 (1967).

[12] T. Lapp and S. Skaarup and A. Hooper, *Solid State Ionics,* **11**, 97 (1983).

[13] K. Takada, N. Aotani and S. Kondo, *J. Power Sources,* **43-44**, 135 (1993).

[14] Y. Inaguma, C. Liquan, M. Itoh and T. Nakamura, *Solid State Comm.,* **86**, 689 (1993).

[15] J. B. Bates, N. J. Dudney, G. R. Gruzalski, R. A. Zuhr, A. Choudhury

and C. F. Luck, *J. Power Sources,* **43-44**, 103 (1993).

[16] J. Fu, *J. Am. Ceram. Soc.,* **80**, 1901 (1997).

[17] M. Tatsumisago, H. Morimoto, H. Yamashita and T. Minami, *Solid State Ionics,* **136-137**, 483 (2000).

[18] R. Kanno and M. Maruyama, *J. Electrochem. Soc.,* **148**, A742 (2001).

[19] C. Julien, S. Saikh and M. Balkanski, *Mater. Sci. Eng.,* **B14**, 121 (1992).

[20] K. Iwamoto, N. Aotani, K. Takada and S. Kondo, *Solid State Ionics,* **79**, 288 (1995).

[21] A. Hayashi, R. Komiya, M. Tastumisago and T. Minami, *Solid State Ionics,* **152-153**, 285 (2002).

[22] K. Takada, T. Inada, A. Kajiyama, H. Sasaki, S. Kondo, M. Watanabe, M. Murayama and R. Kanno, *Solid State Ionics,* **158**, 269 (2003).

[23] S. D. Jones, J. R. Akridge and F. K. Shokoohi, *Solid State Ionics,* **69**, 357 (1994).

[24] B. J. Neudecker, N. J. Dudney and J. B. Bates, *J. Electrochem. Soc.,* **147**, 517 (2000).

[25] H. Ohtsuka and Y. Sakuraii, *Solid State Ionics,* **144**, 59 (2001).

[26] P. Birke, F. Salam, S. Doring and W. Weppner, *Solid State Ionics,* **118**, 149 (1999).

[27] RT. Carlin, HC. Delong, J. Fuller and PC. Trulove, *J. Electrochem. Soc.,* **141**, L73 (1994).

[28] H. Matsumoto, H. Kageyama and Y. Miyazaki, *Chem. Commun., 1726* (2002).

[29] H. Sakaebe and H. Matsumoto, *Electrochem. Commun.,* **5**, 594 (2003).

[30] T. Fujinami and Y. Buzoujima, *J. Power Sources,* **119-121**, 438 (2003).

[31] M. Ishikawa, T. Sugimoto, M. Kikuta, E. Ishiko and M. Kono, *J. Power Sources,* **162**, 658 (2006).

제 8 장

리튬 이차전지의 용도

고성능 이차전지는 휴대용 정보 단말기 등과 같은 무선 전자기기의 전원으로 없어서는 안되는 필수부품이 되어 있으며, 향후 태양전지와 풍력발전과 같은 재생 가능한 에너지의 이용, 전력의 부하 평준에 의한 에너지 자원의 유효 이용이라는 환경과 에너지의 면에서도 큰 활약이 기대되고 있다. 아울러 의료 및 복지 분야에서도 점진적으로 필수적 부품이 되어가고 있다.

이러한 용도에 대응하여 이차전지에 요구되는 성능은 크게 다르며, 각각의 용도에 맞추어 전지가 개발되어야만 한다. 또한, 고밀도의 에너지가 충진되어 있는 이차전지는 안전성 확보를 위한 충분한 배려가 있어야만 한다.

8.1 확장되는 전지의 용도

8.1.1 정보화 사회를 지탱하는 이차전지

전지는 오랫동안 회중전등의 전원으로서 이용되었으며, 그 이후로는 휴대용 라디오의 전원으로서 이용되는 정도였다. 그렇지만 휴대용 라디오 이외에도 전자계산기, 카메라 등의 전자기기가 IC 기술의 발전에 의해 고성능화되어 대량으로 시판되게 되자 이와 같은 휴대용 전자기기에 전원이 필요하게 되어 전지의 사용이 확대되게 되었다. 처음에는 일차전지로 무선 전자기기의 소비전력이 충분하였으나, 무선 전자기기의 성능이 향상되고 종류가 늘어남에 따라 전지의 용도도 소비전력이 큰 전자기기로 확대되게 되었다. 아울러 첨단 기술의 영향으로 고성능이며 편리성이 높고 소비전력이 큰 디바이스가 출현하게 되었다. 일단 무선기기의 편리성을 알게 된 소비자는 그러한 기기의 성능이 더욱 향상되기를 바랐고, 실리콘 디바이스 기술의 발전이 기기의 소형화・고성능화를 가능하게 하였다. 기능이 향상되면 소비전력은 당연히 커진다. 소비전력이 큰 기기에 일차전지를 이용하면 전지를 교환해야 하는 수고와 비용이 문제가 되기 때문에 이와 같은 용도에도 이차전지가 이용되게 되었다. 전자동 카메라가 그 경계라 할 수 있는데 에너지밀도가 큰 리튬 일차전지와 이차전지 모두가 사용되고 있다. 그러나 에너지 소비가 더욱 큰 모터 구동 등을 필요로 하는 캠코더, 휴대전화 등의 단말기, 무선 영상기기 등은 소비전력이 커서 몇 번이고 충전하여 재사용할 수 있는 이차전지가 사용된다(그림 8.1).

휴대용 정보 단말기를 구사하는 현재의 정보화 사회는 반도체 산업의 발전에 의해 이루어진 것인데, 한편으로는 전지의 진보에 의해 우수한 이차전지가 개발되어 그러한 발전을 지탱하여 왔다. 회중전등으로부터 자동카메라에 이르는 용도에서는 전원이 없었다면 그 기기를 사용할 수 없다 하여도 불편함뿐이겠지만, 정보단말기의 경우는 이 기기를 사용할 수 없다고 한다면 그 영향은 훨씬 크다. 비즈니스에 큰 지장을 가져오는 것에 그치지 않고, 때에 따라서는 안전성과 관련된 일도 발생한다. 첨단 휴대용 정보기기 등의 전원으로서 사용되는 이차전지의 자리매김은 그전까지의 용도에 있어서의 자리매김과는 크게 다르다. IC 회로가 기기를 구성하는 두뇌에 비유된다면, 전지는 구강, 소화기, 호흡기, 심장, 근육의 기능을 모두 합친 역할을 감당하고 있다. 즉, 인간에게 있어 머리보다 아래에 해당되며, 이 부분이 없다면 머리는 작동하지 않는다. 그럼에도 불구하고 지금도 전지는 회중전등의 전지와 같은 자리매김에 만족하고 있다.

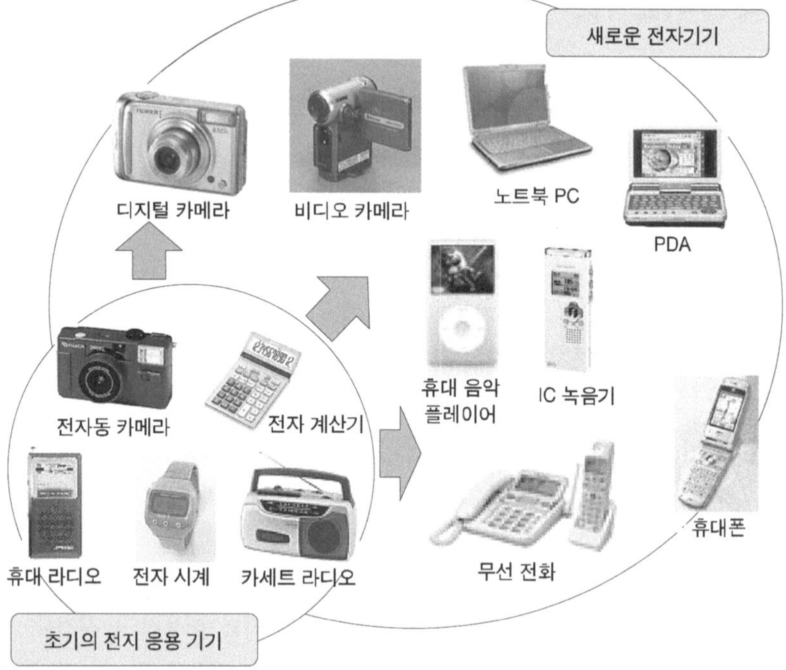

그림 8.1 리튬이온전지를 이용하는 정보기기 및 전자기기

8.1.2 수송을 지원하는 이차전지

이차전지의 또 하나의 용도는 자동차용 전지이다. 자동차의 시동, 점화, 점등에 오랫동안 납축전지가 사용되어 왔다. 최근에는 자동차도 컴퓨터화가 진행되어, 전기로 구동되는 전장품이 비약적으로 사용되고 있다. 자동차에는 발전기가 탑재되어 있지만, 이차전지는 자동차 구동을 위한 신뢰성 높은 전원으로서 중요한 역할을 감당하고 있다. 리튬이온전지의 출력 특성이 향상되면 자동차용 용도로의 적용도 기대된다.

열차, 선박, 항공기에도 반드시 이차전지가 탑재된다. 항공기의 엔진 시동용 전원뿐만 아니라 통신기기용의 전원과 여러 가지 기기의 백업 전원으로서 이차전지가 이용되고 있고, 수송의 안전 확보에 매우 중요한 역할을 하고 있다. 리튬이온전지의 경량과 고신뢰성을 살려서 향후 수송 분야로 전개되어 갈 것으로 생각된다. 이것은 전차와 선박 등에서도 동일하다(그림 8.2).

그림 8.2 수송용 이차전지

전지는 또한 지게차, 공장자동화 시스템용 무인반송차, 전동휠체어 등의 전원으로서도 없어서는 안되는 존재가 되어 있다. 그밖에도 일반적인 잠수함에서는 잠행 중의 동력을 전지가 담당하고 있다. 아울러, 인공위성, 기상관측, 심해정 등에서도 전지는 없어서는 안되는 동력원이다(그림 8.3).

그림 8.3 첨단 분야에 사용되는 리튬이온전지

8.1.3 안전 · 안심을 떠맡은 이차전지

비상등, 유도등, 화재탐지기, 소화설비, 방범벨 등은 안전 확보를 위해 불가결하지만, 이들 설비의 전원으로는 니카드전지와 납축전지 등의 이차전지가 이용되고 있다. 더욱 나아가 무정전 전원 장치(Uninterruptible Power Supply, UPS)는 정보화 사회의 보안 확보에 빼놓을 수 없는 디바이스가 되어 있으며, 또한 고도화된 제조업에서도 UPS는 제조 라인과 고도의 실험기기 운전에 필수가 되어 있다. 아울러 이차전지는 아니지만 전자 잠금키, 원격 무선 도어(Remote Keyless Entry, RKE) 장치, 차량의 공기압 센서 등 보안 관계에서는 리튬 일차전지가 필수부품이 되어있다(그림 8.4).

정보를 반송하는 무인기지와 전화국의 예비 전원 등과 같이 눈에 띄지 않는 곳에서도 이차전지가 활약하고 있다. 장수명 · 고신뢰성의 장점을 살려 리튬이온전지가 이 분야에서도 서서히 이용이 확대되어 갈 것으로 생각한다.

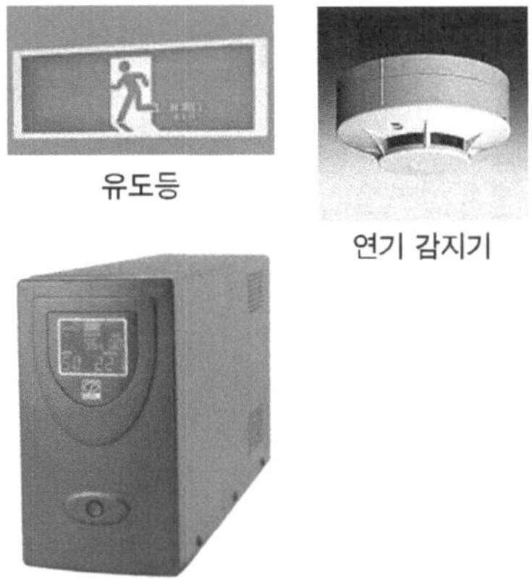

그림 8.4 안전과 안심을 떠맡은 리튬이온전지

8.1.4 환경과 에너지 분야에서 주목받는 이차전지

이산화탄소의 배출에 의한 지구온난화와 화석연료와 같은 자원의 고갈은 사회가 성장하는 것을 제한하는 요인이 되고 있다. 이 분야에서도 리튬 이차전지에 큰 역할이 기대되고 있다. 자동차의 연비를 향상시켜 이산화탄소의 배출을 억제하는 하이브리드 전기자동차(Hybrid Electric Vehicle, HEV)는 1997년에 TOYOTA가 최초로 발매하였으며 지금은 차세대 자동차의 대표가 되어가고 있다. 또한, 미래의 자동차로서 연료전지 자동차의 개발이 진행되고 있는데 연료전지가 엔진을 대체하게 된다면, 연료전지-이차전지의 하이브리드 자동차가 되는 것은 필수적이다.

풍력 발전과 태양전지 발전의 도입이 시도되고 있는데 이와 같은 재생 가능한 에너지는 발전 출력이 안정되어 있지 않으며, 전력의 소비도 균형이 잡혀있지 않다. 이러한 자연 에너지를 이용하려고 하면 전력을 저장하는 것이 필수적이다.

전력 소비는 낮 시간대에 많으며 심야에는 극단적으로 적다. 한편, 원자력 발전소와 대형 화력 발전소와 같은 대규모 발전에서는 전력 소비가 적은 야간에 발전량을 줄이는 것이 어려우며, 또한 그것이 가능하다 하더라도 대폭적인 발전효율의 저하를 가져온다. 때문에 야간의 잉여전력을 저장하여 낮 시간대의 전력 피크때 사용하는 부하평준(load leveling)이 필요하다. 전력을 저장하는 방법에는 몇 가지가 있으며, 지금까지 양수발전(수력 발전의 일종으로, 높이 차이가 나는 두 개의 저수지를 두고 전력이 남을 때 펌프를 가동하여 아래쪽 저수지에서 위쪽 저수지로 물을 퍼 올려 전력이 필요할 때 방수하여 발전하는 방식) 시설이 이를 위해 만들어져 왔지만 그 입지가 어려워지고 있다. 그래서 이차전지에 의한 전력의 저장이 가까운 미래에 있어서 가장 실현 가능성이 높다고 인식되고 있으며, 이 분야에서도 이차전지가 주목을 받고 있다. 전력부하의 조정이 가능하다면 야간 전력이 낭비되지 않고 야간에 저장해둔 전력을 낮 시간대에 사용하는 것이 가능해진다. 또한, 전체적으로 발전 설비의 규모가 작아져도 좋기 때문에 이점이 크다 할 수 있다.

8.1.5 자동차와 전지

1997년에 TOYOTA가 HEV인 프리우스를 개발한 이후에 자동차와 전지의 관계가 대폭 변화되고 있다. HEV는 교통상황에 따라 다르기는 하지만, 도시권의 교통정체 구역에서는 연비를 1/2 이하로 저감시킬 수 있기 때문에 에너지와 환경 문제 해결에 큰 공헌을 하고 있다.

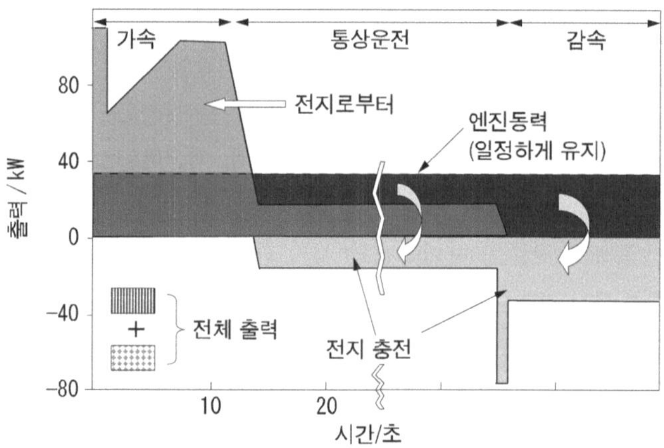

그림 8.5 하이브리드 자동차의 출력과 축전지의 충전

HEV는 그림 8.5에 나타냈듯이 엔진은 되도록 효율이 높은 조건에서 구동시키고, 자동차가 요구하는 출력 변동을 이차전지로부터 보충 받으며 남은 출력은 축전지에 저장하게 되어있다. 발진과 급가속 등에 일시적으로 요구되는 높은 출력은 전지로부터 얻기 때문에, 가솔린 엔진을 효율이 좋은 범위에서 작동시키면 엔진에 과도적인 큰 출력은 요구되지 않는다. 그래서 효율이 높아지는 것이다. 또한, 브레이크를 밟았을 때에는 모터를 발전기로써 사용하여 에너지를 회생하여 전지에 저장한다. 도시권에서는 이러한 회생 에너지가 20% 정도에 이른다. 한편, 전지의 입

장에서는 급격하게 에너지가 들어가고 나오는 것이 되므로 매우 혹독한 조건에서 작동되는 것이 된다.

전기자동차(Electric Vehicle, EV)는 HEV보다 큰 이차전지를 탑재시켜 엔진을 없앤 것이다. 따라서 당연히 이차전지에 저장되어 있는 전력량에 따라 주행거리가 결정되며, 가솔린 자동차에 비교하면 주행거리가 짧아진다. EV는 발전소에서 발전시킨 전력을 이차전지에 충전시켜 달리기 때문에 발전소의 발전효율이 주행효율에 반영되게 된다. 발전소의 효율은 송전단에서 40% 전후이며 리튬이온전지의 충방전효율은 95%를 넘기 때문에, EV의 에너지 효율은 가솔린 자동차의 평균효율인 14~16%에 비해 높아지게 된다.

최근 플러그인 하이브리드 자동차(Plug-in Hybrid Electric Vehicle, PHEV)가 주목받고 있다. PHEV는 HEV보다도 큰 전지를 탑재시켜 도시권의 혼잡 구역 등에서는 EV 주행을 하며 전지에 저장된 에너지가 전부 소모되면 엔진을 작동시켜 HEV 주행하는 원리로 구동되는 자동차이다. 전지의 용량은 EV보다 작아서 가정용 콘센트를 이용하여 충전할 수 있어서 대형 충전 인프라의 정비가 필요하지 않다. 어느 정도 크기의 전지를 탑재할지는 더욱 검토해야 할 여지가 있지만 20~50km의 거리를 EV 주행하는 것이 가능하다면 일상적인 자동차의 사용은 EV 주행만으로 큰 문제가 없다고 할 수 있다.

HEV에는 현재 니켈-수소 축전지가 활발하게 이용되고 있지만, PHEV의 경우에는 전지에 요구되는 에너지가 커지기 때문에 니켈-수소 축전지로는 대응이 어려우며, 리튬이온전지 등의 고성능 이차전지가 필요하게 된다. PHEV보다도 더욱 큰 에너지의 전지를 요구하는 EV에서는 고성능 차세대 이차전지, 나아가서는 현행의 리튬이온전지보다 2배 이상의 에너지밀도를 가지는 「포스트 리튬이온전지」의 개발이 필요하게 된다.

HEV와 PHEV에서의 전지 사용법은 서로 다르다. HEV에서는 전지가 충전상태(State of Charge, SOC) 50% 정도를 중심으로 ±20% 정도의 좁은 범위에서 얕은 충방전이 격렬하게 반복되는 방식으로 사용된다. 한편, PHEV에서는 EV 주행거리가 길기 때문에 전지를 SOC 20~90% 정도의 넓은 범위에서 사용하게 되는데, SOC가 20%일 때에도 90%일 때에도 HEV와 동일한 사용방식이 된다. 즉, 전지의 잔량이 적을 때에도 큰 출력이 요구되며 전지가 높은 충전상태에 있을 때에도 큰 전류로 고속 충전되게 된다. 이러한 PHEV의 사용법은 전지에 있어서 매우 가혹한 것이며, 결과적으로 전지의 열화를 초래하여 수명이 짧아지고 안전성의 확보가 매우 어려워진다.

PHEV는 EV와 HEV 양자의 좋은 점을 채용한 것이며 많은 장점을 가지고 있다. 일본에서 제작된 HEV를 구입하여 PHEV로 개조하는 등의 시도가 일본 이외의 나라에서 진행되고 있다. 그러나 여기에 이용되는 전지에는 가혹한 성능이 요구되고 있어 개발이 용이하지는 않다.

8.1.6 그 밖의 용도

전지의 큰 용도의 하나로 오래전부터 적용되어 온 리모컨 자동차 등의 완구가 있다. 이와 같은 용도로도 소비전력이 커야 되기 때문에 이차전지가 널리 이용되게 되었다. 이것과 비교적 비슷한 용도로 전동공구용 전지가 있다. 전동공구는 코드가 부착된 것도 있지만 이동하여 이용하는 경우가 많기 때문에, 편리성의 관점에서 무선 전동공구의 요망이 강하여 이차전지가 널리 이용되고 있다.

전문가가 이용하는 전동공구 이외에도 Do-It-Yourself 상점에서 취급되며 일반인이 취미에 이용하는 전동공구도 대량으로 판매되고 있는데, 이와 같은 전동공구의 전원으로 지금까지는 주로 니카드 전지가 이용되어 왔다. 그러나 보다 경량이며 고출력・고에너지밀도를 가진 고성능 리튬 이차전지가 적용되어 이 분야가 큰 시장으로서 계속하여 성장하고 있다.

의료와 복지 분야에서도 이차전지는 큰 기대가 모아지고 있다. 소비전력이 작은 심장 박동 조율기에는 일차전지가 이용되고 있지만, 체외로부터 충전 가능한 이차전지의 개발이 요망되고 있다. 그밖에 보청기와 같은 전자 보조기기는 물론이고 센서의 발전에 따라 이것을 이용한 건강상태를 상시로 모니터링하기 위해서는 고신뢰성 전지가 필수이다. 또한, 인공심장과 같은 인공 순환기기가 발전하기 위해서는 역시 무선화(無線化)가 중요하며 이를 위해서는 전지가 필요하다. 휠체어나 인공근육의 구동을 위한 에너지원은 에너지밀도가 높은 이차전지가 필요하여 리튬이온전지의 용도로서 기대되고 있다.

8.2 이차전지의 용도별 성능과 과제

향후 증가할 것으로 예상되는 전지의 용도를 앞에서 설명했는데 용도에 따라 이차전지에 저장되는 에너지의 양이 크게 다르다. 표 8.1에 나타냈듯이 전력저장용 전지의 에너지 저장량은 100MWh에 달한다. 저장되는 에너지가 많아지면 큰 전지가 요구된다.

전지와 같은 전기화학적 디바이스는 반응속도를 일정 속도 이상으로 유지하면서 반응 용량을 크게 하는 것이 어렵다. 이것은 4장에서 설명한 것처럼 전지반응의 핵심인 전하이동 반응이 전극 표면이라는 2차원 계면에서 진행하기 때문이다. 대형 전지를 만들기 위해서는 계면의 면적을 크게 해야만 하지만 이것이 전지 설계와 제조 공정을 어렵게 한다. 현재 시판되는 민생용 소형 리튬이온전지의 전극 두께는 100㎛ 정도로 납축전지의 전극 두께인 수 mm와 비교하면 매우 얇다. 리튬이온전지를 대형화하기 위해서는 전극의 폭을 넓히고 전지내부에 감겨있는 극판의 감는 횟수를 증가시켜야 한다. 그러나 그렇게 하기 위해서는 제조 공정이 현격히 어려워지며, 열관리 또한 어려워진다.

표 8.1 향후 확대되는 용도에 요구되는 이차전지와 그 성능

	HEV	PHEV	EV	전력저장	의료	안전・안심
전지용량	1~3kWh	4~15kWh	20~30kWh	수kWh~100MWh	수W~수십kWh	수십Wh~수십kWh
전지출력	50~100kW	100kW	100kW	100MW	수mW~수십kW	수W~수kW
전력중량*	12~35kg	56~112kg	300~400kg	~수백ton	수g~수kg	수십g~수kg
전지출력 [W/kg]	1500~2100	900~1800	250~300	~200	-	-
작동모드	중앙에서 펄스	만충전으로부터 중앙/20~40% 부근을 중심으로 펄스	만충전으로부터 진동으로 방전	넓은 범위에서 충방전, 펄스 충전 있음	용도에 따라 변하지만 신뢰성이 중요	만충전에서 장기 대기

에너지밀도가 크고, 사이클수명과 보존수명이 길고, 출력이 나오고, 간편하게 이용할 수 있고, 안전하며 가격이 저렴하고, 대형화 시킬 수 있는 전지는 이상적인 전지이다. 이와 같은 전지를 추구하는 것이 중요하지만 현실적으로는 용도에 맞춘 특징 있는 전지가 개발되어 있다.

8.2.1 휴대 전자기기용 이차전지

현재 널리 이용되고 있는 휴대 전자기기용 리튬이온전지는 앞으로도 그 용도가 더욱 확대되리라 생각된다(그림 8.6). 그러한 용도는 두 가지로 나누어진다. 바꾸어 말하면, 단전지만으로 요구되는 에너지의 양을 충족시키는 용도와 단전지로는 에너지가 불충분하여 조전지(복수의 전지)를 이용하여야만 하는 용도이다.

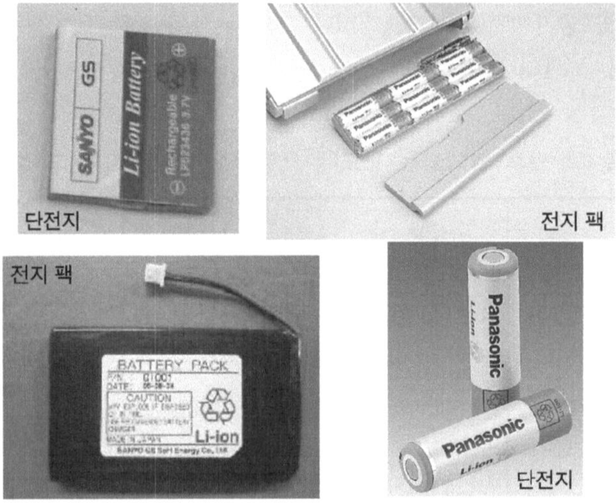

휴대 전화용 각형 전지
(사진제공 : SANYO GS)

노트북 PC용 원통형 전지
(사진제공 : Matsushita 전지)

그림 8.6 휴대 전자기기용 리튬이온전지와 전지 팩

조전지에는 직렬연결과 병렬연결이 있는데 제어하기 용이하다는 측면에서 직렬이 우선되는 경우가 많다. 필요한 에너지가 커지면 직렬과 병렬을 조합하여 큰 조전지를 만든다.

조전지를 만들기 위해서는 단전지 각각의 성능이 우수해야 하는 것 이외에도 전지의 성능에 편차가 없어야 한다. 왜냐하면 조전지에서는 가장 성능이 낮은 전지에 의해 전체가 제약을 받게 되며, 또한 성능이 낮은 전지의 열화가 가속되는 경우가 많기 때문이다.

정보 단말기와 같은 휴대 전자기기용 전지는 가볍고 작아야 하는 것이 중요시된다. 따라서 에너지밀도가 큰 것이 우선시 된다. 이들 기기의 변화 속도는 매우 빠르며 계속해서 새로운 기종이 등장하고 있고 기기 자체의 수명이 그다지 길지 않기 때문에, 그러한 기기에 이용되는 전지에 있어서도 긴 수명은 우선순위가 빠르다. 한편, 사람 주변에서 사용되는 것이기 때문에 발화 등이 있어서는 안되며 안전성 확보가 중요하다. 휴대기기용 전지는 자동차용 등과 비교하면 보유하고 있는 에너지의 양이 적기 때문에 안전하지 않은 상태에 진입했을 때의 현상은 그다지 크지 않지만, 사람 주변에서 사용되므로 안전성에 충분한 배려가 있어야만 한다.

8.2.2 환경대응을 목표로 하는 전력저장용 이차전지

풍력발전 또는 태양광발전과 같은 변동하는 재생가능 에너지를 안정적이며 고신뢰성을 가지고 이용하거나 전력부하를 평준화시켜 발전 효율을 높이기 위해서는, 막대한 양의 에너지를 저장해야만 한다. 따라서 대형 전지를 다수 조합시킨 대규모 전지 시스템이 필요하다. 발전 장소가 아니라 소비하는 곳에 설치하는 경우에는 저장하는 에너지가 적어도 괜찮다. 그러나 발전전력의 변동이 큰 대형 풍력발전에서는 전력 배전 계통의 신뢰성을 확보하기 위하여 발전 장소에서 전력을 저장해야만 한다. 전력저장용의 전지는 거치용이기 때문에 이동체 정도의 높은 에너지밀도는 요구하지 않는다. 출력밀도도 마찬가지다. 한편, 발전장치와 동등의 장수명과 축전에 의한 이점이 있도록 싼 가격이 중요하다.

8.2.3 첨단 자동차에 이용되는 이차전지

현재 HEV에는 니켈-금속수소화물 축전지가 활발하게 이용되고 있지만, 향후에는 리튬이온전지가 중심이 될 것으로 예측하고 있다. HEV용의 전지는 1~3kWh 정도의 이차전지가 이용되지만, 출력은 자동차를 발진, 가속시키는 능력이 있어야만 하기 때문에 100kWh 이상이 필요하게 되어 출력밀도가 매우 큰 이차전지여야만 한다. 또한 앞에서 설명했듯이 전지가 빈번하게 급속 충방전되기 때문에 SOC 50%를 경계로 상하 20~30%의 범위에서 사용된다.

한편, PHEV용으로는 10~60km 정도를 EV 주행하기 때문에, 4~15kWh의 전지가 필요하다. PHEV에서는 SOC가 높은 범위에서 EV 주행을 한다. 물론 이 사이에도 제동 과정에서의 에너지를 회생시키기 때문에 높은 고충전 상태에서 고입력의 전지일 필요가 있다. 한편, SOC가 40~50% 이하가 되면 HEV 주행을 하게 된다. HEV용의 전지와는 다르게 만충전과 SOC 20~30%의 범위에서 충방전이 반복된다. PHEV 전지는 높은 SOC, 즉 고전압 상태에 놓이게 되는 시간이 길다. 일반적으로 리튬이온전지는 높은 SOC(고전압)로 유지되면 열화속도가 가속되기 때문에, PHEV용전지는 HEV용 전지와 비교하여 상대적으로 열화되기 쉬운 상태에 놓이게 되는 것이다.

EV용으로는 수십 kWh의 전지가 탑재되기 때문에, 전지의 출력에 대한 요구는 HEV용보다 훨씬 경감된다. 한편, 1회 충전으로 주행할 수 있는 거리를 길게 하기 위해서는 탑재 가능한 전지의 중량과 체적에 제한이 있기 때문에 중량당 및 체적당 에너지밀도가 커야 하는 것이 중요하다.

이차전지는 고가의 부품이기 때문에 자동차용 전지로 이용하기 위해서는 자동차의 내용년수(耐用年數)와 동등한 정도의 수명이 요구된다.

8.2.4 안전 · 안심을 지원하는 이차전지

비상시에 사용하는 기기의 전지는 미소전류에 의해 상시 충전하는 트리클 충전(trickle charge, 세류 충전이라고도 불리는 부동 충전 방식의 일종) 등의 방법에 의해 항상 만충전 상태로 유지된다. 이러한 전지는 기기에 장착되어 있으며 통상적으로는 손이 잘 닿지 않는 곳에 놓여진다. 따라서 만충전 상태에서 보수할 필요 없이 기기의 수명과 동등한 정도로 장기간 보존할 수 있는 수명과 높은 신뢰성이 요구된다. 대형 컴퓨터의 백업전원, 통신 시스템과 라이프라인용의 UPS는 이것과 동일한 성능이 요구된다. 그 외 용도의 UPS에서도 높은 신뢰성과 장수명이 요망된다.

UPS는 용도에 따라 크기가 크게 다르다. 통신기지와 제조라인용 UPS는 상당히 큰 전지 시스템이 필요하지만, 개인 컴퓨터용은 소형 전지라도 괜찮다. 리튬이온전지는 보존수명이 긴 이차전지로 이와 같은 용도에 적합하다.

8.2.5 의료 · 복지를 위한 이차전지

심장 박동 조율기용 및 움직이는 신체에 부착하는 건강모니터용 이차전지와 전력소비가 큰 인공순환기와 인공근육을 구동하기 위한 이차전지에는 높은 신뢰성이 필수적이다. 또한, 에너지밀도가 큰 것도 높은 우선순위를 갖는다.

리튬이온전지를 이용하는 전동휠체어가 개발되어 있는데 이와 같은 용도로 사용하기 위해서는 높은 안전성과 신뢰성이 요망된다.

8.3 리튬이온전지의 과제

리튬이온전지는 다른 이차전지와 비교하여 높은 에너지밀도를 가지는데 이것은 전압이 높은 것에 기인하는 것이다. Ni-MH 전지와 비교하면 중량당 용량은 그다지 큰 차이를 나타내지 않는다. 그러나 전지의 전압을 비교하면 Ni-MH 전지가 1.1V 정도인 것에 비해 리튬이온전지는 3.6V 이상으로 3배 이상 큰 값을 가진다. 이것은 리튬이온전지의 음극 전위가 매우 낮기 때문에 전지의 기전력이 커지기 때문이다. 전위가 낮은 음극을 이용하기 위하여 리튬이온전지는 유기 전해액을 이용하고 있다. 한편, 양극은 충전과정에서 4.2V(*vs.* Li^+/Li)의 값을 나타낸다. 이것은 산소의 산화・환원전위와 유사한 값이다. 즉, 양극은 대다수의 유기물을 산화시킬 수 있는 전위를 가진다고 생각해야만 한다. 따라서 충전상태의 전지는 가연성을 가진 유기 전해액과 산화제인 양극이 공존하고 있는 것이 되어, 온도의 급격한 상승을 유발하는 그 어떤 반응이 진행하는 경우에 열폭주가 일어날 염려가 있다.

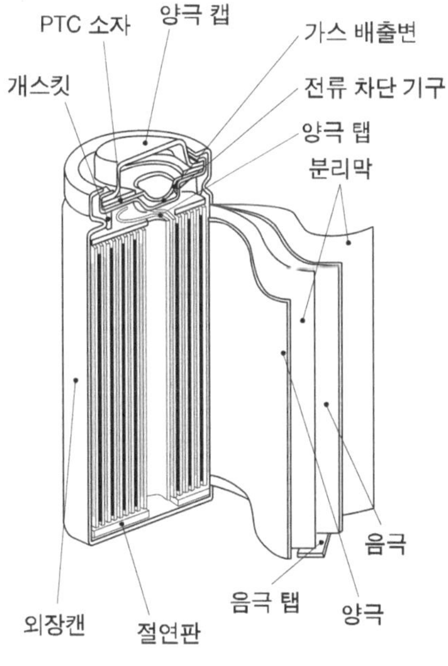

그림 8.7 원통형 리튬이온전지의 구성

이와 같은 상황이기 때문에 그림 8.7에 나타냈듯이 리튬이온전지는 안전성을 확보하기 위해 다양한 고안을 하여 제조하고 있다. PTC 소자, 전류 차단 기구, 가

리튬 2차전지의 용도 제8장

스 배출변 등의 안전성 설계 이외에도 20~30㎛의 두께를 가지는 격막은 온도가 상승했을 때 전류를 차단하여 전지 반응의 폭주를 방지한다.

이처럼 안전성 확보를 위해 다양한 노력을 하고 있음에도 불구하고, ppm 이하의 확률이기는 하지만 발연(發煙) 또는 발화(發火) 등이 일어나는 경우가 있으며 이것을 해결하는 것이 리튬이온전지의 큰 과제 중 하나이다. 동일한 형태의 전지가 1개 회사에서도 연간 억 단위의 수량으로 생산되고 있는 리튬이온전지는, 이 전지의 단 몇 개에서라도 발화 등의 상황이 발생한다면 큰 문제가 되기 때문에, 제조라인의 품질관리를 포함하여 전지의 안전성 확보는 매우 중요한 과제이다.

현재 주류가 되어있는 리튬이온전지의 재료로는 환경부하가 작고 독성이 적은 물질이 이용되고 있으며, 이와 같은 점에서는 안전하며 안심할 수 있는 전지라 할 수 있다.

휴대기기용의 소형 전지와 EV용의 전지에 있어서는 에너지밀도를 향상시키는 것이 개발의 큰 방향이다. 전지의 안전성을 확보하면서 에너지밀도를 높이는 것은 용이하지가 않다. 에너지밀도와 출력이 큰 대형 전지는 안전성 확보가 본질적으로 어려운데, 이와 같은 문제를 해결하기 위해 산업계를 중심으로 다양한 방법이 개발되어 있다.

한편, 수명과 신뢰성에 있어서도 극복해야 할 과제가 남겨져있다.

리튬이온전지의 음극은 매우 강한 환원력을 가지고 있기 때문에 거의 모든 유기물이 음극에서 환원된다고 생각해야만 하는 것이 논리적이다. 그럼에도 불구하고 전위가 낮은 음극이 실용화되어 있는 것은 전해액 성분이 음극에서 반응하여 음극표면에 피막이 생성되고 이 피막이 더 이상의 환원반응이 진행하는 것을 억제하고 있기 때문이다. 이 피막의 안정성은 전지의 안전성과 수명에 큰 영향을 끼친다. 피막의 분해와 재생이 진행되면 양극의 용량저하를 초래하여 전지 수명이 짧아진다. 가능한 한 얇은 피막을 음극에 형성시키는 것을 목표로 하여 다양한 첨가물이 연구・개발되고 있으며, 이러한 첨가물의 연구는 전지의 수명을 길게 하려는 연구와 경쟁적으로 진행되고 있다. 전력저장과 전기자동차 용도와 같이 15년을 넘는 수명에 대한 요구를 충족시키기 위해서는 전해질 재료 자체를 포함하여 기초로 되돌아간 원천적인 연구가 필요하다고 생각되어지는 부분이다(음극에 생성되는 피막에 관한 상세한 내용은 6장의 6.1.6절을 참조하기 바란다).

양극으로 스피넬형 $LiMn_2O_4$와 같이 전위가 높은 재료를 이용하면 전해액 중의 성분이 산화되는 반응의 진행을 생각해야만 한다. 양극표면에도 음극과 마찬가지로 안정화 피막이 생성된다고 보고되어 있지만, 그 조성과 안정성 등에 관해서는 많은 부분이 규명되지 않은 채로 남겨져 있다.

수용액 전해질을 이용하는 밀폐형 전지에서는 부반응 생성물인 산소와 수소를 적절하고도 효과적으로 잘 처리하고 있는 것에 비교하면, 리튬이온전지는 유기 전해액을 이용하고 있으며 전해액 분해와 같은 부반응의 생성물을 적절하게 잘 처리하는 방법이 발견되어 있지 않다. 또한, 과충전과 관련해서도 redox shuttle을 이용하여 방지하는 기술이 연구는 되고 있지만 아직 좋은 방법은 없다. 아울러 리튬이온전지는 물과 상극이기 때문에 봉구(封口)가 필요하지만 온도변화 등에 의해 수분이 침입하여 열화되는 경우도 있으며, 이것은 리튬이온전지의 장수명화와 고신뢰성을 달성하기 위해 해결되어야 하는 과제이다.

리튬이온전지의 수명과 안전성의 두 가지 측면에서 음극과 양극 표면의 안정화는 향후 커다란 과제이다.

결정성 또는 비결정성(무정형) 무기 고체 전해질, 건조 고분자(dry polymer) 전해질은 발화되기가 어려워서 안전성 면에서 유리하지만, 전극/전해질 계면접합의 형성과 이 계면의 안정성 면에서 큰 과제를 안고 있다. 이 문제를 극복하지 못한다면 전고체 전지는 매우 작은 출력용 이외에는 사용하는 것이 어렵다.

HEV와 전동공구용 전지로는 큰 출력과 급속 충전이 요구된다. 큰 출입력을 달성하기 위해서는 전지의 내부저항이 작아야만 한다. 내부저항을 작게 하기 위해서는 전지반응의 소과정(素過程)을 이해하여, 그러한 소과정 각각의 속도가 빨라지도록 해야만 한다. 한편, 내부저항이 작다는 것은 단락되었을 경우에 반응이 폭주할 염려가 크다는 것을 의미한다. 따라서 출력을 높임과 함께 안전성을 확보하는 것을 동시에 진행시켜야만 한다.

리튬이온전지는 납축전지에 비교하여 가격이 비싸다. 이것은 전지의 구성재료가 고가이며, 전지의 가공에 고비용이 소요되는 것이 그 원인이다. 가격이 싼 재료를 사용할 수 있는 새로운 전지 시스템을 개발함과 동시에, 전지의 제조라인과 안전확보 등을 위한 사용 부품의 저가격화를 도모하며 대량생산에 의한 비용 절감을 꾀하는 것도 중요하다.

제 9 장

리튬 이차전지의 발전을 위한 제언

소형 이차전지는 휴대용 정보단말기와 이동용 전자기기의 전원으로서 앞으로도 크게 발전해갈 것으로 생각된다. 한편으로는 HEV와 전동차량과 같은 수송 분야, 풍력발전과 태양광발전과 같이 불완전하며 재생이 가능한 에너지를 이용하기 위한 전력저장, 전력의 생산과 소비의 시차를 해소하기 위한 전력저장 등의 용도로도 향후 계속해서 발전해갈 것임에 틀림없다.

이차전지 중에서도 리튬이온전지는 에너지밀도가 크다는 이점을 살려 휴대용 전원으로서 큰 발전을 이루었지만, 최근에는 에너지밀도가 더욱 큰 전지가 요구되고 있다. 그림 1.3에 나타낸 것처럼 리튬 이온을 흡장할 수 있는 호스트가 필요한 흔들의자형 전지인 리튬이온전지는 에너지밀도에 한계가 있으며 250~300Wh/kg의 값이 한계라고 생각되어진다. 원리적으로 보다 높은 에너지밀도를 기대할 수 있는 리튬금속을 이용하는 이차전지는 충전 과정에서의 전극 형상을 제어하는 과제가 미해결된 상태이고, 사이클 특성이 불충분하다는 것과 안전상의 큰 문제가 남아있어서 실용화에 이르지 못하고 있다. 나트륨-유황 전지가 실용화되어 있지만, 나트륨에 비교하면 융점이 높은 리튬금속은 안전성에서 우위를 점하고 있음에 틀림없다. 향후의 연구·개발을 통해 궁극의 음극재료로 생각되어지는 리튬금속을 이용하는 전지가 미래에는 실용화될 것이라고 생각한다.

에너지밀도의 관점에서 양극재료를 생각하면 불소가 가장 높은 전위를 나타내며 전기화학당량도 작기 때문에 고에너지밀도의 양극이 될 수 있지만, 부식성이 매우 강하고 독성이 있으며 취급이 어려운 기체이기에 이용하는 것이 용이하지 않다. 한편, 산소는 전위도 비교적 높고 공기를 이용하는 것이 가능하기 때문에 저장이 필요 없는 양극 활물질이 될 수 있다. 때문에 아연-공기 전지와 아연-알루미늄 전지가 연구·개발되어 왔다. 그렇지만 이와 같은 전지는 충전이 어렵고, 이차전지화하는 데에는 아직 이르지 못하고 있다. 아연-공기 전지는 리튬이온전지의 한계를 넘어서는 에너지밀도를 기대할 수 있는 시스템이며, 알루미늄과 리튬을 음극으로 이용하면 에너지밀도가 더욱 커지게 된다. 또한, 최근까지 진행된 연료전지 분야에 있어서의 기술적 진보는 앞서 설명한 이차전지의 공기극 개발에 직접 이용할 수 있다. 그러나 알칼리 수용액을 전해질로 이용하는 아연-공기 전지에서도 아연 표면에서의 산화물 생성이 문제가 되고 있듯이 알루미늄과 리튬을 음극으로 이용하는 경우에는 음극표면의 제어가 큰 과제이다. 이들 음극은 공기 및 수분과 반응하기 때문에 이와 같은 영향을 받지 않기 위해서는 공기와 수분을 차단하는 전해질의 개발이 필수이다.

에너지밀도와 출력밀도가 크고, 충방전의 에너지 효율이 높고, 사이클수명과 보존수명이 길고, 안전하고 싼 가격으로 취급이 용이한 전지가 이상적인 전지이다. 그러나 이와 같은 전지를 실현시키는 것은 용이하지가 않다. 용도에 따라 그 용도에서 요청되는 특성이 되도록 많이 갖추어진 이차전지를 개발하는 것이 현실적이다. 이런 관점에서 이차전지를 다음의 3종류로 분류하여, 요구특성과 이것을 충족시키는 이차전지를 개발하는 것이 요망된다(그림 9.1).

그림 9.1 여러 용도로 사용되는 이차전지

- 에너지 전지

  에너지밀도를 우선하는 휴대용 전원과, 큰 에너지를 필요로 하는 EV용 전지 등이 있다. 에너지를 고밀도로 집어넣는 것이기 때문에 수명과 안전성의 배려가 중요하다.

- 파워 전지

  출입력 성능을 우선하는 전동공구와 HEV 등의 전지로 가혹한 환경에서 전지가 작동된다. 입력은 전지의 충전 속도로 고속으로 충전하면 전지에 과도의 부담이 걸려 열화가 촉진되기 때문에 입력특성이 우수하다는 것은 중요한 특성이다.

● 수명 전지

긴 사이클수명과 보존수명을 우선하는 전력저장용 대형 전지 등이 있다. 우주 위성용과 안전감시 모니터용 전원 등의 중소형 전지도 있으며 신뢰성이 중요하다. 또한, EV용 전지에서도 진동과 온도 등의 자동차 운전환경에서 장수명이 요구된다.

물론 이와 같은 전지는 높은 안전성과 작은 환경부하를 전제로 하고 있다. 또한 가능한 한 낮은 비용이 요구된다. 비용은 초기 비용과 전체 비용의 두 가지 측면에서 생각할 필요가 있다. 리튬이온전지는 에너지밀도의 관점에서 종래의 이차전지를 능가하며 지금까지 개발되어 온 전지와는 달리 환경부하가 큰 재료를 함유하고 있지 않다.

하이테크 전지로 불리는 니켈-금속수소화물 축전지와 리튬이온전지는 일본에서 최초로 실용화되어, 그 후에도 생산과 기술에 있어서 일본이 세계를 리드해왔다. 그러나 휴대용 전원으로서 너무나도 에너지밀도를 중시한 나머지 전동공구용과 HEV용 전지의 개발에 있어서는 뒤처져 있는 상황이다. HEV용과 PHEV용의 전지에는 파워가 요구되며, 군사용 전지와 같은 특수 용도에서도 파워가 필요한 경우가 많다. 리튬 이차전지에 있어서 다음으로 큰 시장은 파워 전지의 분야일 것으로 추정된다.

한편, 수명 전지에 관해서는 전력부하 평준과 EV용 전지로서 일본에서의 연구가 비교적 앞서 있다. 그러나 이 분야도 이산화탄소의 배출을 삭감하는 환경 분야에서 크게 주목을 받고 있어 향후 큰 발전이 기대된다.

리튬이온전지의 기술은 「섞는다」, 「숙성시킨다」, 「도포한다」와 같은 기술로부터 비약적으로 발전되어 있고, 재료 합성에서 봉지(封止)에 이르기까지 최첨단기술이 적용되고 있다. 이차전지의 발전을 위해서는 재료에 관한 기초연구와 더불어 나노기술을 필두로 하는 최첨단기술을 적극적으로 적용시켜 가는 것이 필요하다. 한편으로는 일견해서 낡은 학문이라고 간주되는 경향이 있는 표면화학과 전해공학적인 해석도 충분히 활용해야만 한다.

하이테크 전지는 최첨단 기술에 입각하고 있다는 것을 인식하여 처음부터 나노기술을 이용하여 도전해 가는 것이 요망된다.

〈참고문헌〉

竹原善一郎：電池ーその化学と材料, 大日本図書 (1988)

부 록

부록 1 소형 실용 이차전지의 에너지밀도

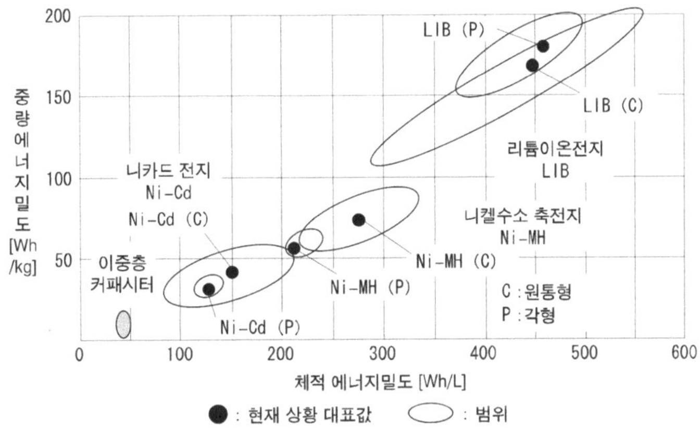

부록 2 리튬이온전지의 양극재료

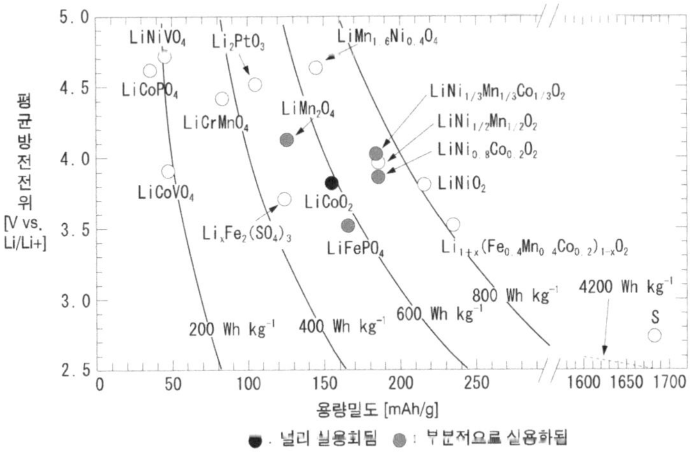

찾아보기

C

D

E

F

G

찾아보기

M

N

O

P

R

찾아보기

리튬이차전지

ㅁ

ㅁ

ㅅ

찾아보기

ㅇ

ㅈ

찾아보기

ㅍ

ㅍ

〈편저자 약력〉

小久見善八 (Ogumi, Zempachi)

1974년 Kyoto University 대학원 공학연구과 박사과정 수료, 공학박사
현 재 Kyoto University 산관학제휴본부 특임교수
저 서 『신세대 공학 시리즈 전기화학』 옴출판사
『최신 이차전지 재료의 기술』 (주)CMC 등

〈저자 약력〉

安部武志 (Abe, Takeshi)

1996년 Kyoto University 대학원 공학연구과 박사과정 수료, 공학박사
현 재 Kyoto University 대학원 공학연구과 물질에너지화학과 교수

稲葉 稔 (Inaba, Minoru)

1986년 Kyoto University 대학원 공학연구과 석사과정 수료
1995년 Kyoto University 공학박사
현 재 Doshisha University 공학부 기능분자공학과 교수

内本喜晴 (Uchimoto, Yoshiharu)

1987년 Kyoto University 대학원 공학연구과 석사과정 수료
1991년 Kyoto University 공학박사
현 재 Kyoto University 대학원 인간·환경학연구과 상관환경학과 교수

역자약력 – 정순기

1994. 2.	한양대학교 공업화학과 공학사
1996. 8.	한양대학교 공업화학과 공학석사
2002. 3.	Kyoto University 물질에너지화학과 공학박사
1996. 9. ~ 1997. 9.	효성생활산업 연구원
2002. 4. ~ 2003. 10.	Japan Science and Technology Agency 연구원
2003. 12. ~ 2005. 2.	Lawrence Berkeley National Laboratory 연구원
2005. 3. ~ 현재	순천향대학교 나노화학공학과 조교수
2009. 11	세계인명사전 (Who's Who in the World 2010) 등재

리튬이차전지

A-JIN

지은이와 협의 인지 생략

인　　쇄 : 2010년 9월 15일
발　　행 : 2010년 9월 20일
역　　자 : 정　순　기
발 행 처 : 도서출판 아진
135-010
서울시 강남구 논현동 148-19 한미빌딩 201호
TEL:02-737-0663 FAX:02-737-0664
Homepage:ajin.to
E-mail:kgb@ajin.to
발 행 인 : 김　근　배
등록번호 : 제300-1995-56호
ISBN : 978-89-5761-305-4 93570

가격 20,000원